职业院校机电类"十三五"
微课版创新教材

数控编程与操作

第2版

顾晔 卢卓 / 主编
娄琳 / 副主编

人民邮电出版社
北 京

图书在版编目（CIP）数据

数控编程与操作 / 顾晔，卢卓主编. -- 2版. -- 北京：人民邮电出版社，2017.1

职业院校机电类"十三五"微课版创新教材

ISBN 978-7-115-43680-1

Ⅰ. ①数… Ⅱ. ①顾… ②卢… Ⅲ. ①数控机床—程序设计—高等职业教育—教材②数控机床—操作—高等职业教育—教材 Ⅳ. ①TG659

中国版本图书馆CIP数据核字(2016)第229283号

内 容 提 要

本书以数控车床、数控铣床（加工中心）、数控电火花线切割的编程与操作为核心，以 FANUC 数控系统和华中数控系统为主，按照学习与教学的规律，深入浅出地介绍了数控加工工艺、数控车削与铣削的编程、数控电火花线切割的编程、数控机床的操作以及典型零件的应用实例等内容。所有零件加工程序语句都附有详细、清晰的注释说明。各章后设有习题，便于学生更好地掌握所学内容；书的最后附有 FANUC 和华中数控车削指令、铣削指令对照表，数控车床和加工中心安全操作规程，数控机床的维护和保养，数控机床的常用对刀仪（器）及常用量具等，以供查阅和学习参考。

本书适合作为高等职业技术学院和技师学院数控技术应用、模具设计与制造、机械制造及自动化等专业的教学用书，也可供有关工程技术人员、数控机床编程与操作人员学习及培训使用。

◆ 主　编　顾晔　卢卓

副主编　娄琳

责任编辑　李育民

责任印制　焦志炜

◆ 人民邮电出版社出版发行　北京市丰台区成寿寺路11号

邮编　100164　电子邮件　315@ptpress.com.cn

网址　http://www.ptpress.com.cn

固安县铭成印刷有限公司印刷

◆ 开本：787×1092　1/16

印张：19.5　　　2017年1月第2版

字数：461千字　2024年12月河北第17次印刷

定价：46.00 元

读者服务热线：(010)81055256　印装质量热线：(010)81055316
反盗版热线：(010)81055315

Foreword

第 2 版
前 言

零件的数控加工程序编制是数控机床操作工、数控工艺编程员、数控机床安装调试员的典型工作任务，是数控技术高技能人才必须掌握的技能，也是职业院校机械类专业的一门重要专业核心课程。

本书的编写以高等职业教育人才培养目标为依据，结合教育部对加快数控技能型人才培养所提出的要求，注重教材的基础性、实用性、科学性，贯彻了"工学交替、生产实训与工程实践相结合"的原则。本书融理论教学、实践操作于一体，是职业院校数控、模具、机电一体化、机械制造等机电专业的实用教材。

本书内容包括数控车床编程与实操、数控铣床编程与实操、加工中心编程与实操、电火花与线切割编程与实操 4 种常用现代化数控加工方式，是编者多年从事数控机床教学和培训经验的总结，选用了技术先进、占市场份额大的 FANUC 数控系统、华中数控系统为典型数控系统进行讲解分析。

本书具有以下特色。

（1）理论够用，突出实践。理论与实践紧密结合，编程理论阐述简单明了，机床操作结合经典设备，突出实践教学特色。

（2）案例经典，来源实践。大量引用生产实例进行工艺分析与编程，将企业加工技术与教学相结合。

（3）精讲多练、反复实践。各章节的习题题型和题量充分，体现了"循序渐进、举一反三"的原则。

（4）线上线下，学习多样。充分利用互联网技术手段，将书中重点知识、技能通过手机等移动终端扫描二维码方式呈现，学生可以随时在课堂及课余时间观看学习，加深对知识及操作的认识和理解，方便课前预习和课后复习。

本书建议学时为 120 学时，理论与实践教学（机床操作/模拟仿真）可穿插进行，具体安排如下表所示。

章	课 程 内 容	理 论 学 时	实 践 学 时
第 1 章	概述	4	0

续表

章	课 程 内 容	理 论 学 时	实 践 学 时
第 2 章	数控车床编程与操作	22	18
第 3 章	数控铣床编程与操作	16	14
第 4 章	加工中心编程与操作	10	8
第 5 章	华中数控系统编程与操作	8	8
第 6 章	数控电火花线切割加工	6	6
	小计	66	54

　　本书由江西机电职业技术学院顾晔、卢卓主编并统稿，漯河职业技术学院娄琳副主编，江西机电职业技术学院楼章华、刘媛媛、唐太财、胡小波、王伟雄、谢雪如和应明参加了本书的编写。顾晔编写了第 4 章，卢卓编写了第 2 章 2.1～2.3 节，娄琳编写了第 3 章，楼章华编写了第 1 章，刘媛媛编写了第 5 章的 5.4～5.6 节、唐太财编写了第 5 章的 5.1～5.3 节，胡小波编写了第 2 章 2.4～2.5 节，王伟雄编写了第 6 章，各章节的习题由谢雪如提供，附录由应明整理。

　　本书在编写过程中参阅了有关院校和科研单位的教材、资料和文献，在此向其编者表示感谢。由于编者水平有限，加之编写时间仓促，书中难免存在不妥或错误之处，恳请读者批评指正。

编　者

2016 年 10 月

素材列表

表 1　　　　　　　　　　　　　　　PPT 课件

素材类型	功能描述
PPT 课件	供教师上课用

表 2　　　　　　　　　　　　　　　动画

序号	名称	序号	名称	序号	名称
1	数控机床的分类 1	15	直齿圆柱齿轮传动间隙的调整——轴向垫片调整法	29	数控车床的回零操作
2	数控机床的分类 2	16	斜齿圆柱齿轮传动间隙的调整——轴向垫片调整法	30	圆弧插补指令的分类和判定
3	数控机床的分类 3	17	刀具半径补偿的常用方法	31	圆弧插补指令 G02
4	认识数控机床的机械结构	18	斜齿圆柱齿轮传动间隙的调整——轴向压簧调整法	32	圆弧插补指令 G03
5	滚珠丝杠螺母副的分类	19	锥齿轮传动间隙的调整——轴向弹簧调整法	33	自动返回参考点指令 G28
6	认识滑动导轨	20	认识开式静压导轨	34	螺纹加工指令 G32
7	数控机床主传动系统的配置方式	21	刀具半径补偿意义	35	圆弧插补指令圆弧插补指令的分类和判定
8	数控机床的主轴轴承配置方式	22	数控车床坐标系的方向	36	设置工件坐标系指令 G50
9	主轴机械准停装置工作原理	23	机床原点和机床坐标系	37	刀尖圆弧半径左补偿 G41
10	主轴电气准停装置工作原理	24	工件坐标系和工件原点	38	直螺纹切削循环指令 G92
11	滚珠丝杠螺母副的工作原理	25	直径编程和半径编程	39	端面车削循环指令 G94
12	认识闭式静压导轨	26	数控车床的手轮进给操作	40	刀尖圆弧半径补偿 G40、G41、G42
13	消除双螺母丝杠间隙的方法 2——螺纹调隙式	27	快速点定位指令 G00	41	外径内径车削循环指令 G90
14	直齿圆柱齿轮传动间隙的调整——偏心套调整法	28	数控铣床的回零操作	42	锥螺纹切削循环指令 G92

续表

序号	名称	序号	名称	序号	名称
43	快速定位指令 G00	52	攻左牙循环指令 G74	61	攻丝循环指令 G84
44	直线插补指令 G01	53	精镗孔循环指令 G76	62	深钻孔削循环指令 G83
45	顺时针圆弧插补指令 G02	54	刀具长度补偿指令 G43、G44、G45	63	镗孔循环 G86
46	逆时针圆弧插补指令 G03	55	带暂停的钻孔循环指令 G82	64	进给功能指令 F
47	机床返回原点 G28	56	刀具正向长度补偿指令 G43	65	刀具功能指令 T
48	加工平面设定指令 G17、G18、G19	57	钻孔循环指令 G81	66	数控车床的 MDI 运行方式
49	高速深孔钻循环指令 G73	58	深钻孔削循环指令 G83	67	直线插补指令 G01
50	刀具半径左补偿 G41	59	G83 指令循环		
51	刀具半径补偿指令 G40、G41、G42	60	G84 指令加工循环		

表 3　　　　　　　　　　　视频

序号	名称	序号	名称	序号	名称
1	G50 指令功能演示	11	G02 指令加工演示	21	G85 指令加工演示
2	G90 指令加工演示	12	G03 指令加工演示	22	G86 指令加工演示
3	G02 指令加工演示	13	G00 指令加工演示	23	心轴的数控车削加工演示
4	G03 指令加工演示	14	G01 指令加工演示	24	面铣数控加工演示
5	G32 指令加工演示	15	打孔数控加工演示	25	挖槽数控加工演示
6	G94 指令加工演示	16	G76 指令加工演示	26	定位销轴的数控车削加工演示
7	G92 之锥螺纹切削循环加工演示	17	G74 指令加工演示	27	外形铣削加工演示
8	G00 指令加工演示	18	G73 指令加工演示	28	G43 指令加工演示
9	G92 之直螺纹切削循环加工演示	19	G81 指令加工演示	29	G28 指令功能演示
10	G01 指令加工演示	20	G82 指令加工演示	30	G41 指令加工演示

Contents

目 录

Chapter

第1章

| 概述 |

【教学目标】

1. 了解数控的概念，认识数控机床的产生过程，掌握数控机床与普通机床之间的区别和联系。

2. 了解数控加工程序的编制方法，熟悉数控机床坐标系的有关规定，掌握数控机床的坐标轴名称及正向判别方法。

3. 掌握数控程序的格式及编程中的常用术语。

1.1 数控加工技术概况

数控技术是集机、电、液及计算机等各项技术为一体的综合技术。数控机床以其精度高、效率高、能适应小批量多品种复杂零件加工的特点，在机械加工中得到了日益广泛的应用。

1.1.1 数控机床的产生

随着科学技术和社会生产的不断发展，社会对产品多样化的要求日益提高，产品更新换代越来越快，多品种小批量生产比重加大，零件形状越来越复杂，精度越来越高。此外，激烈的市场竞争要求产品研制周期越来越短，传统的加工设备和制造手段已难以满足和适应这种变化。为解决这些问题，一种灵活、通用、高精度、高效率的"柔性"自动化生产设备——数控机床应运而生。

数控机床就是将加工过程所需的各种操作（如主轴变速、松夹工件、进刀与退刀、开车与停车、自动关停冷却液等）和步骤以及工件的形状尺寸用数字化的代码表示，通过手工输入或传输等方式将数字信息送入数控装置，数控装置对输入的信息进行处理与运算，发出各种控制信号，控制机床的伺服系统或其他驱动元件使机床自动加工出所需要的工件。数控机床的诞生与发展，有效地解决了一系列生产上的矛盾，为单件、小批量精密复杂零件的加工提供了自动化加工手段。1948 年，美国巴森兹（Parsons）公司在研制加工直升飞机叶片轮廓样板时提出了数控机床的初始设想；1949 年与麻省理工学院（MIT）合作，开始了三坐标铣床的数控化工作；1952 年 3 月公开发布世界上第一台数控机床试制成功，此数控机床可进行直线插补。之后经过 3 年的试用、改进与提高，数控机床于 1955 年进入实用化阶段。从此，其他一些国家，如德国、英国、日本和前苏联等国家都开始研制数控机床，其中日本发展最快。当今世界著名的数控系统厂家有日本的法那科（FANUC）公司、德国的西门子（SIEMENS）公司、美国的 Hass 公司、意大利的 FIDIA 公司等。1959 年，美国的 Keaney & Treckre 公司开发成功了具有刀库、刀具交换装置及回转工作台的数控机床，可以在一次装夹中对工件的多个面进行多工序加工，如进行钻孔、铰孔、攻螺纹、镗削、平面铣削、轮廓铣削等。至此，数控机床的新一代类型—加工中心（Machining Center）诞生了，并成为当今数控机床发展的主流。

数控机床与普通设备的比较如表 1-1 所示。

表 1-1　　　　　　　　　　数控机床与普通机床的比较

数 控 机 床	普 通 设 备
操作者可在较短的时间内掌握操作和加工技能； 加工精度高，质量稳定，较少依赖于操作者的技能水平； 编制程序花费较多时间； 加工零件复杂程度高，适合多工序加工； 易于加工工艺标准化和刀具管理规范化； 适于长时间无人操作和加工自动化； 适于计算机辅助生产控制； 生产率高	要求操作者有长期的实践经验； 高质量,高精度的加工要求操作者具有较高的技能水平； 适合加工形状简单，单一工序的产品； 加工过程要求具有直觉和技巧； 操作者以自己的方式完成加工，加工方式多样，很难实现标准化； 是实现自动化加工必不可少的准备环节，如材料的预去除及夹具的制作等； 很难提高加工的专门技术,不利于知识的系统化和普及，生产率低，质量不稳定

1.1.2　数控机床的基本概念

1. 数字控制

数字控制（Numerical Control，NC）简称数控，是指用数字指令来控制机械执行预定的动作，通常由硬件电路发出数字化信号。

计算机数控（Computerized Numerical Control，CNC），是用计算机控制加工过程，实现数值控制的系统，主要采用存储程序的专用计算机来实现部分或全部基本数控功能。

2. 数控机床

数控技术是为了满足复杂型面零件加工的自动化需要而产生的。采用数控技术的控制系统称为数控系统，装备了数控系统的机床称为数控机床。

数控机床是一种高效的自动化加工设备，它可以严格按照加工程序，自动地对被加工工件进行加工，其流程如图 1-1 所示。从数控系统外部输入的直接用于加工的程序称为数控加工程序，简称数控程序（NC Program），它是机床数控系统的应用软件。与数控系统应用软件相对应的是数控系统内部的系统软件，系统软件是用于数控系统工作控制的。

数控机床的组成

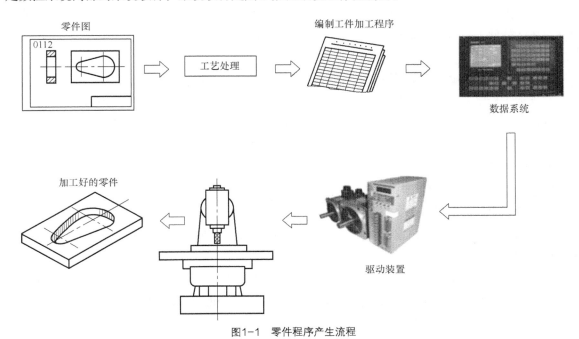

图1-1 零件程序产生流程

1.2 数控编程基础知识

数控机床严格按照具有特殊指令的数控加工程序，自动完成各种形状、尺寸和精度的零件的加工，所以数控加工程序的编制是数控机床使用中的最重要的一个环节。

1.2.1 数控编程的内容

数控编程包括以下主要内容。

1. 分析零件图样，确定工艺方案

编程人员首先要根据零件图，分析零件的材料、形状、尺寸、精度、毛坯形状和热处理等技术要求，明确加工的内容和要求，选择合适的数控机床、刀具及夹具，拟定零件加工方案，确定加工顺序、合理的走刀路线及切削用量等。同时，编程人员应结合所用数控机床的规格、性能、数控系

统的功能等，充分发挥机床的效能。加工路线应尽可能短，要正确选择对刀点、换刀点，减少换刀次数，提高加工效率。

2. 数值处理

在确定了工艺方案后，就需要根据零件的几何尺寸、加工路线等，计算刀具中心的运动轨迹，以获得到位数据。数控系统一般均具有直线插补与圆弧插补功能，对于加工由圆弧和直线组成的比较简单的平面零件，只需要计算出零件轮廓上相邻几何元素交点或切点的坐标值，得出各几何元素的起点、终点、圆弧的圆形坐标值等，就能满足编程要求。对于比较复杂的刀具运动轨迹，可借助计算机绘图软件（如 UG、MasterCAM、CAXA）来建模和生成刀具轨迹。

3. 编写程序单

按照数控装置规定的指令和程序格式编写工件的加工程序单。

常规加工程序由开始符、程序名、程序主体和程序结束指令组成。程序名位于程序主体之前，一般独占一行，以英文字母"O"开头，后面紧跟 0~4 位数字。华中数控系统也可以用"%"作为开始符。

程序段格式如下。

N___G___X___Y___Z___F___M___S___T___；

各功能字的意义如下。

"N"为程序段的编号，由地址码"N"和后面的若干数字组成（如 N0010）。程序段的编号一般不连续排列，以 5 或 10 间隔，便于插入语句。

加工工件时，程序段可以任意编号。通常，按升序书写程序段号。当然，程序段也可省略。

"G"功能是控制数控机床进行操作的指令，用地址"G"和两位数字来表示。

"X""Y""Z"为地址码。尺寸字由地址码、"+""–"符号及绝对值或增量值构成，地址码有"X""Y""Z""U""W""R""I""K"等。

F 表示刀具中心运动时的进给量，由地址码 F 和后面若干位数字构成，其单位是 mm/min 或 mm/r。

"S"表示刀具转速，由地址码"S"和若干位数字组成，单位为 r/min。

"T"表示刀具所处的位置，由地址码"T"和若干位数字组成。

"M"为辅助功能，表示机床的辅助动作指令，由地址码"M"和后面的两位数字组成。

程序段结束符号一般写在每段程序之后，表示程序段结束。使用 EIA 标准代码时，结束符为"CR"；使用 ISO 标准代码时，结束符为"LF"或"NL"；FANUC 系统的结束符为"；"（FAUNC 0i 及更高的版本已经不再强调程序段结束符）。华中数控系统程序段没有结束符，输入完一段程序后直接按 Enter 键即可；有时，根据需要在程序段的后面会出现以"；"或"()"表示的注释符，括号"()"中的内容或分号"；"后面的内容为注释文字。

为了便于理解，下面给出一个简单的程序格式，如图 1-2 所示。

4. 程序输入

加工程序可以保存在存储介质（如磁盘、U 盘）上，作为控制数控装置的输入信息。通常，若加工程序简单，可直接通过机床操作面板上的键盘输入；对于大型复杂的程序（如 CAD/CAM 系统生成的程序），经过串行接口 RS-232 将加工程序传送给数控装置或计算机直接数控 DNC 通信接口，边传送边加工。

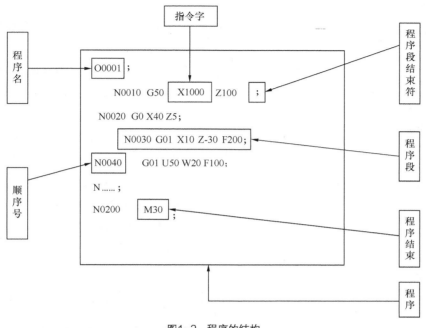

图1-2　程序的结构

数控装置在事先存入的控制程序的支持下，将代码进行处理和计算后，向机床的伺服系统输出相应的脉冲信号，通过伺服系统使机床按预定的轨迹运动，以进行零件的加工。

5. 程序校验和首件试切

在正式加工之前，必须对程序进行校验和首件试切。通常可以采用机床空运行的功能，来检查机床动作和运动轨迹的正确性，以检验程序。在具有 CRT 图形模拟显示功能的数控机床上，可通过显示走刀轨迹或模拟刀具对工件的切削过程，对程序进行检查。但用这些方法只能检验出运动是否正确，不能检验被加工零件的加工精度，因此要进行零件的首件试切。当发现有加工误差时，分析误差产生的原因，采取尺寸补偿措施，加以修正。

1.2.2　数控编程的方法

根据零件复杂程度的不同，数控编程有手工编程和自动编程两种。

1. 手工编程

手工编程主要由人工来完成数控机床程序编制各个阶段的工作。一般被加工零件的形状不复杂和程序较短时，可以采用手工编程的方法。它要求编程人员不仅要熟悉数控指令及编程规则，还要具备数控加工工艺知识和数值计算能力。手工编程框图如图 1-3 所示。

2. 自动编程

自动编程即计算机辅助编程，是利用计算机及专用自动编程软件，以人机对话的方式确定加工

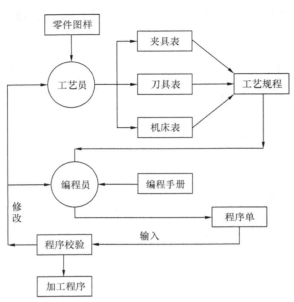

图1-3 手工编程框图

对象和加工条件，自动进行运算并生成指令的编程过程。它主要用于曲线轮廓、三维曲面等复杂型面的编程，可缩短生产周期，提高机床的利用率，有效地解决各种模具及复杂零件的加工。

自动编程可分为以语言数控自动编程（APT）或绘图数控自动编程（CAD/CAM）为基础的自动编程方法。

（1）语言数控自动编程。它是指加工零件的几何尺寸、工艺要求、切削参数及辅助信息等用数控语言编写成零件源程序后，输入到计算机中，再由计算机进一步处理得到零件加工程序单。自动编程框图如图 1-4 所示。

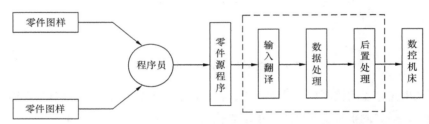

图1-4 自动编程框图

（2）绘图数控自动编程。它是指用 CAD/CAM 软件将零件图形信息直接输入计算机，以人机对话的方式确定加工条件，并进行虚拟加工，最终得到加工程序。典型的 CAD/CAM 软件有 UGNX、Pro/E、MasterCAM、Cimatron、CAXA 等。

手工编程与自动编程的比较如表 1-2 所示。

表 1-2　　　　　　　　　　　手工编程与自动编程的比较

项　目	特　点	
	手 工 编 程	自 动 编 程
数值计算	复杂、繁琐、人工计算工作量大	简便、快捷、计算机自动完成
出错率	容易出错，人工误差大	不易出错，计算机可靠性高
程序所占字节	小	大
制作控制介质	人工完成	计算机自动完成
所需设备	通用计算机辅助	专用 CAD/CAM 软件
对编程人员的要求	必须具备较强的数学运算能力和编程能力	除应具有较强的工艺、刀具等知识外，还应有较强的软件应用能力

数控技术中的坐标系

1.3.1　数控机床的坐标系

在数控机床上加工工件，刀具与工件的相对运动是以数字的形式来体现的，因此必须建立相应的坐标系，才能明确刀具与工件的相对位置。为了便于编程时描述机床的运动、简化编程方法及保证记录数据的互换性，数控机床的坐标系和运动方向均已标准化。

1. 坐标系的命名

在标准中规定了以右手直角笛卡儿坐标系作为标准坐标系，如图 1-5 所示。

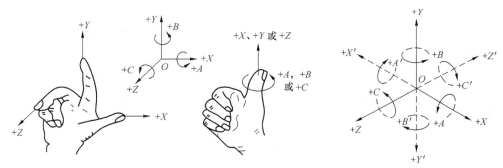

图1-5　右手直角笛卡儿坐标系

在笛卡儿坐标系中，用 X、Y、Z 表示 3 个直线坐标轴，三者之间的相互关系及正方向用右手定则判定，其正方向用 +X，+Y，+Z 表示；围绕 X、Y、Z 各轴的回转坐标轴分别为 A、B、C 坐标轴，其正方向分别为 +A、+B、+C，用右手螺旋定则判断。

通常在命名或编程时，不论机床在加工中是刀具移动，还是被加工工件移动，都一律假定被加工工件相对静止不动，而刀具在移动，并同时规定刀具远离工件的方向作为坐标的正方向。这一假设也使得编程人员能在不知是刀具移近工件还是工件移近刀具的情况下，就可根据零件图编制加工程序。

在坐标轴命名时，如果把刀具看作相对静止不动，工件移动，那么在坐标轴的符号上应加注标记 "'"，如 X'、Y'、…、C'等。

在图 1-5 中：字母不带 "'" 的坐标表示刀具运动、工件不动时的机床坐标；字母带 "'" 的坐标表示工件运动，刀具不动时的坐标。

2. 机床坐标轴的确定方法

确定机床坐标轴时，一般先确定 Z 轴，再确定 X 轴和 Y 轴。

（1）确定 Z 轴。一般是选取产生切削力的轴线作为 Z 轴。对于工件旋转的机床，如车床、磨床等，工件转动的轴为 Z 轴；对于刀具旋转的机床，如镗床、铣床、钻床等，刀具转动的轴为 Z 轴。如图 1-6 所示。

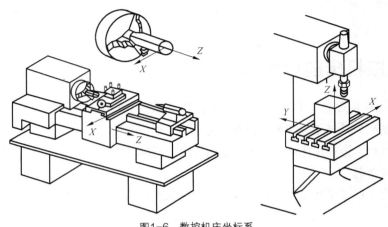

图1-6 数控机床坐标系

如果机床有几个主轴，则可选定一个垂直于工件装夹平面的主轴作为主要的主轴；如果机床没有主轴，则选定垂直于工件装夹平面的方向为 Z 坐标的方向。如机床主轴能摆动，在摆动范围内只与标准坐标系中的一个坐标平行，则选定该坐标为 Z 坐标；如果机床主轴在摆动范围内能与标准坐标系统中的多个坐标平行时，则选定垂直于工件装夹平面的方向为 Z 坐标的方向。两者对应的机床坐标的正方向正好相反。

Z 坐标的正方向为刀具远离工件的方向。

（2）确定 X 轴。X 轴一般平行于工件装夹面且与 Z 轴垂直。对于工件旋转的机床，如车床、磨床等，X 坐标的方向在工件的径向上，且平行于横向滑座，刀具远离工件旋转中心的方向为 X 轴的正向。对于刀具旋转的机床，如铣床、镗床、钻床等，若主轴为垂直的，面对刀具主轴朝立柱看时，X 轴正向指向右；若主轴为水平方向，当从主轴向工件看时，X 轴正向指向右。

（3）确定 Y 轴。Y 轴垂直于 X 轴和 Z 轴。当 X 轴和 Z 轴及正方向确定后，按右手直角笛卡儿坐标系即可判定 Y 轴及正方向。

（4）机床的附加坐标系。为了编程和加工方便，有时要设置附加坐标系。如果在 X、Y、Z 坐标的运动之外还有第 2 组和第 3 组坐标平行于它们，则分别用 U、V、W 和 P、Q、R 指定，如图 1-7 所示。

（5）机床的回转坐标。如果数控机床上有回转进给运动，且回转轴线平行于 X 坐标、Y 坐标或 Z 坐标，则对应的回转坐标分别为 A 坐标、B 坐标或 C 坐标。各回转坐标的正方向根据右手螺旋定则确定。

机床原点和机床坐标系

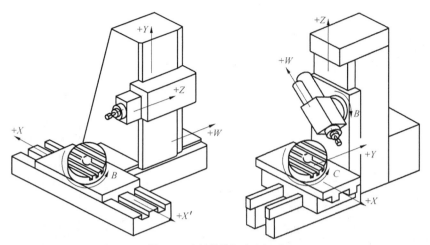

图1-7 多轴数控机床坐标系

1.3.2 数控相关点的概念

在确定了机床各坐标轴及方向后，还需进一步明确机床坐标系和工件坐标系的区别，并确定坐标系的原点，以及对刀与对刀点等概念。

1. 机床原点与机床参考点

机床原点又称为机床原点，是机床坐标系的原点。该点是机床上一个固定的点，其位置是由机床设计和制造单位确定的，通常不允许用户改变。它是其他所有坐标，如工件坐标系、机床参考点的基准点，也是制造和调整机床的基础。

机床原点是通过机床参考点间接确定的。机床参考点也是机床上一个固定的点，它与机床原点之间有一确定的相对位置，一般设置在刀具运动的 X、Y、Z 轴正向最大极限位置，其位置由机床挡块确定。机床参考点由机床制造厂测定后输入数控系统，并记录在机床说明书中，用户不能更改。

数控机床通电时并不知道机床原点的位置，在机床每次通电之后、工作之前，必须进行回零操作，使刀具或工作台退离到机床参考点，以建立机床坐标系。当完成回零操作后，显示器即显示出机床参考点在机床坐标系中的坐标值，表明机床坐标系已自动建立。可以说，回零操作是对基准的重新核定，可消除多种原因产生的基准偏差。

一般地，数控机床的机床原点和机床参考点重合，如华中数控机床。也有些数控机床的机床原点与机床参考点不重合。数控车床的机床原点有的设在卡盘后端面的中心；数控铣床机床原点的设置，各生产厂不一致，有的设在机床工作台中心，有的设在进给行程的终点。如图1-8所示。

2. 工件坐标系与工件原点

工件坐标系是由编程人员根据零件图样及加工工艺，以零件上某一固定点为原点建立的坐标系，又称为编程坐标系或工作坐标系。工件坐标系是确定工件几何形体上各要素的位置而设置的坐标系。工件原点的位置是根据工件的特点人为设定的，所以也称为编程原点。

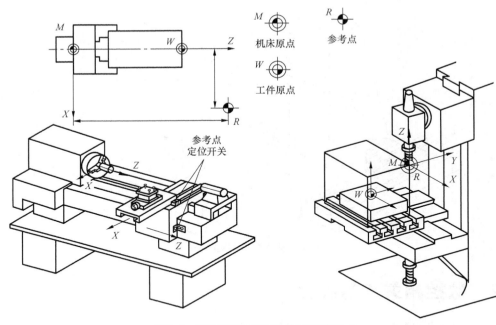

图1-8　数控机床的机床原点与机床参考点

工件坐标系和工件原点

工件坐标系原点的选择要尽量满足编程简单、尺寸换算少、引起的加工误差小等条件。一般情况下，以坐标式尺寸标注的零件，选择设计基准点为编程原点；对称零件或以同心圆为主的零件，编程原点应选在对称中心线或圆心上。

在数控车床上加工工件时，工件原点一般设在主轴中心线与工件右端面（或左端面）的交点处，如图 1-8 所示。

在数控铣床上加工工件时，工件原点应选在零件图的尺寸基准上。对于对称零件，工件原点应设在对称中心上；对于一般零件，工件原点应设在进刀方向一侧工件外轮廓的某个角上，这样便于计算坐标值。Z 轴的编程原点通常设在工件的上表面，并尽量选在精度较高的工作表面，如图 1-8 所示。

工件坐标系一般供编程使用，确定工件坐标系时不必考虑工件在机床上的实际装夹位置。工件坐标系一旦建立便一直有效，直到被新的工件坐标系所取代。FANUC 数控系统至少可以提供 G54～G59 共 6 个工件原点，以满足用户同时加工多个相同或者不同类型的工件的需求。

同一工件，由于工件原点变了，程序段中的坐标尺寸也随之改变，因此数控编程时，应该首先确定编程原点和工件坐标系。编程原点的确定是通过对刀来完成的，对刀的过程就是建立工件坐标系与机床坐标系之间关系的过程。

3. 对刀点与换刀点

（1）对刀点与对刀。在数控加工中，工件坐标系确定后，还要确定刀位在工件坐标系中的位置。每把刀的半径与长度尺寸都是不同的，刀具装在机床（刀架）上后，应在控制系统中设置刀具的基本位置，即常说的对刀。

所谓对刀，是指使刀位点与对刀点重合的操作。

刀位点是指刀具的定位基准点，如图 1-9 所示。对于立铣刀和丝锥来说，刀位点是刀具轴线与底面的交点，球头铣刀的刀位点一般取为球心，钻头的刀位点是钻尖，车刀、镗刀的刀位点是刀尖，注意切断刀有左右两个刀位点。

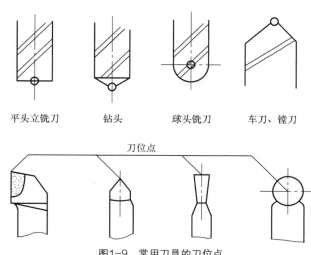

平头立铣刀　　　钻头　　　球头铣刀　　　车刀、镗刀

图1-9　常用刀具的刀位点

对刀点是指通过对刀确定刀具与工件相对位置的基准点。对刀点可以设在工件上，也可以设在与工件的定位基准有一定关系的夹具的某一位置上。其选择原则如下。

① 所选的对刀点应使程序编制简单。

② 对刀点应选在容易找正、便于确定零件加工原点的位置。

③ 对刀点应选在加工过程中检查方便、可靠的位置。

④ 对刀点的选择应有利于提高加工精度。

当对刀精度要求较高时，对刀点应尽量选在零件的设计基准或工艺基准上；对于以孔定位的工件，一般取孔的中心为对刀点。对刀点往往与工件原点重合，若二者不重合，在设置机床零点偏置时应考虑到二者的差值。

（2）换刀点。换刀点是为加工中心、数控车床等采用多刀加工的机床而设置的，因为这些机床在加工过程中要自动换刀，在编程时应考虑选择合适的换刀位置。对于手动换刀的数控铣床，也应确定相应的换刀位置。为避免换刀时碰伤零件、刀具或夹具，换刀点常常设置在被加工零件的轮廓之外，并留有一定的安全量。

确定刀位点、对刀点、换刀点

4. 编程用几何点

数控加工程序中表示几何点的坐标位置有绝对值和增量值两种方式。绝对坐标是指点的坐标值是相对于工件原点计量的。相对坐标又叫增量坐标，是指运动终点的坐标值，是以前一点的坐标为起点来计量的。

编程时要根据零件的加工精度要求及编程方便与否选用坐标类型。在数控程序中，绝对坐标与增量坐标可单独使用，也可在不同程序段上交叉设置使用，有的系统还可以在同一程序段中混合使用。使用方式取决于用哪种方式编程更方便，如图1-10和表1-3所示。

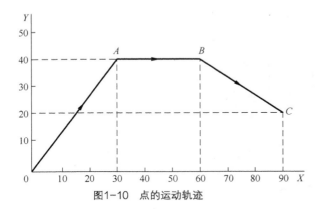

图1-10　点的运动轨迹

表1-3　　绝对坐标与相对坐标

运动轨迹	绝对坐标		相对坐标	
	X	Y	X	Y
O	0	0	0	0
A	30	40	30	40
B	60	40	30	0
C	90	20	30	−20

> 有些数控系统没有绝对值和增量值指令。当采用绝对值方式编程时，尺寸字用X、Y、Z表示；当采用增量值方式编程时，尺寸字改用U、V、W表示。数控车床编程通常采用U、V、W表示增量坐标。

数控车床上 X 轴向的坐标值不论是绝对值还是增量值，一般都用直径表示（称为直径编程），这样会给编程带来方便。此时，刀具的实际移动距离是直径值的一半。

习题

一、填空题

1. 英文"Numerical Control"的中文含义是＿＿＿＿＿＿，其英文缩写是＿＿＿＿＿。

2. 数控机床程序编制的方法有两种：＿＿＿＿编程和＿＿＿＿编程。

3. 在标准中统一规定采用＿＿＿＿坐标系对机床的坐标系进行命名，规定了＿＿＿＿、＿＿＿＿、＿＿＿＿ 3个直角坐标系的方向，＿＿＿＿、＿＿＿＿、＿＿＿＿表示以这些坐标轴线为轴的转动，其转动的正向用＿＿＿＿定则确定。

4. 通常在命名或编程时，不论机床在加工中是刀具移动，还是被加工工件移动，都一律假定＿＿＿＿相对静止不动，而刀具在移动，并同时规定＿＿＿＿作为坐标的正方向。

5. 加工程序通常由＿＿＿＿、＿＿＿＿、＿＿＿＿ 3部分组成。

6. 对刀点是为了建立＿＿＿＿的关系而设立的。

二、判断题

（　　）1. 加工程序由开始符、程序名、程序主体3部分组成。

（　　）2. 数控机床因为效率高，最适合大批量生产模式。

（　　）3. 对于有主轴的机床，一般以机床主轴轴线作为 Z 轴。

（　　）4. 手工编程比计算机编程麻烦，因此可以不学。

（　　）5. 数控机床加工精度高的原因是它避免了人工操作误差。

（　　）6. 立铣刀的刀位点是刀具中心线与刀具底面的交点。

三、选择题

1. 计算机数控简称（　　）。

　　A. NC　　　　　　　　　B. CNC　　　　　　　C. DNC　　　　　　　D. MC

2. 世界上第一台数控机床是（　　）年研制出来的。

　　A. 1945　　　　　　　　B. 1949　　　　　　　C. 1952　　　　　　　D. 1958

3. 如果机床除有 X、Y、Z 主要直线运动之外，还有平行于它们的第 2 组运动，则应分别命名为（　　）。

　　A. A、B、C　　　　　　B. P、Q、R　　　　　C. U、V、W　　　　　D. D、E、F

4. 程序号通常以规定的英文字（　　）打头，后面紧跟 4 位数字。

　　A. N　　　　　　　　　B. X　　　　　　　　C. O　　　　　　　　D. P

5. 车刀的刀位点是指（　　）。

　　A. 主刀刃上的选定点　　B. 刀尖　　　　　　C. 刀尖圆弧中心　　　D. 刀尖或圆弧中心

6. 下列特点中，不属于数控机床特点的是（　　）。

　　A. 加工精度高　　　　　B. 生产效率高　　　　C. 劳动强度低　　　　D. 经济效益差

四、问答题

1. 数控机床与普通机床的区别是什么？

2. 简述数控编程的主要内容？

3. 说明对刀点、刀位点、换刀点的定义。

Chapter

2

第2章

| 数控车床编程与操作 |

【教学目标】

1. 了解数控车床的加工方式、装夹方法以及车削用量的确定。
2. 掌握车削加工工艺的制定原则与方法，确定刀具的进给路线。
3. 掌握数控车床的刀具类型、车刀的选择方法和装夹形式。
4. 熟悉 FANUC 系统数控车床常用的编程指令，并且能熟练掌握各种典型车削零件的编程方法。
5. 熟悉 FANUC 系统数控车床的操作面板与结构，掌握其操作方法，并能熟练地完成零件从编程到加工的全过程。

2.1 数控车削加工工艺

2.1.1 数控车削的加工对象

数控车床是当今应用较为广泛的数控机床之一，它主要用于加工轴类、盘类等回转体零件的内外圆柱面、任意角度的内外圆锥面、复杂回转内外曲面、圆柱、圆锥螺纹等，并能进行切槽、钻孔、扩孔、铰孔、镗孔等切削加工，如图 2-1 所示。由于数控机床有加工精度高、能做直线和圆弧插补以及在加工过程中能自动变速的特点，因此数控车削加工的工艺范围较普通车床宽得多。

与普通车床相比，数控车削的加工对象具有以下特点。

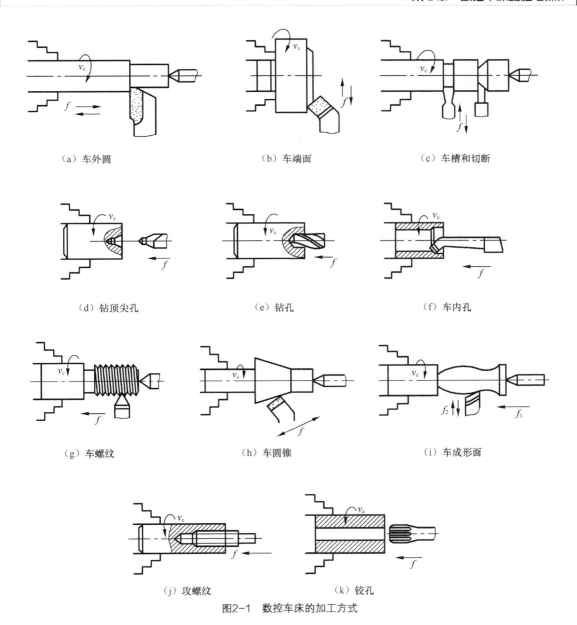

（a）车外圆　　　　　（b）车端面　　　　　（c）车槽和切断

（d）钻顶尖孔　　　　（e）钻孔　　　　　（f）车内孔

（g）车螺纹　　　　　（h）车圆锥　　　　　（i）车成形面

（j）攻螺纹　　　　　（k）铰孔

图2-1　数控车床的加工方式

1.　加工的回转零件精度要求高

由于数控车床具有刚性好、制造精度和对刀精度高、可方便且精确地进行人工补偿和自动补偿的特点，所以能加工尺寸精度要求较高的零件，在有些场合可以以车代磨。此外，数控车削的刀具运动是通过高精度插补运算和伺服驱动来实现的，所以它能加工直线度、圆度、圆柱度等形状精度要求高的零件。数控车削的工序集中，减少了工件的装夹次数，这有利于提高零件的位置精度。

2.　加工的回转零件表面质量要求高

数控车床具有恒线速度切削功能，能加工出表面粗糙度 R_a 值小而均匀的零件。在材质、精车余量和刀具已确定的情况下，表面粗糙度取决于进给量和切削速度。使用数控车床的恒线速度切削功

能，可选用最佳线速度来切削锥面和端面，使车削后的表面粗糙度 R_a 值既小又一致。数控车削还适合于车削各部位表面粗糙度要求不同的零件，表面粗糙度 R_a 值要求大的部位选用大的进给量，要求小的部位选用小的进给量。

3. 加工的回转零件表面形状复杂

由于数控车床具有直线和圆弧插补功能，所以可以车削任意直线和曲线组成的形状复杂的回转体零件。如图 2-2 所示的零件外轮廓的成形面，在普通车床上是无法加工的，而在数控车床上则很容易加工出来。

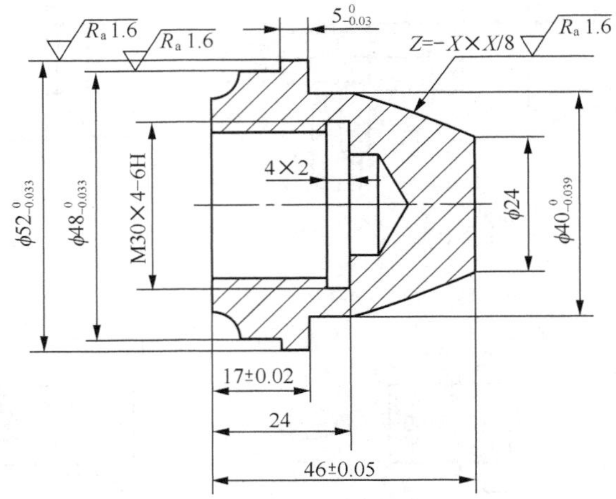

图2-2　表面形状复杂零件

4. 加工的回转零件可带特殊螺纹

普通车床所车削的螺纹相当有限，它只能车削等导程的圆柱（锥面）米（英）制螺纹，而且一台车床只能限定加工若干种导程。但数控车床能车削增导程、减导程以及要求等导程和变导程之间平滑过渡的螺纹。数控车床车削螺纹时，主轴转向不必像普通车床那样交替变换，可以一刀接一刀地循环切削，直到完成，所以车削螺纹的效率很高。数控车床具有精密螺纹切削功能，再加上采用硬质合金刀片、使用较高的转速，所以车削的螺纹精度高、表面粗糙度 R_a 值小。

2.1.2　工件在数控车床上的装夹

在数控车床上加工零件，应按工序集中的原则划分工序，在一次装夹下尽可能完成大部分甚至全部表面的加工。零件的结构形状不同，通常选择外圆装夹，并力求使设计基准、工艺基准和编程基准统一。

为了充分发挥数控机床高速度、高精度、高效率的特点，在数控加工中，还应有与数控加工相适应的夹具相配合。数控车床夹具可分为用于轴类工件的夹具和用于盘类工件的夹具两大类。

1. 轴类零件的装夹

轴类零件常以外圆柱表面作定位基准来装夹。

（1）用三爪自定心卡盘装夹。三爪自定心卡盘能自动定心，工件装夹后一般不需要找正，装夹效率高，但夹紧力较四爪单动卡盘小，只限于装夹圆柱形、正三边形、六边形等形状规则的零件。如果工件伸出卡盘较长，仍需找正。三爪自定心卡盘如图 2-3 所示。

（2）用四爪单动卡盘装夹。四爪卡盘的外形如图 2-4（a）所示。它的四个爪通过 4 个螺杆独立移动。它的特点是能装夹形状比较复杂的非回转体如方形、长方形等，而且夹紧力大。由于其装夹后不能自动定心，所以装夹效率较低，装夹时必须用划线盘或百分表找正，使工件回转中心与车床主轴中心对齐，图 2-4（b）所示为用百分表找正外圆的示意图。

图2-3　三爪自定心卡盘

（a）四爪卡盘

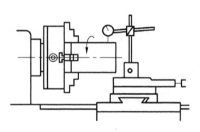

（b）百分表找正

图2-4　四爪单动卡盘装夹

（3）在两顶尖间装夹。对同轴度要求比较高且需要调头加工的轴类工件，常用双顶尖装夹工件，如图 2-5 所示，其前顶尖为普通顶尖，装在主轴孔内，并随主轴一起转动，后顶尖为活顶尖，装在尾架套筒内。工件利用中心孔被顶在前后顶尖之间，并通过拨盘和卡箍随主轴一起转动。

（4）用一夹一顶装夹。由于两顶尖装夹刚性较差，因此在车削一般轴类零件，尤其是较重的工件时，常采用一夹一顶装夹，如图 2-6 所示。为了防止工件的轴向位移，须在卡盘内装一限位支承，或利用工件的台阶做限位。由于一夹一顶装夹工件的安装刚性好，轴向定位正确，且比较安全，能承受较大的轴向切削力，因此应用很广泛。

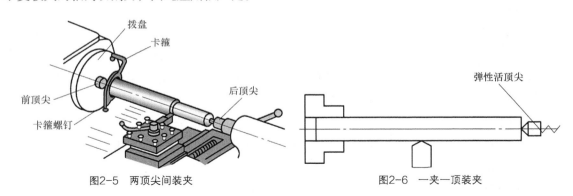

图2-5　两顶尖间装夹　　　　　　　　　　图2-6　一夹一顶装夹

除此以外，根据零件的结构特征，轴类零件还可以采用自动夹紧拨动卡盘、自定心中心架和复合卡盘装夹。

2. 盘类零件的装夹

用于盘类工件的夹具主要有可调卡爪盘和快速可调卡盘两种。快速可调卡盘的结构刚性好，工作可靠，因而广泛用于装夹法兰等盘类及杯形工件，也可用于装夹不太长的柱类工件。

在数控车削加工中，常采用以下装夹方法来保证工件的同轴度、垂直度要求。

（1）一次安装加工。它是在一次安装中把工件全部或大部分尺寸加工完成的一种装夹方法。此方法没有定位误差，可获得较高的形位精度，但需经常转换刀架、变换切削用量，尺寸较难控制。

（2）以外圆为定位基准装夹。工件以外圆为基准保证位置精度时，零件的外圆和一个端面必须在一次安装中进行精加工后，方能合适为定位基准。以外圆为基准时，常用软卡爪装夹工件。

（3）以内孔为定位基准装夹。中小型轴套、带轮、齿轮等零件，常以工件内孔作为定位基准安装在心轴上，以保证工件的同轴度和垂直度。常用的心轴有实体心轴和胀力心轴两种。

2.1.3　车削用量的选择

数控车床加工中的切削用量包括：背吃刀量 a_p、主轴转速 n 或切削速度 v_c（用于恒线速度切削）、进给速度 u_f 或进给量 f。切削用量的选择是否合理对切削力、刀具磨损、加工质量和加工成本均有显著影响。数控加工中选择切削用量时，就是在保证加工质量和刀具耐用度的前提下，充分发挥机床性能和刀具切削性能，使切削效率最高，加工成本最低。因此，切削用量的大小应根据加工方法合理选择，并在编程时，将加工的切削用量数值编入程序中。

切削用量的选择原则是：粗加工时，一般以提高生产率为主，兼顾经济性和加工成本；半精加工和精加工时，应在保证加工质量的前提下，兼顾切削效率、经济性和加工成本。具体数值应根据机床说明书、切削用量手册，并结合经验而定。

粗加工时首先应选取尽可能大的切削用量数值；其次根据机床动力和刚性等，选取尽可能大的进给速度（进给量）；最后根据刀具耐用度确定主轴转速（切削速度）。

半精加工和精加工时应首先根据粗加工后的余量确定背吃刀量；其次根据已加工表面的粗糙度要求，选取较小的进给速度（进给量）；最后在保证刀具耐用度的前提下，尽可能选取较高的主轴转速（切削速度）。

1．背吃刀量的确定

粗加工时，除留下精加工余量外，一次进给尽可能切除全部余量。在加工余量过大、工艺系统刚性较低、机床功率不足、刀具强度不够等情况下，可分多次进给。切削表面有硬皮的铸锻件时，应尽量使 a_p 大于硬皮层的厚度，以保证刀尖。

精加工的加工余量一般较小，可一次切除。

在中等功率机床上，粗加工的背吃刀量可达 8～10 mm；半精加工的背吃刀量取 0.5～5 mm；精加工的背吃刀量取 0.2～1.5 mm。

2．进给速度（进给量）的确定

进给速度是数控机床切削用量中的重要参数，主要根据零件的加工精度和表面粗糙度要求以及刀具、工件的材料性质选取，最大进给速度受机床刚度和进给系统的性能限制。

粗加工时，对工件的表面质量没有太高的要求，主要根据机床进给机构的强度和刚性、刀杆的强度和刚性、刀具材料、刀杆和工件尺寸以及已选定的背吃刀量等因素选取进给速度。

精加工时，则按表面粗糙度要求、刀具及工件材料等因素选取进给速度。

可使用下面的公式实现进给速度与进给量的转化。

$$u_f = fn$$

式中：u_f——进给速度，单位为 mm/min；

　　　f——每转进给量，一般粗车取 0.3～0.8 mm/r，精车取 0.1～0.3 mm/r，切断取 0.05～0.2 mm/r；

　　　n——主轴转速，单位为 r/min。

3．切削速度的确定

切削速度可根据已经选定的背吃刀量、进给量及刀具寿命进行选取，也可根据生产实践经验和查表的方法来选取。

　　粗加工或工件材料的加工性能较差时，宜选用较低的切削速度。精加工或刀具材料、工件材料的切削性能较好时，宜选用较高的切削速度。

　　切削速度 v_c 确定后，可根据刀具或工件直径按下面的公式确定主轴转速。

$$n = \frac{1\,000v_c}{\pi d}$$

式中：v_c——切削速度，单位为 mm/min；

　　　　n——主轴转速，单位为 r/min；

　　　　d——工件直径，单位为 mm。

　　实际生产中，切削用量一般根据经验并通过查表的方式进行选取。常用硬质合金或涂层硬质合金刀具切削不同材料时的切削用量推荐值如表 2-1 和表 2-2 所示。

表 2-1　　　　　　　　硬质合金或涂层硬质合金刀具切削用量推荐表

刀具材料	工件材料	粗　加　工			精　加　工		
		切削速度 /m·min⁻¹	进给量 /mm·r⁻¹	背吃刀量 /mm	切削速度 /m·min⁻¹	进给量 /mm·r⁻¹	背吃刀量 /mm
硬质合金或涂层硬质合金刀具	碳钢	220	0.2	3	260	0.1	0.4
	低合金钢	180	0.2	3	220	0.1	0.4
	高合金钢	120	0.2	3	160	0.1	0.4
	铸铁	80	0.2	3	140	0.1	0.4
	不锈钢	80	0.2	2	120	0.1	0.4
	钛合金	40	0.3	1.5	60	0.1	0.4
	灰铸铁	120	0.3	2	150	0.15	0.5
	球墨铸铁	100	0.2	2	120	0.15	0.5
	铝合金	1 600	0.2	1.5	1 600	0.1	0.5

表 2-2　　　　　　　　常用切削用量推荐表

工件材料	加工内容	背吃刀量 /mm	切削速度 /m·min⁻¹	进给量 /mm·r⁻¹	刀具材料
碳素钢 σ_b>600MPa	粗加工	5～7	60～80	0.2～0.4	YT 类
	粗加工	2～3	80～120	0.2～0.4	
	精加工	2～6	120～150	0.1～0.2	
碳素钢 σ_b>600MPa	钻中心孔		500～800 r/min		W18Cr4V
	钻孔		25～30	0.1～0.2	
	切断（宽度＜5 mm）		70～110	0.1～0.2	YT 类
铸铁 σ_b<200HBW	粗加工		50～70	0.2～0.4	YG 类
	精加工		70～100	0.1～0.2	
	切断（宽度＜5 mm）		50～70	0.1～0.2	

4. 选择切削用量时应注意的几个问题

（1）主轴转速。主轴转速应根据零件上被加工部位的直径，并按零件和刀具的材料及加工性质等条件所允许的切削速度来确定。切削速度除了计算和查表选取外，还可根据实践经验确定，需要注意的是交流变频调速数控车床低速输出力矩小，因而切削速度不能太低。根据切削速度可以计算出主轴转速。

（2）车螺纹时的主轴转速。数控车床加工螺纹时，因其传动链的改变，原则上其转速只要能保证主轴每转一周时，刀具沿主进给轴（多为 Z 轴）方向位移一个螺距即可。

在车削螺纹时，车床的主轴转速将受到螺纹螺距 P（或导程）的大小、驱动电机的升降频特性以及螺纹插补运算速度等多种因素影响，故对于不同的数控系统，推荐不同的主轴转速选择范围。大多数经济型数控车床推荐车螺纹时的主轴转速为

$$n \leqslant 1\,200/P - k$$

式中：n——主轴转速，单位为 r/min；

　　　P——被加工螺纹螺距，单位为 mm；

　　　K——保险系数，一般取为 80。

数控车床车螺纹时，会受到以下几个方面的影响。

① 螺纹加工指令中的螺距值，相当于以进给量 f（mm/r）表示的进给速度 u_f。如果将机床的主轴转速选择过高，换算后的进给速度 u_f（mm/min）则必定大大超过正常值。

② 刀具在其位移过程的始终，都将受到伺服驱动系统升降频率和数控装置插补运算速度的约束，由于升降频率的特性满足不了加工需要等原因，所以可能因主进给运动产生的"超前"和"滞后"而导致部分螺牙的螺距不符合要求。

③ 车削螺纹必须通过主轴的同步运行功能而实现，即车削螺纹需要有主轴脉冲发生器（编码器）。当其主轴转速选择过高时，通过编码器发出的定位脉冲（即主轴每转一周所发出的一个基准脉冲信号）将可能因"过冲"（特别是当编码器的质量不稳定时）而导致工件螺纹产生乱纹（俗称"乱扣"）。车螺纹的主轴转速一般取 300～400 r/min。

2.1.4　数控车削加工工艺的制定

制定工艺是数控车削加工的前期工艺准备工作。工艺制定得合理与否，对程序编制、机床的加工效率和零件的加工精度都有很大的影响。

1. 零件图工艺分析

（1）零件结构工艺性分析。在制定数控加工工艺时，应根据数控车削的特点，认真分析零件结构是否合理。如图 2-7（a）所示，加工该零件上的槽需采用 3 把不同宽度的切槽刀，如无特别的要求，显然是不合理的。若改为图 2-7（b）所示的结构，用一把切槽刀即可。这样做既减少了刀具的数量，少占刀位，又减少了换刀次数和换刀时间，显然更合理。

（2）轮廓几何要素分析。由于手工编程时，要计算每个基点的坐标；在自动编程时，要对构成轮廓的所有几何要素进行定义，因此在分析零件图时，要分析几何要素的给定条件是否充分。在零

件图设计时可能出现构成加工轮廓的条件不充分、尺寸模糊不清等问题，使编程存在困难。

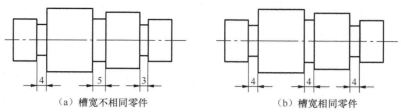

（a）槽宽不相同零件   （b）槽宽相同零件

图2-7 轴上槽宽尺寸标注

（3）精度及技术要求分析。在确定加工方法、装夹方式、刀具及切削用量之前，必须对零件的加工精度及技术要求进行分析。分析的主要内容如下。

① 分析精度及各项技术要求是否齐全合理；

② 分析机床的加工精度能否达到加工要求；

③ 找出有位置精度要求的表面，这些表面应安排在一次安装中完成；

④ 对表面粗糙度要求较高的表面应采用恒线速度切削功能进行加工。

（4）零件的配合表面和非配合表面。一般零件都包括配合表面和非配合表面。配合表面标注有尺寸公差、形位公差及表面粗糙度等要求。加工工艺安排一般为：首先是粗车，以去除较大的余量；其次是半精车，加工到接近零件形状，并留少量余量；最后是精加工，完成零件的加工。

2. 工序划分的方法

在数控车床上加工零件，应按工序集中的原则划分工序，在一次装夹下尽可能完成大部分甚至全部表面的加工。批量生产中，常用下列方法划分工序。

（1）按零件加工表面划分工序。即以完成相同型面的那一部分工艺过程为一道工序，对于加工表面多而复杂的零件，可按其结构特点（如内形、外形、曲面和平面等）划分成多道工序。将位置精度要求较高的表面在一次装夹下完成，以免多次定位夹紧产生的误差影响位置精度。

（2）按粗、精加工划分工序。即以粗加工中完成的那部分工艺过程为一道工序，精加工中完成的那一部分工艺过程为一道工序。对毛坯余量较大和加工精度要求较高的零件，应将粗车和精车分开，切分成两道或更多的工序。将粗车安排在精度较低、功率较大的数控机床上进行，将精车安排在精度较高的数控机床上完成。这种划分方法适用于加工后变形较大，需粗、精加工分开的零件，如毛坯为铸件、焊接件或锻件的零件。

（3）按所用的刀具种类划分工序。以同一把刀具完成的那一部分工艺过程为一道工序，这种方法适于工件的待加工表面较多、机床连续工作时间较长、加工程序的编制和检查难度较大的情况。

如图 2-8 所示的工件，工序 1：钻头钻孔，去除加工余量；工序 2：使用外圆车刀粗、精加工外形轮

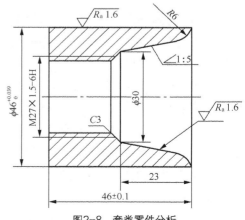

图2-8 套类零件分析

廓；工序 3：使用内孔车刀粗、精车内孔。

对同一方向的外圆切削，应尽量在一次换刀后完成，避免频繁更换刀具。例如，图 2-9（a）所示的手柄零件，所用坯料为 ϕ32 mm 棒料，批量生产，加工时用一台数控车床。其工序的划分及装夹方案如下。

工序 1：夹棒料外圆柱面，如图 2-9（b）所示，将一批工件全部车出，包括切断。工序内容是先车出 ϕ12 mm 和 ϕ20 mm 两圆柱面及圆锥面（粗车 R42 mm 圆弧的部分余量），换刀后按总长要求留下加工余量，然后切断。

工序 2：用 ϕ12 mm 外圆及 ϕ20 mm 端面装夹，如图 2-9(c)所示。工序内容有：先车削包络 SR7 mm 球面的 30° 圆锥面，然后对全部圆弧表面半精车（留少量精车余量），最后换精车刀将全部圆弧表面一刀精车成形。

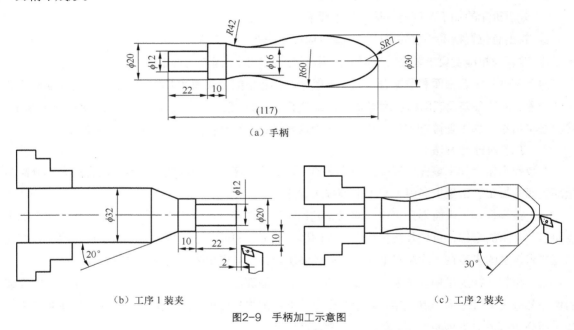

（a）手柄

（b）工序 1 装夹　　　　　　　　　　　　　　　　（c）工序 2 装夹

图2-9　手柄加工示意图

（4）按安装次数划分工序。以一次安装完成的那一部分工艺过程为一道工序。这种方法适用于工件的加工内容不多的工件，加工完成后就能达到待检状态。

3．加工顺序的确定

在分析零件图样、确定工序和装夹方式后，应确定零件的加工顺序。制定零件数控车削加工顺序时一般应遵循以下原则。

（1）"先粗后精"原则。"先粗后精"是指按照粗车—半精车—精车的顺序进行加工，逐步提高加工精度。粗车可在较短的时间内将工件表面上的大部分余量切除，一方面可提高金属切除率，另一方面可满足精车的余量均匀性要求。若粗车后所留余量不能满足精加工要求，则应安排半精车，为精车做准备。

（2）"先近后远"原则。"先近后远"是指在一般情况下，先加工离对刀点较近的表面，后加工离对刀点较远的表面，以缩短刀具的移动距离，减少空行程的时间；同时还有利于保证毛坯或半成品的刚性。

（3）"基面先行"原则。"基面先行"是指先加工用于精基准的表面，以减小后续工序的装夹误差。例如，在轴类零件加工时，先加工出中心孔，再以中心孔定位加工外圆和端面。

（4）"先内后外"原则。对于有内孔和外圆表面的零件加工，通常先加工内孔，后加工外圆。因内表面加工散热条件较差，为防止热变形对加工精度的影响，应先安排加工。

4. 确定刀具的进给路线

刀具的进给路线是指刀具从对刀点开始运动起，直至加工程序结束所经过的路径，包括切削加工的路径及刀具切入、切出等非切削空行程。零件加工通常沿刀具与工件接触点的切线方向切入和切出。设计好进给路线是编制合理的加工程序的条件之一。

确定数控加工进给路线的总原则是：在保证零件加工精度和表面质量的前提下，尽量缩短进给路线，以提高生产率；进给路线方便坐标值的计算，减少编程工作量，便于编程。对于多次重复的进给路线，应编写子程序，简化编程。

在确定加工路线时，主要遵循以下原则。

① 应能保证零件具有良好的加工精度和表面质量；

② 应尽量缩短加工路线，减少空刀时间，以提高加工效率；

③ 应使数值计算简单，程序段数量少；

④ 确定轴向移动尺寸时，应考虑刀具的引入距离和超越距离。

（1）进给路线的选择。

① 最短的切削进给路线。选择最短的切削进给路线，可直接缩短加工时间，提高生产率，减少刀具的磨损。因此，在安排粗加工或半精加工切削路线时，应综合考虑被加工工件的刚性和加工的工艺性等要求，制定最短的切削路线。

图 2-10 所示为 3 种不同的切削路线。图 2-10（a）所示为利用复合循环指令沿零件轮廓加工的切削路线；图 2-10（b）所示为按三角形轨迹加工的切削路线；图 2-10（c）所示为利用矩形循环指令加工的切削路线。通过分析和判断，按矩形循环轨迹加工的进给路线的长度总和最短。因此，在同等条件下，其切削所需时间（不含空行程）最短，刀具的损耗最小。

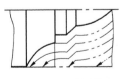 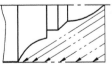 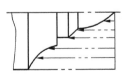

　（a）沿轮廓切削路线　　　（b）三角形切削路线　　　（c）矩形切削路线

图2-10　不同粗车进给路线示意

② 大余量毛坯的切削进给路线。图 2-11 所示为车削大余量的两种加工进给路线。图 2-11（a）所示的切削方法，在同样的背吃刀量的条件下，所剩余量过大；而图 2-11（b）所示的切削方法，则可保证每次的车削所留余量基本相等，因此该方法切削大余量较为合理。

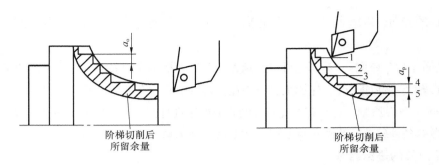

（a）等背吃刀量切削　　　　　　　　　　（b）等余量切削

图2-11　大余量毛坯的切削进给路线

（2）特殊的切削进给路线。在数控车削加工时，一般 Z 轴都是沿负方向进给，但有时并不合理。例如，用尖形车刀加工大圆弧内表面时，可以有两种不同的进给方法，如图2-12所示，加工的结果是不同的。

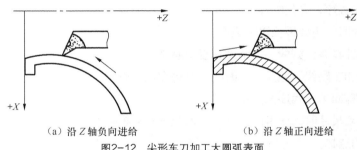

（a）沿 Z 轴负向进给　　　　　　　　　　（b）沿 Z 轴正向进给

图2-12　尖形车刀加工大圆弧表面

图2-12（a）所示的加工进给方法（Z 轴负方向），因切削时尖形车刀的主偏角为 $100° \sim 105°$，这时切削力在 X 向有较大的吃刀抗力 F_p，如图2-13所示。当刀尖运动到圆弧的换象限处，即 X 轴运动由负向变换为正向时，F_p 与传动横向拖板的传动力方向相同，由于丝杠副有轴向间隙，就可能使刀尖嵌入零件表面，即扎刀，理论上讲嵌入量等于间隙量 e。既使间隙量很小，由于刀尖在 X 轴方向换向时，横向拖板进给时的移动量变化也很小，也会使横向拖板产生严重的爬行现象，从而降低零件的表面质量。图2-12（b）所示的加工进给方法，因刀尖在加工至换象限处时，F_p 与传动横向拖板的传动力方向相反，如图2-14所示，因此不会受间隙的影响而产生扎刀。可见，采用该加工进给方法较为合理。

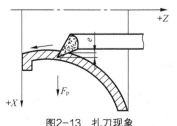　　　　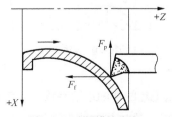

图2-13　扎刀现象　　　　　　　图2-14　合理进给路线

另外，在车削大余量的毛坯和螺纹时，一般均可使用数控机床的循环功能指令加工，其每次进给切削轨迹相差不大，切削路线由编程和指令控制，具体见"机床编程说明"。

（3）车螺纹的轴向进给距离分析。车螺纹时，刀具沿螺纹方向的进给应与工件主轴旋转保持严格的速比关系。考虑到刀具从停止状态到达指定的进给速度或从指定的进给速度降至零，驱动系统必须有一个过渡过程。沿轴向进给的加工路线长度，除保证加工螺纹长度外，还应增加刀具引入距离 δ_1 和刀具切出距离 δ_2，如图 2-15 所示，从而保证了在切削螺纹的有效长度内，刀具的进给速度是均匀的。一般 δ_1 取 1～2 倍螺距，δ_2 取 0.5 倍的螺距以上。

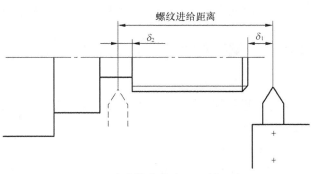

图2-15　切削螺纹的引入、引出距离

（4）切槽的进给路线分析。车削精度不高且宽度较窄的矩形沟槽时，可用刀宽等于槽宽的车槽刀，采用直进法一次进给车出。精度要求较高的沟槽，一般采用二次进给，即第 1 次进给车槽时，槽壁两侧留精车余量，第 2 次进给时用宽刀修整。

车较宽的沟槽，可以采用多次直进法切割，并在槽壁及底面留精加工余量，最后一刀精车至尺寸，如图 2-16 所示。

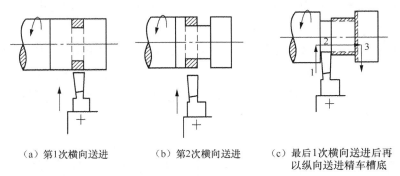

（a）第1次横向送进　　　（b）第2次横向送进　　　（c）最后1次横向送进后再
　　　　　　　　　　　　　　　　　　　　　　　　　　以纵向送进精车槽底

图2-16　切宽槽的进给路线

较小的梯形槽一般用成形刀车削完成。较大的梯形槽，通常先车直槽，然后用梯形刀直进法或左右切削法完成。

数控车床刀具的选择及装夹

刀具的选择确定是数控加工工艺中的重要内容，它不仅影响数控机床的加工效率，而且直接影响加工质量。数控机床主轴转速比普通机床高 1～2 倍，且主轴输出功率大，因此与传统加工方法相比，数控加工对刀具的要求更高。应根据机床的加工能力、工件材料的性能、加工工序的内容、切削用量及其他相关因素，合理选择刀具的类型、结构、几何参数等。

数控加工刀具必须适应数控机床高速、高效和自动化程度高的特点。

2.2.1 数控车刀的特点及类型

1. 数控车刀的特点

为适应数控加工精度高、效率高、工序集中及零件装夹次数少等要求，数控车刀与普通车床上所用的刀具相比，主要有以下特点。

（1）高的切削效率。

（2）刀具精度高、精度稳定。

（3）刚性好、抗振及热变形小。

（4）互换性好，便于快速换刀。

（5）耐用度好，切削性能稳定、可靠。

（6）刀具的尺寸调整方便，换刀调整时间短。

（7）系列化、标准化。

2. 数控车刀的类型

（1）按刀具结构分类

① 整体式车刀。整体式车刀由整块材料磨制而成，使用时根据不同用途将切削部分修磨成所需要的形状。

② 焊接式车刀。将硬质合金刀片用焊接的方法固定在刀体上称为焊接式车刀。其优点是结构简单、制造方便、刚性较好，且通过刃磨可形成所需的几何参数，故使用方便灵活。

根据工件加工表面及用途的不同，焊接式车刀可分为切断刀、外圆车刀、内孔车刀、端面车刀、螺纹车刀及成形车刀等，如图2-17所示。

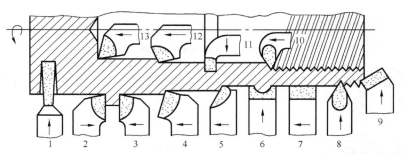

1—切断刀；2—90°左偏刀；3—90°右偏刀；4—弯头车刀；5—外圆车刀；
6—成形车刀；7—宽刃车刀；8—外螺纹车刀；9—端面车刀；10—内螺纹车刀；
11—内槽车刀；12—通孔车刀；13—盲孔车刀
图2-17 焊接式车刀的种类

③ 机夹可转位车刀。机夹可转位车刀是将硬质合金可转位刀片用机械方法夹固在刀体上。如图2-18所示，机夹可转位车刀由杠杆、刀片、垫片及夹紧螺丝组成。刀片由硬质合金模压形成，其每边都有切削刃，当某一切削刃用钝后，只要松开夹紧元件，将刀片转一个位置便可继

续使用。

目前，数控车刀主要采用机夹可转位刀具。刀片主要采用硬质合金刀片和涂层硬质合金刀片。

（2）按刀具所用材料分类

① 高速钢刀具。常用的普通高速钢材料牌号为W6Mo5Cr4V2、W18Cr4V、W9Mo3Cr4V 等，其硬度和韧性的配合较好，热稳定性和热塑性也较好；但不适用于较硬材料和数控高速切削。

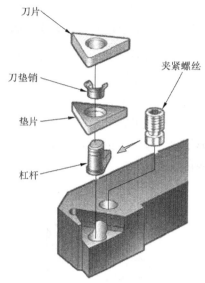

图2-18　机夹可转位车刀

高性能高速钢材料牌号为 W2Mo9Cr4Co8，适用于高强度合金钢材料加工。

② 硬质合金刀具。常用的普通硬质合金有 K、P、M 3大类。K 类主要牌号有 YG3、YG6、YG8 等，适用于铸铁和有色金属的加工；P 类主要牌号有 YT5、YT15、YT30 等，适用于钢的加工；M 类主要牌号有 YW1、YW2 等，适用于难加工钢材的加工。

新型硬质合金的主要牌号有 YM051、YM052、YW3、YW4、YN5、YN10、YD15 等，通过添加某些碳化物使材料性能得到提高，更能适应难加工材料的加工。

③ 金刚石刀具。金刚石刀具的特点是其切削刃口可以磨得非常锋利，适用于有色金属、非金属的精加工。

④ 其他材料刀具，其他材料刀具有涂层刀具、立方氮化硼刀具、陶瓷刀具等。目前，数控机床用得最多、最普遍的是硬质合金刀具。

（3）按切削工艺分类

按切削工艺，数控车刀可分为外圆车刀、内孔车刀（镗刀）、螺纹车刀、切割刀具等多种。

2.2.2　数控车刀的选择及装夹

1. 数控车床刀具的选择

选择数控车床刀具总的原则是：安装、调整方便，刚性好，耐用度和精度高。在满足加工要求的前提下，尽量选择较短的刀柄，以提高刀具加工的刚性。

（1）车刀的类型选择。数控车刀一般分为 3 类：尖形车刀、圆弧车刀和成形车刀。

① 尖形车刀。尖形车刀是以直线形切削刃为特征的车刀。其刀尖即为刀位点，如 90° 的内、外圆车刀，左、右端面车刀，切槽（断）刀等。

使用尖形车刀加工，零件的轮廓形状主要由刀尖位移得到。

② 圆弧形车刀。圆弧形车刀是以一圆弧形切削刃为特征的车刀。由于其切削刃为圆弧形，因此刀位点为圆弧的圆心。当加工凹形轮廓时，车刀圆弧半径应小于或等于被加工凹形轮廓的最小半径；而加工凸形轮廓时，车刀圆弧半径应可尽量取大，以利于提高刀具强度。

圆弧形车刀可用于加工内、外表面，尤其适合车削各种光滑连接（凹形）的成形面。

③ 成形车刀。成形车刀的特征是刀刃的形状、尺寸与被加工零件的轮廓形状相一致。在数控车削中，常见的成形车刀有小半径的圆弧车刀、非矩形车槽刀、螺纹车刀等。

（2）刀片选择。由于数控车刀主要采用机夹可转位车刀，因此选择的主要标准是刀片的形状、角度、精度、材料、尺寸、厚度、圆角半径、断屑槽、刃口修磨等要能满足各种加工条件的要求。

刀片是可转位车刀的重要元件，按照 GB2076—87，刀片可分为带圆孔、带沉孔及无孔 3 大类，形状有三角形、正方形、五边形、六边形、圆形、菱形等共 17 种。图 2-19 所示为几种常用的刀片形状及角度。

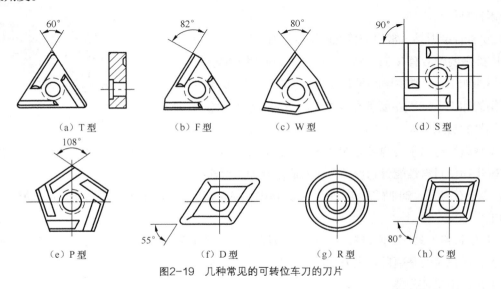

（a）T 型　　（b）F 型　　（c）W 型　　（d）S 型

（e）P 型　　（f）D 型　　（g）R 型　　（h）C 型

图 2-19　几种常见的可转位车刀的刀片

① 刀片材料选择。目前，刀片材料应用最多的是硬质合金刀片和涂层硬质合金刀片。选择刀片材质的主要依据是被加工工件的材料、被加工表面的精度、表面的质量要求、切削负荷的大小及切削过程中有无冲击和振动等。

② 刀片尺寸选择。刀片尺寸的大小取决于有效切削刃长度。在具体选择时需综合考虑有效切削刃长度、背吃刀量、主偏角大小等因素。

③ 刀片形状选择。在选择刀片形状时，主要考虑被加工工件的表面形状、切削方法、刀具寿命、刀片的转位次数等因素。

2. 车刀的装夹

在实际切削中，车刀安装的高低、车刀刀杆轴线是否垂直，对车刀角度有很大的影响。以车削外圆为例，当车刀刀尖高于工件轴线时，因其车削平面与基面的位置发生变化，使前角增大，后角减小；反之，则前角减小，后角增大。车刀安装的歪斜，对主偏角、副偏角影响较大，特别是在车螺纹时，会使牙形半角产生误差。因此，正确地安装车刀，且使刀具夹紧、夹牢是保证加工质量、减小刀具磨损、提高刀具使用寿命的重要环节。

 FANUC 0i 系统数控车床编程

2.3.1　FANUC 0i 系统指令代码

数控车床系统的主要功能包括准备功能、辅助功能、进给速度功能、主轴转速功能、刀具功能等。目前，由于数控系统的种类较多，其主要功能代码在具体的内容和格式上可能会有所不同。因此在数控编程之前，编程人员应详细了解所用数控系统的主要功能和指令格式等。

1. 准备代码（G 代码）

准备功能 G 指令由 G 和其后一位或二位数值组成，它用来规定刀具和工件的相对运动轨迹、机床坐标系、坐标平面、刀具补充、坐标偏置等多种加工操作。

G 代码根据功能的不同分为模态代码和非模态代码。模态代码表示该功能一旦被执行，就一直有效，直到被同一组的其他 G 代码注销。非模态代码只在有该代码的程序段中有效。在表 2-3 中 00 组的 G 代码称为非模态代码，其余组为模态代码。在模态 G 代码组中包含一个默认 G 代码（表中带 "*" 号的 G 功能），通电时将被初始化为该功能。

不同组的 G 代码可以放在同一个程序段中，而且与顺序无关。如 G97、G99、G40。

FANUC 0i 数控车床常用的 G 功能指令如表 2-3 所示。

表 2-3　　　　　　　　　　FANUC 0i 系统常用的准备功能一览表

G 代码	组　　别	功　　能	G 代码	组　　别	功　　能
G00	01	定位（快速移动）	G70	00	精加工循环
*G01	01	直线插补（切削进给）	G71	00	外圆粗车循环
G02	01	圆弧插补 CW（顺时针）	G72	00	端面粗车循环
G03	01	圆弧插补 CCW（逆时针）	G73	00	封闭切削循环
G04	00	暂停，准停	G74	00	端面深孔加工循环
G28	00	返回参考点（机械原点）	G75	00	外圆、内圆切槽循环
G32	01	螺纹切削	G76	00	复合型螺纹切削循环
G33	01	攻丝循环	G90	01	外圆、内圆车削循环
G34	01	变螺距螺纹切削	G92	01	螺纹切削循环
*G40	04	刀尖半径补偿（选配）	G94	01	端面切削循环
G41	04	刀尖半径补偿（选配）	G96	02	恒线速开
G42	04	刀尖半径补偿（选配）	G97	02	恒线速关
G50	00	坐标系设定	*G98	03	每分进给
G65	00	宏程序命令	G99	03	每转进给

注：① 当电源接通时，系统处于带有 "*" 记号的 G 代码的状态。

　　② 00 组的 G 代码是非模态 G 代码。

　　③ 在同一个程序段中可以指令几个不同组的 G 代码，当同一个程序段中指令了两个以上的同组 G 代码时，后一个 G 代码有效。

2．辅助功能（M 代码）

辅助功能 M 指令由 M 和其后一位或二位数值组成，主要用于控制零件程序的走向，以及机床各种辅助功能的开关动作，辅助功能如主轴的旋转方向、启动、停止，及切削液的开关等功能。

FANUC 0i 数控车床常用的 M 功能指令如表 2-4 所示。

表 2-4　　　　　　　　　　FANUC 0i 系统常用的辅助功能一览表

M　指　令	功　　能	M　指　令	功　　能
M00	程序停止	M08	切削液开启
M01	程序选择性停止	M09	切削液关闭
M02	程序结束	M30	程序结束，返回开头
M03	主轴正转	M98	调用子程序
M04	主轴反转	M99	子程序结束
M05	主轴停止		

（1）暂停指令 M00。当 CNC 执行到 M00 指令时，将暂停执行当前程序，以方便操作者进行刀具的更换、工件的尺寸测量、工件调头或手动变速等操作。暂停时，机床的主轴进给及冷却液停止，而全部现存的模态信息保持不变。若欲继续执行后续程序，只需重按操作面板上的"启动"键即可。

（2）程序结束指令 M02。M02 用在主程序的最后一个程序段中，表示程序结束。当 CNC 执行到 M02 指令时，机床的主轴、进给及冷却液全部停止。使用 M02 的程序结束后，若要重新执行该程序就必须重新调用该程序。

（3）程序结束并返回到零件程序头指令 M30。M30 和 M02 的功能基本相同，只是 M30 指令还兼有控制返回到零件程序头（O 或%）的作用。使用 M30 的程序结束后，若要重新执行该程序，只需再次按操作面板上的"启动"键即可。

（4）子程序调用及返回指令 M98/M99。M98 用来调用子程序；M99 表示子程序结束，执行 M99 使控制返回到主程序。

在子程序开头必须规定子程序号，以作为调用入口地址；在子程序的结尾用 M99，以控制执行完该子程序后返回主程序。

（5）主轴控制指令 M03、M04 和 M05。M03 启动主轴，主轴以顺时针方向（从 Z 轴正向朝 Z 轴负向看）旋转；M04 启动主轴，主轴以逆时针方向旋转；M05 停止主轴旋转。

（6）冷却液开停指令 M08、M09。M08 指令将打开冷却液管道；M09 指令将关闭冷却液管道。其中 M09 为缺省功能。

3．S、F 和 T 功能

（1）S 功能。S 功能用来指定车床的主轴速度，需配合指令 G96 和指令 G97 来使用。

G96：恒线速控制，使刀具在加工各表面时保持同一线速度。如 G96 S150 表示切削点速度控制在 150 m/min。

G97：恒线速取消，恒线速度控制取消。如 G97 S800 表示恒线速控制取消，并设定主轴转速为 800 r/min。

（2）F 功能。F 功能用来指定车刀车削表面时的走刀速度。机床设定 G98 时，F100 表示车刀的进给速度为 100 mm/min；机床设定 G99 时，F0.12 表示车刀的进给速度为 0.12 mm/r；当车削螺纹时，F 用来指定被加工螺纹的导程。如 F0.3 表示被加工螺纹的导程为 3 mm。

（3）T 功能。T 功能用来指定加工中所用的刀具号及其所调用的刀具补偿号，一般 T 后面可有 4 位数值，前 2 位表示刀具号，后 2 位表示刀具补偿号。例如，T0202 表示选用 2 号刀具，调用 2 号刀具补偿；T0204 表示选用 2 号刀具，调用 4 号刀具补偿；T0200 表示取消刀具补偿。

2.3.2 基本移动指令

刀具相对工件的直线运动可加工出圆柱面、锥面、端面、内孔等，简单的回转体零件可以由刀具的直线进给来完成。

1. 快速定位 G00

（1）指令格式：

G00 X（U）__ Z（W）__；

① X__ Z__ 表示快速移动的目标点的绝对坐标。

② U__ W__ 表示快速移动的目标点相对刀具当前点的相对坐标位移。

③ X（U）坐标按直径输入。

快速定位指令G00

（2）应用。快速定位 G00 主要用于刀具快进、快退及空刀快速移动。

【例 2-1】　由刀具当前点 A 快速进刀至点 B，如图 2-20 所示。

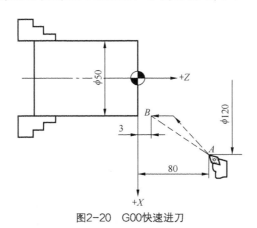

图2-20 G00快速进刀

程序如下。

G00 X50.0 Z3.0;

或 G00 U-70.0 W-77.0

① 符号 ⚫ 代表程序原点。

② 点的坐标值均为毫米输入，以下示例同。

③ 在某一轴上相对位置不变时，可以省略该轴的移动指令。

④ 在同一程序段中，绝对坐标指令和增量坐标指令可以混用，如 G00 X50.0 W-77.0;。

⑤ G00 指令的快速移动，由厂家预先在机床参数中设定，不能用 F 规定。但快移速度可由机床面板上的快速修调按钮修正。

⑥ 在执行 G00 时，由于 X、Z 轴以各自独立的速度移动，不能保证各轴同时到达终点，因此 X、Z 轴的合成轨迹不一定是直线，在通常情况下多为折线轨迹，如图 2-20 中虚线所示。为避免刀具与工件发生碰撞，可根据需要，先移动一个轴，再移动另一个轴。

⑦ 执行 G00 指令，移动过程中不能对工件进行切削加工，目标点不能选在零件上，一般要离开工件表面 2～5 mm。

2. 直线插补 G01

（1）指令格式：G01 X（U）__Z（W）__F__;

① X（U）__Z（W）__表示同 G00 指令。

② F__表示进给速度。

（2）应用：用于完成外圆、端面、内孔、锥面、槽、倒角等表面的切削加工。

G00指令加工演示　　　直线插补指令G01

【例 2-2】 外圆柱切削，如图 2-21 所示。

程序如下。

G01 X40.0 Z-90.0 F0.3;

或　G01 U0 W-90.0 F0.3;

或　G01 U0 Z-90.0 F0.3;(G01 X40.0 W-90.0 F0.3)

【例 2-3】 外圆锥切削，如图 2-22 所示。

程序如下。

G01 X60.0 Z-90.0 F0.3;

或　G01 U20.0 W-90.0 F0.3;

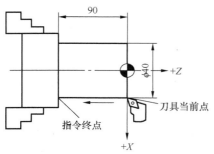

图2-21　G01切外圆柱

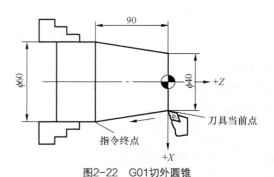

图2-22　G01切外圆锥

【例 2-4】　加工如图 2-23 所示的零件。已知毛坯为直径 $\phi32\,\text{mm}$、长度 $120\,\text{mm}$ 的圆棒料。

（1）编程前的工艺分析。根据数控车削工艺的原则和工件毛坯的具体情况，分析如下。

① 工艺过程为：车右端面→车 $\phi30$ 外圆→$\phi25$ 外圆→$\phi20$ 外圆→切断工件，保证总长 80。

② 车刀选择：外圆车刀 T0101，切断刀 T0303（刀宽 $3\,\text{mm}$，以左刀尖为基准）。

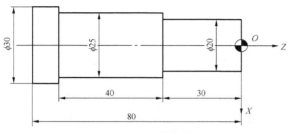

图2-23　G00/G01应用实例

G01指令加工演示

③ 切削用量选择：主轴转速 $S800$，进给速度 $F0.3$，切削深度 a_p 取 $5\,\text{mm}$。

（2）程序如下。

```
O2001;
N010  G21 G97 G99 G40;          初始化程序
N020  M03  S800 T0101;          主轴正转，800 r/min，换1号刀
N030  G00  X35.0 Z0;            定位在端面位置
N040  G01  X-1.0 F0.3;          车端面
N050  G00  Z2.0;                轴向退刀
N060  X30.0;                    快速定位至φ30位置
N070  G01  Z-85.0 F0.3;         车φ30圆柱面
N080  U5.0;                     X向退刀5 mm
N090  G00  Z2.0;                z向退刀
N100  X25.0;                    快速定位至φ25位置
N110  G01  Z-70.0 F0.3;         车φ25圆柱面
N120  U10.0;                    X向退刀10 mm
N130  G00  Z2.0;                z向退刀
N140  X20.0;                    快速定位至φ20位置
N150  G01  Z-30.0 F0.3;         车φ20圆柱面
N160  U10.0;                    X向退刀10 mm
N170  G00  X100.0 Z80.0 M05;    快速退至起点（换刀点）
N180  M03  S300;                主轴正转，300 r/min
N190  T0303;                    换3号刀
N200  G00  X35.0 Z-83.0;        快移至切断位置
N210  G01  X0 F0.15;            切断工件
N220  G00  X100.0 Z80.0 M05;    快速退至起点，主轴停转
N230  M02;                      程序结束
```

3. 圆弧插补 G02/G03

（1）指令格式。

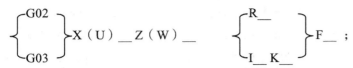

① 与圆弧加工有关的指令说明见表 2-5。

表 2-5   圆弧插补指令说明

项　目	指　定　内　容		命　令	意　义
1	回转方向		G02	顺时针转 CW
			G03	逆时针转 CCW
2	终点 位置	绝对方式	X__ Z__	工件坐标系中圆弧终点位置的坐标
		相对方式	U__ W__	圆弧终点相对始点的坐标
3	从始点到圆心的距离		I__ K__	圆心相对起点位置的坐标
	圆弧半径		R	圆弧半径
4	进给速度		F	圆弧的切线速度

② 顺时针圆弧插补（G02）与逆时针圆弧插补（G03）的判断方法：沿着弧所在平面（如 XZ 平面）的正法线方向（+Y 轴）向负方向（−Y 轴）观察，圆弧插补按顺时针方向为 G02，逆时针方向为 G03。如图 2-24 所示。

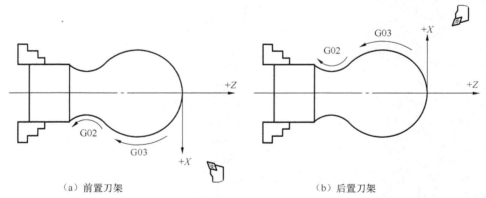

（a）前置刀架   （b）后置刀架

图2-24　顺圆与逆圆的判别

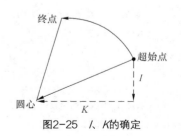

③ I、K 可理解为圆弧始点指向圆心的矢量分别在 X、Z 轴上的投影，I、K 根据方向带有符号，I、K 的方向与 X、Z 轴的方向相同，则取正值；否则，取负值；I、K 为零时可以省略，如图 2-25 所示。

I、K 值的计算方法如下。

$$I = 圆心坐标 X − 圆弧起始点的 X 坐标$$

$$K = 圆心坐标 Z − 圆弧起始点的 Z 坐标$$

图2-25　I、K 的确定

④ 在同一程序段中，如 I、K 与 R 同时出现时，R 有效。

（2）应用：用于完成凸弧和凹弧表面的切削加工。

圆弧插补指令的分类和判定

圆弧插补指令 G02

圆弧插补指令 G03

【例 2-5】　编写图 2-26 所示的圆手柄精加工程序，经计算两圆弧段交点 X、Z 的坐标值为（24，−24）。精车刀 T02。

程序如下。

```
O2002;
N10  G21 G97 G99 G40;              初始化程序
N20  M03 S800 T0202;               主轴正转，800 r/min，换 2 号刀
N30  G00 X40.0 Z5.0;               快移至工件附近
N40  X0;                           进刀至中心线
N50  G01 Z0 F0.3;                  进刀至圆弧起点
N60  G03 X24.0 Z-24.0 R15.0;       车 R15 圆弧面
     （或 G03 U24.0 W-24.0 R15.0;）
     （或 G03 U24.0 W-24.0 I0 J-15.0;）
N70  G02 X26.0 Z-31.0 R5.0;        车 R5 圆弧面
     （或 G02 U2.0 W-7.0 R5.0;）
N80  G01 Z-40.0;                   车 ϕ26 外圆
N90  X40.0;                        车阶梯端面
N100 G00 X100.0 Z80.0 M05;         快速退至起点，主轴停转
N110 M30;                          结束程序
```

4. 暂停 G04

（1）指令格式：

G04 X___; 或 G04 P___;

其中：

① X 表示指定时间，单位为 s（秒），允许使用小数点，如 G04 X2.0 表示暂停 2 s；

② P 表示指定时间，单位为 ms（毫秒），不允许使用小数点，如 G04 P2000 也表示暂停 2 s。

（2）应用。暂停 G04 用于车槽、镗孔、钻孔指令后，以提高表面质量及有利于铁屑的充分排出。

【例 2-6】　切槽刀在槽底停留 4s，以修光底部，如图 2-27 所示。

程序如下。

```
......
G01 X12.0 F0.12;
G04 X4.0;
G01 X30.0;
......
```

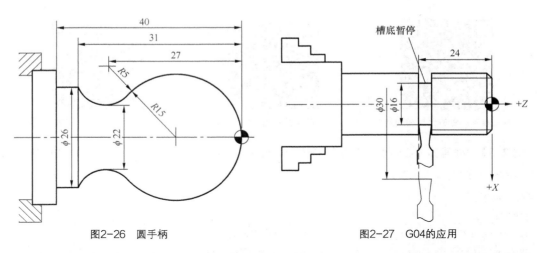

图2-26　圆手柄　　　　　　　　　　　　　图2-27　G04的应用

2.3.3　固定循环指令

对于加工余量较大的外径、内径、端面，刀具常常要反复地执行相同的动作，需要编写较多相同或相似的程序段，才能切到工件要求的尺寸，为了简化程序，数控系统规定用一个或几个程序段指定刀具做反复切削动作，这就是固定循环功能。

表2-6所示为固定循环指令。

表2-6　　　　　　　　　　单一固定循环和复合固定循环指令

单一固定循环	G90	外径、内径切削循环； 外径、内径轴段及锥面粗加工固定循环
	G92	螺纹切削循环； 执行固定循环切削螺纹
	G94	端面切削循环； 执行固定循环切削工件端面及锥面
复合固定循环	G70	精加工固定循环； 完成 G71、G72、G73 切削循环之后的精加工，达到工件尺寸
	G71	外径、内径粗加工固定循环； 执行粗加工固定循环，将工件切至精加工之前的尺寸
	G72	端面粗加工固定循环； 同 G71，只是 G71 沿 Z 轴方向进行循环切削而 G72 沿 X 轴方向进行循环切削
	G73	仿形粗加工固定循环； 沿工件精加工相同的刀具路径进行粗加工固定循环
	G74	端面切削固定循环
	G75	外径、内径切槽（断）固定循环
	G76	复合螺纹切削循环

1. 单一固定循环

（1）内、外圆切削循环指令 G90

指令格式：

G90 X (U)＿＿＿ Z (W)＿＿ R＿＿ F＿＿＿;

① 如图 2-28 所示，执行该指令刀具从循环起点开始按 $A→B→C→D→A$ 做循环运动，最后又回到循环起点。图中虚线表示按 R 快速运动，实线表示按 F 指定的工作进给速度运动。其中，A 为循环起点（也是循环的终点），B 为切削起点，C 为切削终点，D 为退刀点。

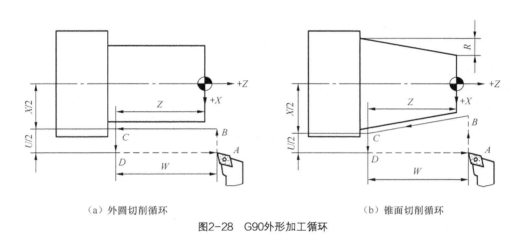

（a）外圆切削循环　　　　　　　　　（b）锥面切削循环

图2-28　G90外形加工循环

② X＿Z＿为切削终点（C 点）的坐标；"U＿W＿"为切削终点（C 点）相对于循环始点（A 点）的位移量。

③ R＿为锥体面切削始点与切削终点的半径差，即 $Rb-Rc$，如图 2-28（b）所示；当 R=0 时，即为加工圆柱面。

④ F＿为进给速度。

与简单的移动指令（G00、G01 等）相比，该指令将 AB、BC、CD、DA 4 条直线指令组合成 1 条指令进行编程，从而达到了简化编程的目的。

需要特别指出的是，在应用 G90 指令编程的过程中，刀具必须先定位到一个循环起点，然后开始执行 G90 指令，且刀具每次执行完一次走刀循环后又回到循环起点。对于该点，一般宜选择在离开工件或毛坯 1～2 mm 处。

该指令用于外圆柱面和圆锥面或内孔面和内锥面毛坯余量较大的零件粗车，如图 2-28 和图 2-29 所示。

外径内径车削循环指令G90

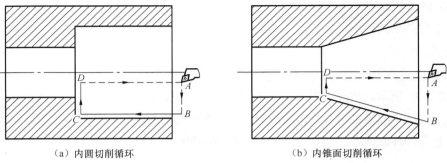

（a）内圆切削循环　　　　　　　　（b）内锥面切削循环

图2-29　G90内孔加工循环

【例2-7】　如图2-30所示，试用G90编写加工程序。

程序如下。

```
O2007;
N10  G21 G97 G99 G40;                    初始化程序
N20  S600 M03 T0101;                     主轴正转，600 r/min，换1号刀
N30  G00 X52.0 Z2.0;                     快移至循环起点
N40  G90 X45.0 Z-40.0 F0.2;              车φ45.0外圆
N50  X40.0;                              车φ40.0外圆
N60  X35.0;                              车φ35.0外圆
N70  X30.5;                              车φ30.5外圆
N80  X30.0 F0.1;                         精车φ30.0外圆
N90  G00 X100.0 Z50.0;                   快退至换刀点
N100 M30;                                程序结束
```

【例2-8】　如图2-31所示，圆锥面的大端直径为20 mm，小端直径为14 mm，锥长为20 mm，试用G90编写加工程序。

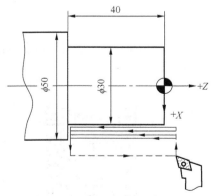

图2-30　圆柱面切削循环例图

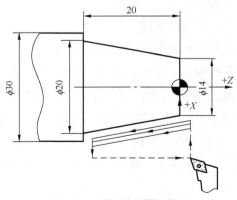

图2-31　圆锥面切削循环例图

程序如下。

```
O2008;
N10  G21 G97 G99 G40;                    初始化程序
N20  S600 M03 T0101;                     主轴正转，600 r/min，换1号刀
```

```
N30  G00 X32.0 Z2.0;                    快移至循环起点
N40  G90 X30.0 Z-20.0 R-3.0 F0.2;       车至大端φ30.0的外锥
N50  X26.0;                             车至大端φ26.0的外锥
N60  X22.0;                             车至大端φ22.0的外锥
N70  X20.0;                             车至大端φ20.0的外锥
N80  G00 X100.0 Z50.0;                  快退至换刀点
N90  M30;                               程序结束
```

（2）端面切削循环指令 G94

指令格式：

G94 X (U)____ Z (W)___ R___ F___;

① 如图 2-32 所示，执行该指令刀具从循环起点开始按 $A \to B \to C \to D \to A$ 做循环运动，最后又回到循环起点。图中虚线表示按 R 快速运动，实线表示按 F 指定的工作进给速度运动。其中，A 为循环起点（也是循环的终点），B 为切削起点，C 为切削终点，D 为退刀点。

② X__Z__为切削终点（C 点）的坐标；"U__W__"为切削终点（C 点）相对于循环始点（A 点）的位移量。

③ R__为锥体面切削始点与切削终点在 Z 轴方向的差，即 $Zb-Zc$，如图 2-33 所示；当 $R=0$ 时，即为切削端平面，可省略。

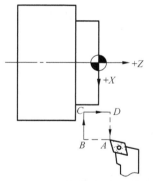

图2-32　G94车削端面循环轨迹

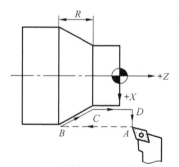

图2-33　G94车削带有锥度的端面循环轨迹

④ F__为进给速度。

执行该指令的工艺过程与 G90 相似，不同在于切削进给速度及背吃刀量应略小，以减小切削过程中的刀具振动。

该指令应用于大切削余量端面的切削。

G90指令加工演示

端面车削循环指令G94

G94指令加工演示

例如，图 2-34（a）的程序如下。

```
……
G94  X50.0  Z16.0  F0.3;           A→B→C→D→A
Z13.0;                             A→E→F→D→A
Z10.0;                             A→G→H→D→A
……
```

图 2-34（b）的程序如下。

```
……
G94  X15.0  Z33.48  K-3.48  F30.0;   A→B→C→D→A
Z31.48;                             A→E→F→D→A
Z28.78;                             A→G→H→D→A
……
```

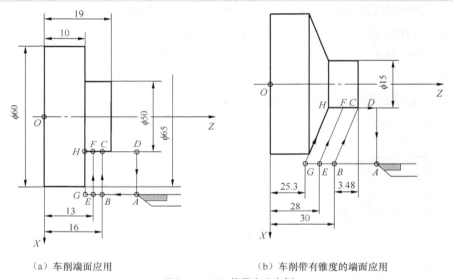

（a）车削端面应用　　　　　　　　（b）车削带有锥度的端面应用

图2-34　G94编程方法实例

2．复合固定循环

使用前面所介绍的单一循环指令能简化编程，但当被加工零件形状复杂、余量较大，需要较多次的重复切削时，可采用复合形状固定循环指令，使程序进一步得到简化。

复合固定循环指令应用于非一次加工即能加工到规定尺寸的车削场合。利用复合固定循环指令可将多次重复动作用一个程序段来表示，只要编写出最终刀具运动轨迹，给出每次的背吃刀量等加工参数，系统便会自动重复切削，直到加工完成。

（1）外径粗车循环 G71。G71 指令主要应用于圆柱毛坯料粗车外径和圆筒毛坯料粗镗内径。图 2-35 所示为用 G71 粗车外径的加工循环走刀路线，其特点是多次切削的方向平行于 Z 轴，粗加工去除大部分的余量（保留精加工余量）。图中 A 点通常是毛坯外径与端面轮廓的交点。

指令格式：

G00　X$\underline{\alpha}$ Z$\underline{\beta}$;

G71　U$\underline{\Delta d}$ R$\underline{e}$;

G71 Pns　Qnf UΔu WΔw Ff;

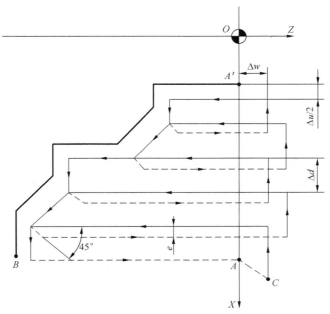

图2-35　G71外径粗车循环

　　① α，β：粗车循环起刀点位置，如图 3-39 所示 C 点。在圆柱毛坯料粗车外径时，α 值应比毛坯直径稍大 1～2 mm；β 值应离毛坯右端面 2～3 mm。在圆筒毛坯料粗镗内孔时，α 值应比筒料内径稍小 1～2 mm，β 值应离毛坯右端面 2～3 mm。如图 2-36 所示。

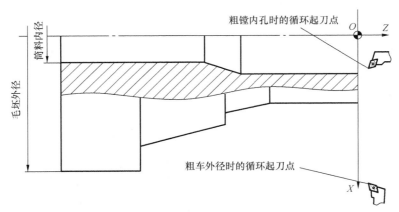

图2-36　粗车循环起刀点位置

　　② Δd：循环切削过程中径向的背吃刀量，半径值，单位为 mm。

　　③ e：循环切削过程中径向的退刀量，半径值，单位为 mm。

　　④ ns：精加工形状程序段中的开始程序段号。

　　⑤ nf：精加工形状程序段中的结束程序段号；如开始段为 N50…；结束段为 N100…，则写出 G71 P50 Q100…。

⑥ Δu：X 轴方向的精加工余量，直径值，单位为 mm。在圆筒毛坯料粗镗内孔时，应指定为负值。

⑦ Δw：Z 轴方向的精加工余量，单位为 mm。

⑧ f：粗加工循环中的进给速度。

编程时注意以下几点。

① 在使用 G71 进行粗加工循环时，只有含在 G71 程序段中的 F、S、T 功能才有效，而包含在 ns→nf 精加工形状程序段中的 F、S、T 功能，对粗车循环无效；

② 在 A 至 A'间顺序号 ns 的程序段中只能含有 G00 或 G01 指令，而且必须指定，也不能含有 Z 轴指令；

③ A'→B 之间必须符合 X、Z 轴方向的单调增大或减少的模式，即一直增大或一直减小；

④ 在加工循环中可以进行刀具补偿。

【例 2-9】 试按图 2-37 所示的尺寸用 G71 指令编写粗车循环加工程序。粗车刀 T0101，精车刀 T0202。

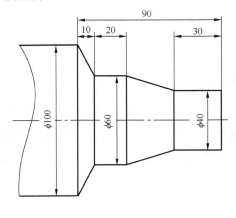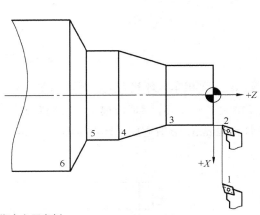

图2-37　G71指令应用实例

程序如下。

```
O2009
N010 G21 G97 G99 G40;            初始化程序
N020 M03 S600 T0101;             主轴正转，600 r/min，换 1 号刀
N030 G00 X102.0 Z2.0;            快移循环起点 1
N040 M08;                        开切削液
N060 G71 U3.0 R1.0;              每次切深 3 mm（半径），退刀 1 mm
N070 G71 P080 Q120 U0.5 W0.2 F0.3;   粗车加工，X 余量 0.5 mm，Z 余量 0.2 mm
N080 G00 X40.0 S1000;      →2
N090 G01 Z-30.0 F0.15;     →3
N100 X60.0 W-30.0;         →4       精加工路线 2→3→4→5→6 程序段
N110 W-20.0;               →5
N120 X100.0 W-10.0;        →6
N130 G00 X150.0 Z50.0;           快退至换刀点
N140 M30;                        程序结束
```

（2）精车循环 G70。G70 指令用于切除 G71 或 G73 指令粗加工后留下的加工余量，精车内、外圆时的加工余量采用经验估算法，一般取 0.3～0.5 mm。执行 G70 循环时，刀具沿工件的实际轨迹进行切削，如图 2-35 中轨迹 *A′B* 所示，循环结束后刀具返回循环起点。

指令格式：

G00　Xα Zβ；

G70 Pns Qnf Ff；

程序段中各地址的含义同 G71。

精车之前，如需换精加工刀具，则应注意换刀点的选择。选择水平床身前置刀架的换刀点时，通常应选择在换刀过程中，刀具不与工件、夹具、顶尖干涉的位置上。

【例 2-10】　用 G71 和 G70 指令编制图 2-38 所示零件的加工程序，要求循环起点在 *A*（18，2），背吃刀量为 1.5 mm（半径值），退刀量为 1 mm，*X* 方向精加工余量为 0.4 mm，*Z* 方向精加工余量为 0.1 mm，其中虚线部分为工件毛坯上的底孔。

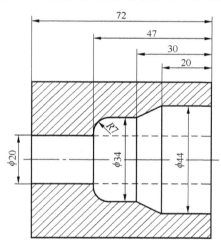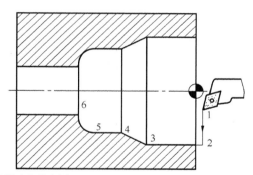

图 2-38　G71 和 G70 镗孔应用实例

程序如下。

```
O2010;
N010 G21 G97 G99 G40;                      初始化程序
N020 M03 S600 T0101;                       主轴正转，600 r/min，换 1 号刀
N030 G00 X16.0 Z2.0;                       快移至循环起点 1
N040 G71 U1.5 R1.0;                        每次切深 1.5 mm（半径），退刀 1 mm
N050 G71 P060 Q100 U-0.4 W0.1 F0.3;        粗车加工，X 余量 0.4 mm，Z 余量 0.1 mm
N060 G00 X44.0 S1000;                      2
N070 G01 Z-20.0;                           3
N080 X34.0 Z-30.0;                         4
N090 Z-40.0;                               5
N100 G03 X20.0 Z-47.0 R7.0;                6
N120 G00 X100.0 Z50.0;                     快退至换刀点
N130 T0202;                                换 2 号刀
```

```
N140 G00 X16.0 Z2.0;                    快移至循环起点 1
N150 G70 P60 Q100 F0.1;                 精车加工
N160 G00 X100.0Z50.0;                   快退至换刀点
N170 M30;                               程序结束
```

（3）端面粗加工循环 G72。G72 指令应用于圆柱棒料毛坯端面方向粗车，是沿着平行于 X 轴的方向进行端面切削循环的，如图 2-39 所示。

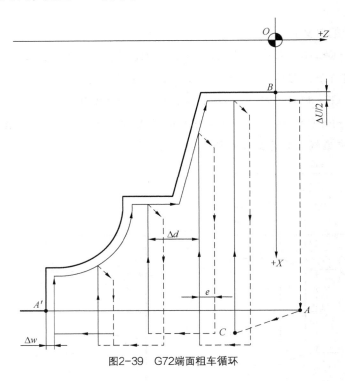

图2-39   G72端面粗车循环

指令格式：

G00   X$\underline{\alpha}$ Z$\underline{\beta}$;

G72   W$\underline{\Delta d}$ R$\underline{e}$;

G72 P$\underline{ns}$ Q$\underline{nf}$ U$\underline{\Delta u}$ W$\underline{\Delta w}$ F$\underline{f}$;

其中，Δd 为 Z 向背吃刀量，其他参数的含义和要求与 G71 相同，这里不再重复。

编程时注意以下几点。

① 在使用 G72 进行粗加工循环时，只有含在 G72 程序段中的 F、S、T 功能才有效而包含在 $ns{\to}nf$ 精加工形状程序段中的 F、S、T 功能，对粗车循环无效；

② 在 A 至 A 间顺序号 ns 的程序段中只能含有 G00 或 G01 指令，而且必须指定，且不能含有 X 轴指令；

③ $A'{\to}B$ 之间必须符合 X、Z 轴方向的单调增大或减少的模式，即一直增大或一直减小；

④ 在加工循环中可以进行刀具补偿。

【例 2-11】　如图 2-40 所示，用 G72 指令编写循环加工程序。粗车刀 T0101，精车刀 T0303。

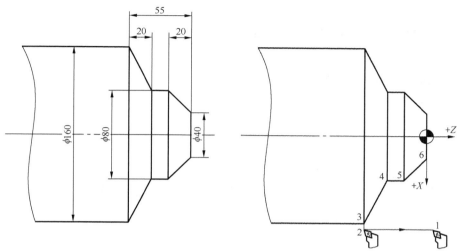

图2-40　G72指令应用实例

程序如下。

```
O2011
N010 G21 G97 G99 G40;              初始化程序
N020 M03 S500 T0101;               主轴正转，500 r/min，换 1 号刀
N030 G00 X162.0 Z2.0;              快移至 G72 循环起点 1
N050 G72 W4.0 R1.0;                每次切深 4 mm，退刀 1 mm
N060 G72 P70 Q110 U0.4 W0.2 F0.3;  粗车加工，X 余量 0.4 mm，z 余量 0.2 mm
N070 G00 Z-55.0 S1000 ;            2
N080 G01 X160.0 F0.15;             3
N090 X80.0 W20.0;                  4
N100 W15.0;                        5
N110 X40.0 W20.0 ;                 6
N120 G00 X220.0 Z100.0;            快退至起点
N130 T0303;                        换 3 号刀
N140 G00 X162.0 Z2.0;              快移至 G70 循环起点（同 G72 循环起点）
N150 G70 P70 Q110 ;                精加工 1→6
N160 G00 X220.0 Z50.0;             快退至起点
N170 M05;                          主轴停转
N180 M30;                          程序结束
```

（4）仿形粗车循环 G73。G73 仿形切削循环就是按照一定的切削形状逐渐地接近最终形状。这种方式对于铸造、锻造毛坯或已成形的工件（半成品）的车削编程是一种效率很高的方法。对于不具备类似成形条件的工件，如采用 G73 进行编程加工，则反而会增加车削过程中的空行程。G73 循环方式如图 2-41 所示。

指令格式：

G00　$X\underline{\alpha}\,Z\beta$；

G73 UΔi WΔk Rd；

G73 Pns Qnf UΔu WΔw Ff ；

① Δi：X轴方向退刀总距离及方向，半径值。

② Δk：Z轴方向退刀总距离及方向。

③ d：分割次数，等于粗车次数。

其他各项与 G73 相同。

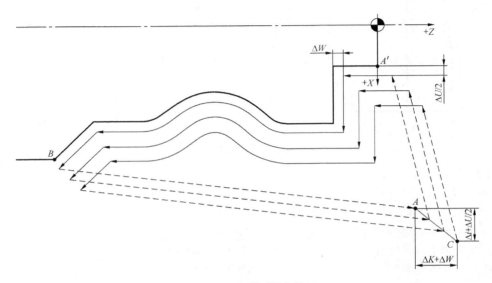

图2-41 G73仿形粗车循环

【例2-12】 如图 2-42 所示，用 G73 指令编写循环加工程序。粗车刀 T0101，精车刀 T0303。其中虚线部分为工件毛坯。

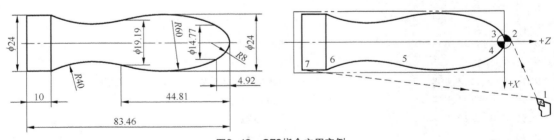

图2-42 G73指令应用实例

程序如下。

O2012	
N010 G21 G97 G99 G40;	初始化程序
N020 M03 S400 T0101;	主轴正转，400 r/min，换1号刀
N030 G00 X30.0 Z10.0;	快移至 G73 循环起点1
N040 G73 U14.0 W0 R6;	X向余量 14 mm，Z向余量 0 mm，6 次走刀
N050 G73 P070 Q110 U1.0 W0.4 F0.3;	粗车，X留 1 mm，Z留 0.4 mm 精车余量

```
N060 G00 X0 Z2.0 S1000;              2
N070 G01 Z0;                         3
N080 G03 X14.77 Z-4.92 R8.0;         4
N090 X19.19 Z-44.81 R60.0;           5
N100 G02 X24.0 Z-73.46 R40.0;        6
N110 G01 Z-83.46 ;                   7
N120 G00 X100.0 Z50.0;            ·  快退至换刀点
N140 T0303;                          换 3 号刀
N150 G00 X30.0 Z10.0 ;               快移至 G70 循环起点（同 73 循环起点）
N160 G70 P70Q110;                    精加工循环
N170 G00 X100.0 Z50.0;               快退至换刀点
N180 M05;                            主轴停转
N190 M30;                            程序结束
```

（5）切槽循环指令 G75。G75 指令主要用于加工径向环形槽。加工中径向断续切削起到断屑、及时排屑的作用，特别适合加工宽槽。

指令格式：

G00　　Xα_1Zβ_1；

G75　　R Δe；

G75　Xα_2Zβ_2 PΔi QΔk RΔw　Ff；

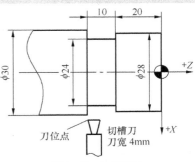

图2-43　切槽循环

① α_1、β_1：切槽起始点坐标。α_1 应比槽口最大直径（有时在槽的左右两侧直径是不同的，见图 2-43）大 2～3 mm，以免在刀具快速移动时发生撞刀；β_1 与切槽起始位置从左侧或右侧开始有关（优先选择从右侧开始。图 2-43 中，当切槽起始位置从左侧开始时，β_1 为-30；当切槽起始位置从右侧开始时，β_1 为-24）。

② α_2：槽底直径。

③ β_2：切槽时的 Z 向终点位置坐标，同样与切槽起始位置有关（图 2-43 中，当切槽起始位置从左侧开始时，β_2 为-24；当切槽起始位置从右侧开始时，β_1 为-30）。

④ Δe：切槽过程中径向的退刀量，半径值，单位为 mm。

⑤ Δi：切槽过程中径向的每次切入量，半径值，单位为 μm。

⑥ Δk：沿径向切完一个刀宽后退出，在 Z 向的移动量，单位为 μm，但必须注意其值应小于刀宽。

⑦ Δw：刀具切到槽底后，在槽底沿-Z 方向的退刀量，单位为 μm。注意：尽量不要设置数值，取 0，以免断刀。

【例 2-13】　用 G75 编写如图 2-43 所示的槽。

```
O2013;
N010 G21 G97 G99 G40;                初始化程序
N020 M03 S600 T0303;                 主轴正转，600 r/min，换 3 号刀
N030 G00 X32.0 Z-30.0;               快移至切槽循环起点 1
N040 G75 R0.1;                       指定径向退刀量 0.1 mm
N050 G75 X30.0 Z-24.0 P500 Q3500 R0 F0.02;   指定槽底、槽宽及加工参数
```

```
N060 G00 X60.0;          径向快速退出
N070 Z50.0;              快速返回退刀点
N080 M30;                程序结束
```

2.3.4 螺纹加工

螺纹加工是数控车床的一个重要加工内容。加工时，螺纹车刀的进给运动是严格根据输入的螺纹导程进行的。螺纹切削分为单行程螺纹切削、单一循环螺纹切削和复合循环螺纹切削。

1. 螺纹切削前的准备

（1）螺纹总切深（螺纹牙型高度）。要计算螺纹总切削深度，即应计算螺纹牙型高度。

螺纹牙型高度是指在螺纹牙型上，牙顶到牙底之间垂直于螺纹轴线的距离，如图 2-44 所示，它是车削时车刀总切入深度。

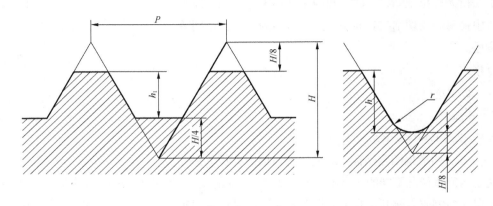

图2-44　螺纹牙型高度

根据 GB192～197—81 普通螺纹国家标准规定，普通螺纹的牙型理论高度 $H=0.866P$，实际加工时，由于螺纹车刀刀尖半径的影响，螺纹的实际切深有变化。根据 GB197—81 规定；螺纹车刀可在牙底最小削平高度 $H/8$ 处削平或倒圆。则螺纹实际牙型高度可按下式计算：

$$h = H-2(H/8) = 0.65P$$

式中：H——螺纹原始三角形高度，$H = 0.866P$（mm）；

　　　P——螺距（mm）。

（2）螺纹起点与螺纹终点径向尺寸的确定。一般也可按下式近似值计算：

$$螺纹外径 \approx 公称直径-H/4$$

$$螺纹底径 \approx 螺纹外径-2 \times 螺纹牙深 h$$

（3）螺纹起点与螺纹终点轴向尺寸。由于车螺纹起始时有一个加速过程，结束前有一个减速过程。在这段距离中，螺纹不可能保持均匀。因此车螺纹时，两端必须设置足够的升速进刀段（空刀导入量）δ_1 和减速退刀段（空刀导出量）δ_2，如图 2-15 所示。一般升速进刀段可取 4～6 mm，减速退刀段 1～3 mm。

（4）分层切削深度。如果螺纹牙型较深、螺距较大，可分几次进给。每次进给的背吃刀量用螺纹深度减精加工背吃刀量所得的差按递减规律分配。常用螺纹切削的进给次数与背吃刀量可参考表 2-7 选取。

表 2-7　　　　　　　　　　　常用螺纹切削的进给次数与背吃刀量

米 制 螺 纹							
螺　　距	1.0	1.5	2.0	2.5	3.0	3.5	4.0
牙　　深	0.649	0.974	1.299	1.624	1.949	2.273	2.598
切削的进给速度及背吃刀量 1 次	0.6	0.8	0.8	1.0	1.2	1.5	1.5
2 次	0.4	0.5	0.6	0.7	0.7	0.7	0.8
3 次	0.2	0.3	0.5	0.6	0.6	0.6	0.6
4 次	0.1	0.2	0.4	0.4	0.4	0.6	0.6
5 次		0.15	0.2	0.4	0.4	0.4	0.4
6 次			0.1	0.15	0.4	0.4	0.4
7 次					0.2	0.2	0.4
8 次						0.15	0.3
9 次							0.2

2. 单行程螺纹切削指令 G32

G32 指令可以执行单行程螺纹切削，螺纹车刀进给运动严格根据输入的螺纹导程进行。但螺纹刀的切入、切出和返回等运动各自需用程序段编写，程序段比较多，在实际编程中一般很少使用 G32 指令。

指令格式：

G32　X（U）__Z（W）__F__Q__；

① X（U）__Z（W）__与 G00 相同，如图 2-45 所示。

② F__为螺纹导程。锥螺纹其斜角 α 在 45° 以下时，螺纹导程以 Z 轴方向指定，在 45°～90° 时，螺纹导程以 X 轴方向指定，如图 2-46 所示。

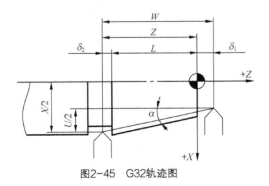

图2-45　G32轨迹图

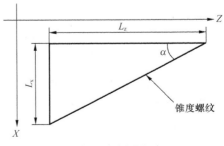

图2-46　锥螺纹的导程

如果 $\alpha \leqslant 45°$，则 Z 轴为长轴，螺距是 L_Z。

如果 $\alpha > 45°$，则 X 轴为长轴，螺距是 L_X。

③ Q__为螺纹起始角。该值为不带小数点的非模态值。如果是单线螺纹，则该值不用制定，这时该值为0；如果是双线螺纹，则Q值为180 000。

另外，螺纹切削通常从粗车到精车需要刀具多次在同一轨迹上进行切削。由于螺纹切削是从检测主轴上的位置编码器一转信号后开始的，因此，无论进行几次螺纹切削，工件圆周上切削始点都是相同的，螺纹切削轨迹是相同的。但是，从粗车到精车主轴的转速必须是恒定的，当主轴转速发生变化时，螺纹会产生一些偏差。

螺纹加工指令G32

【例2-14】 如图2-47所示，加工螺纹M30×2，设螺纹加工时第1刀切深1 mm（直径值），第2刀切深0.8 mm，试用G32编程。

程序如下。

```
......
G00 X35.0 Z5.0;              快速定位到点A
X29.0;                       进刀至第1刀切深
G32 Z-28.0 F2.0;             车螺纹
G00 X35.0;                   X向退刀
Z5.0;                        Z向快退至点A
X28.2;                       进刀至第2刀切深
G32 Z-28.0 F2.0;             车螺纹
G00 X35.0;                   X向退刀
Z5.0;                        Z向快退至点A
......
```

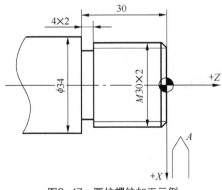

图2-47　圆柱螺纹加工示例

G32指令加工演示

3. 单一循环螺纹切削指令 G92

G92指令用于执行螺纹切削单一循环，即完成由进刀、切螺纹、退出和返回动作组成的一次走刀切削循环，如图2-48所示。G92指令可以分多次进刀完成一个螺纹的加工，用此指令可以切削直螺纹、锥螺纹。与G32不同的是，螺纹刀的切入、切出和返回不再需用程序段一一编写，而是在G92指令中已包含。

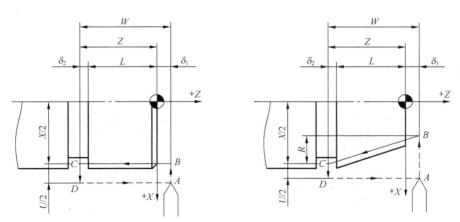

图2-48 螺纹切削单一循环指令G92

指令格式：

G92 X（U）＿Z（W）＿R＿F＿；

（1）如图 2-48 所示，执行该指令刀具从循环起点开始按 $A \to B \to C \to D \to A$ 做循环运动，最后又回到循环起点。图中虚线表示快速移动，实线表示切削进给。其中 A 为循环起点（也是循环的终点），B 为切削起点，C 为切削终点，D 为退刀点。

（2）X＿Z＿为切削终点（C 点）的坐标；U＿W＿为切削终点（C 点）相对于循环始点（A 点）的位移量。

（3）R＿为螺纹切削始点与切削终点的半径差，即 Rb-Rc；加工圆柱螺纹时，R 为 0，可省略。

（4）F＿螺纹导程。

直螺纹切削循环指令 G92

锥螺纹切削循环指令 G92

【例 2-15】 如图 2-47 所示，加工螺纹 M30×2，试用 G92 编程。

分析：螺纹总切深 H=1.3 P=2.6 mm；设定 5 刀，进刀深度依次为 1.0 mm、0.6 mm、0.4 mm、0.4 mm、0.2 mm。

程序如下。

```
……
T0404;
M03S400;
G00 X35.0 Z5.0;              快速定位到点 A
G92 X29.0 Z-28.0 F2.0;       车第 1 刀螺纹
X28.4;                       车第 2 刀螺纹
```

```
X28.0;                          车第 3 刀螺纹
X27.6;                          车第 4 刀螺纹
X27.4;                          车第 5 刀螺纹
G00 X100.0Z50.0;                快速返回到退刀点
……
```

G92之直螺纹切削循环加工演示

G92之锥螺纹切削循环加工演示

4. 复合循环螺纹切削指令 G76

G76 指令用于执行螺纹切削多重复合循环，根据地址参数所给的数据，自动地计算中间点坐标，控制刀具进行多次螺纹切削循环直至到达编程尺寸，即完成由进刀、切螺纹、退出和返回动作组成的多次走刀切削循环。G76 指令可加工带螺纹退尾的直螺纹和锥螺纹，吃刀量逐渐减少，有利于保护刀具、提高螺纹精度。编程中应用 G76 指令就可以直接完成螺纹切削加工程序。G76 指令不能加工端面螺纹。

指令格式：

G76　P $\underline{m}$ $\underline{r}$ $\underline{a}$　Q $\Delta d\,_{min}$　R $\underline{d}$；

G76　X（U）___Z（W）___ R $\underline{i}$ P $\underline{k}$ Q $\underline{\Delta d}$ F $\underline{f}$；

① m：精加工最终重复次数（1～99）。

② r：倒角量。其值大小可设置为 0.01～9.9L，系数应为 0.1 的整数倍，用 00～99 的两位整数表示，L 为导程。

③ a：刀尖的角度，可选择 80°、60°、55°、30°、29° 和 0° 等 6 种，角度数值用两位数表示。m、r、a 可用地址一次指定，如 m=3，r=1.2P，a=60° 时可写成：P031260。

④ Δd_{min}：最小切入量（用半径值指定）。

⑤ d：精加工余量。

⑥ X（U）Z（W）：螺纹切削终点坐标（绝对坐标或相对坐标）。

⑦ i：螺纹锥度，即螺纹部分半径差，当为圆柱螺纹时，i=0 或缺省。

⑧ k：螺纹牙形的高度（用半径值指令 X 轴方向的距离）。

⑨ Δd：第一次的切入量（半径值，无符号）。

⑩ f：螺纹的导程。

5. G76 指令循环轨迹

螺纹循环切削循环运动轨迹如图 2-49 所示。每一次螺纹粗车循环、精车循环中实际开始螺纹切削的点，表示为 B_n 点（n 为切削循环次数），B_1 为第 1 次螺纹粗车切入点，B_f 为最后一次螺纹粗车切入点，B_e 为螺纹精车切入点。

G76 指令刀具切入方法的详细情况如图 2-50 所示，循环加工中，刀具为单侧刃加工，可以使刀尖的负载减轻。每一次粗车的螺纹切深为 $\sqrt{n} \times \Delta d$，n 为当前的粗车循环次数，Δd 为第 1 次粗车的螺纹切深。

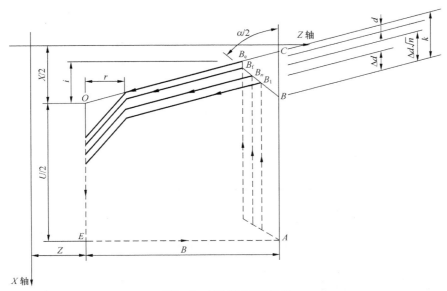

图2-49   G76指令运动轨迹

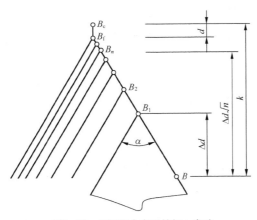

图2-50   G76指令车刀的切入方法

【例 2-16】   如图 2-51 所示，用螺纹切削复合循环 G76 指令编程。加工螺纹为 M68×6，螺纹刀 T0303。

程序如下。

N10 G21 G97 G99 G40;	初始化程序
N20 M03 S300;	主轴正转，300 r/min
N30 T0303;	换 3 号刀
N40 G00 X80.0 Z130.0;	快移至 G76 循环起点
N50 G76 P011060 Q100 R200;	60 螺纹刀切螺纹，精切 1 次，倒角为 6 mm，

N60 G76 X60.64 Z250.0 P3680 Q1800 F6.0;	最小切入量为0.1 mm，精加工余量为0.2 mm 螺纹牙高为3.68 mm，第1次的切入量为1.8 mm
N70 G00 X100.0 Z200.0;	快退至换刀点
N80 M30;	主程序结束

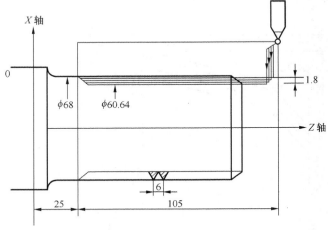

图2-51　G76指令编程实例

2.3.5　子程序的应用

在程序中存在某一固定顺序且重复出现时，可以将其作为子程序，事先存到存储器中，而不必重复编写，以简化程序。

1. 子程序的概念

在程序中把某些固定顺序或重复出现的程序单独抽出来，编成一个程序供主程序调用，这类程序叫子程序。

子程序可以被主程序调用，同时也可以调用另一个子程序。不同的系统具体可调用的次数不同，可查系统说明。子程序的调用执行情况如图 2-52 所示。

2. 子程序的调用与返回指令

（1）子程序的调用。

指令格式：

M98　P__　L__　；

① P：子程序号；

② L：重复调用子程序的次数，若为1次，可省略。

该指令用于在主程序中调用子程序。例如，M98P0020L3 表示调用 O0020 子程序 3 次。

在 FANUC 0i Mate 系统中，调用子程序的指令格式如下。

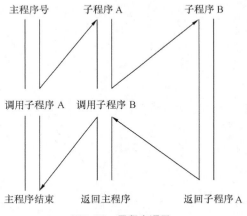

图2-52　子程序调用

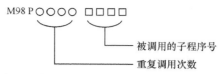

被调用的子程序号

重复调用次数

如果省略了重复次数，则认为重复次数为 1 次。

例如 M98 P30001，表示程序号为 0001 的子程序连续调用 3 次。

（2）子程序的返回。

指令格式：

M99；

M99 作为子程序的最后一条程序段，表示子程序结束，并返回主程序中相对应的 M98 指令的下一条程序继续执行。

【例 2-17】　如图 2-53 所示。已知：长棒料毛坯直径为 $\phi32$ mm，加工图示零件。

加工工艺过程：车端面→车 $\phi30$ 外圆→车 4 槽→切断。

外圆车刀 T0101，切槽刀 T0303，宽度为 2 mm。

程序如下。

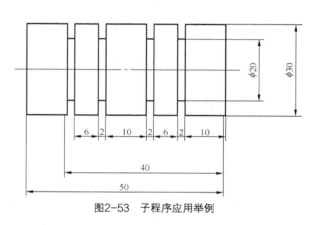

图2-53　子程序应用举例

```
O2017;
N10 G21G97 G99 G40;              初始化程序
N20 M03 S600 T0101;             主轴正转，600 r/min，换 1 号刀
N30 M08;                        开启切削液
N40 G00 X35.0 Z0;               定位在端面位置
N50 G01 X-1.0 F0.2;             车端面
N60 G00 Z2.0;                   轴向退刀
N70 G00 X30.0;                  进刀至 ϕ30 位置
N80 G01 Z-55.0 F0.2;            车 ϕ30 外圆
N90 X35.0;                      径向退刀
N100 G00 X100.0 Z80.0;          快退至起点
N110 M03 S400 T0303;            主轴正转，400 r/min，换 3 号刀
N120 X35.0 Z0;                  进刀
N130 M98 P0500 L2;              调用子程序 O0500，调用 2 次
N140 G00 W-12.0;                快移至切断位置
N150 G01 X-1.0 F0.15;           切断
N160 G04 X0.5;                  暂停 0.5 s
N170 G00 X100.0 Z80.0 M09;      快退至起点，关闭切削液
N180 M05;                       主轴停转
N190 M30;                       程序结束
```

```
O0500                          子程序 O0500
N200 G00 W-12.0;               快移至切槽位置
N210 G01 U-15.0 F0.15;         切槽
N220 G04 X0.5;                 暂停 0.5 s
N230 G00 U15.0;                快移径向退刀
N240 W-8.0;                    快移至切槽位置
N250 G01 U-15.0 F0.15;         切槽
N260 G04 X0.5;                 暂停 0.5 s
N270 G00 U15.0;                快移径向退刀
N280 M99;                      子程序结束，返回主程序
```

【例 2-18】 在 φ32 mm 棒料上一次装夹车削 3 个工件，如图 2-54 所示。

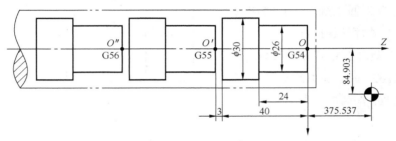

图2-54 G54~G59指令应用

程序如下。

```
O2018;
N01 G54;                       坐标系设置
N02 M03 S600 T0101;            主轴正转，600 r/min，换 1 号刀
N03 M98 P0200;                 调用子程序 O0200，调 1 次
N04 G55;                       坐标系设置
N05 M98 P0200 L1;              调用子程序 O0200，调 1 次
N06 G56;                       坐标系设置
N07 M98 P0200 L1;              调用子程序 O0200，调 1 次
N08 M05;                       主轴停转
N09 M30;                       程序结束
O0200                          子程序 O0200
N100 G00 X26.0 Z2.0 T0101;     换 1 号刀，快移定位
N110 G01 Z-24.0 F0.2;          车 φ26 外圆
N120 X30.0;                    车阶梯端面
N130 Z-43.0;                   车 φ30 外圆
N140 G00 X100.0 Z80.0;         快退至起点
N150 T0202;                    换 2 号刀
N160 G00 X34.0 Z-43.0;         快移至切断位置
N170 G01 X-1.0 F0.15;          切断
N180 G00 X34.0;                径向退出
N190 X100.0 Z80.0;             快退至起点
N200 M99;                      子程序结束，返回主程序
```

在加工前，将 G54 指令的零点偏置值通过"零件偏置"输入界面输入数控系统。G55 和 G56 的零点偏置值应根据 G54 零点偏置值、工件的轴向尺寸以及切断刀的刀宽计算后输入数控系统。表 2-8 为该例的零点偏置值，具体值以对刀时的操作为准。

表 2-8　　　　　　　　　　　　　零点偏置值

坐标轴	G54	G55	G56
X	−169.806	−169.806	−169.806
Z	−375.537	−418.537	−461.537

2.3.6　刀具补偿功能

刀具补偿是补偿实际加工时所用的刀具与编程时使用的理想刀具或对刀时用的基准刀具之间的差值，从而保证加工出符合图样尺寸要求的零件。

刀具补偿功能是数控车床的主要功能之一。它分为刀具的偏移和磨损补偿、刀尖圆弧半径补偿两类。

1. 刀具的偏移和磨损补偿

数控车床加工工件时使用多把刀具。编程时，设定刀架上各刀在工作位置时，其刀尖位置是一致的。但由于刀具的几何形状及安装的不同，其刀尖位置是不一致的，其相对于工件原点的距离也是不同的。因此需要将各刀具的位置值进行比较或设定，这称为刀具偏置补偿。刀具偏置补偿可使加工程序不随刀具位置的不同而改变。刀具偏置补偿有如下两种形式。

（1）相对补偿形式。如图 2-55 所示，在对刀时，通常先确定一把刀为基准（标准）刀具，并以其刀尖位置为依据建立工件坐标系。这样，当其他各刀转到加工位置时，刀尖位置相对标准刀刀尖位置就会出现偏置，原来建立的坐标系就不再适用，因此应对非基准刀具相对于基准刀具之间的偏置值ΔX、ΔZ 进行补偿，使各刀刀尖位置重合。

（2）绝对补偿形式。绝对补偿形式即对机床回到机床零点时，工件坐标系零点相对于刀架工件位置上各刀刀尖位置的有向距离进行补偿。当执行刀具偏置补偿时，各刀以此值设定各自的加工坐标系，如图 2-56 所示。

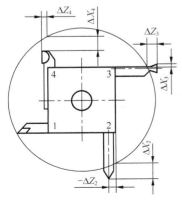

图2-55　刀具偏置的相对补偿形式

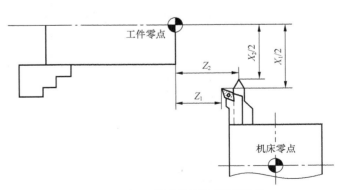

图2-56　刀具偏置的绝对补偿形式

刀具使用一段时间后，会因磨损而使产品尺寸产生误差，因此需要对其进行补偿。该补偿与刀具偏置补偿存放在同一个寄存器的地址号中，如图2-57所示。各刀的磨损补偿只对该刀有效（包括基准刀）。

数控加工中，常常利用修改刀具偏置补偿和刀具磨损补偿的方法，来达到控制加工余量、提高加工精度的目的。

2. 刀尖圆弧半径补偿

在编程中，通常将刀尖视为一个点，即所谓理想（假想）刀尖，但放大来看，实际刀尖是有圆弧的，如图2-58所示。

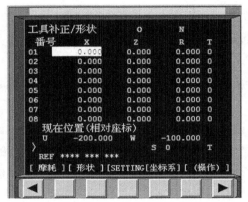

图2-57 刀具补偿的设定

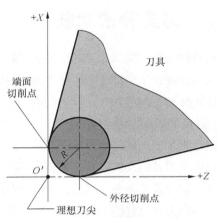

图2-58 刀尖圆角R和假想刀尖

假想刀尖的存在，使得编程刀位点和车刀实际切削点不重合，因此在实际切削中对加工尺寸和形状产生影响。如图2-59所示，分析其车削过程可以看出，圆头车刀在车削外圆、端面、内孔以及内阶梯端面等与轴线平行或垂直的表面时，车刀实际切削点加工运动轨迹与假想刀尖的运动轨迹一致，刀尖圆弧不对其尺寸、形状产生影响；在切削圆锥和圆弧时，就会产生欠切或过切。因此，在用圆头车刀加工（尤其是精加工）带有圆锥和圆弧表面的零件时，编程中可用刀尖半径补偿功能来消除误差。

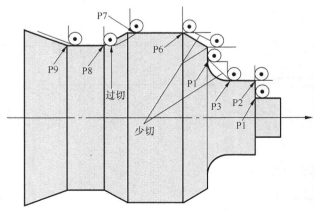

图2-59 刀尖圆角R造成的少切与过切

（1）刀尖半径补偿。刀尖半径补偿指令是 G40、G41 和 G42，均为模态 G 代码。

G40：取消刀尖半径补偿。这时，刀尖运动轨迹与编程轨迹重合。

G41：刀尖半径左补偿。即操作者处于$+Y$轴向$-Y$轴观察，并沿着车刀进给方向看，车刀在工件的左侧，称为左刀补，如图 2-60 所示。

G42：刀尖半径右补偿。即操作者处于$+Y$轴向$-Y$轴观察，并沿着刀具进给方向看，车刀在工件的右侧，称为右刀补，如图 2-60 所示。

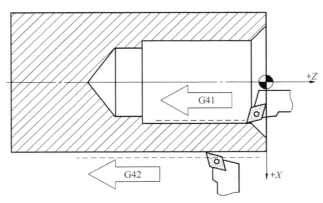

图2-60　刀尖补偿的方向及代码

（2）指令格式。刀尖半径补偿的指令格式如下。

$$\begin{Bmatrix} G40 \\ G41 \\ G42 \end{Bmatrix} \begin{Bmatrix} G00 \\ G01 \end{Bmatrix} \text{X（U）\_\_\_Z(W)\_\_\_;}$$

说明：

① G41、G42 指令不能与圆弧切削指令写在同一个程序段内，可与 G00、G01 指令写在同一个程序段内；

② 在使用 G41、G42 指令模式中，不允许有两个连续的非移动指令，否则刀具在前面程序段终点的垂直位置停止，且产生过切或欠切现象。

非移动指令包括如下几种。

- M　代码。
- S　　代码。
- 暂停指令（G04）。
- 某些 G 代码，如 G50、G96 等
- 移动量为零的切削指令，如 G01 U0 W0。

③ 在 G74～G76、G90～G92 固定循环指令中不用刀尖圆角半径补偿；

④ 在 MDI 方式中不用刀尖圆角半径补偿；

⑤ 编程中在改变刀具半径左右补偿状态或调用新刀具前，必须取消刀补。

（3）刀尖的方位。由于车刀形状和位置是多种多样的，因此车刀形状还决定刀尖圆弧在什么位

置。加工前必须事先设定刀尖相对于工件的方位。

假想刀尖的方位可分为 8 种类型，刀尖的方向由切削时的刀具方向确定，观察基点为刀尖圆弧的中心。图 2-61 所示为后置刀架坐标系的刀尖方位，外圆车刀的位置码为 3。

3. 补偿值的设定

实现刀补需要对以下几项补偿值进行设置：X、Z、R、T。其中，X、Z 分别为 X 轴、Z 轴方向从刀架中心到刀尖的刀具偏置值；R 为假想刀尖的半径补偿值；T 为假想刀尖号。

每一组值对应一个刀补号，在刀补界面下设置，具体设置如图 2-57 所示。

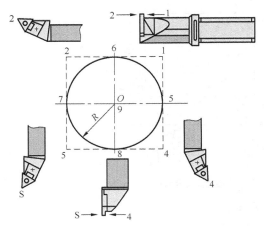

图2-61　刀尖方位的规定（后置刀架）

刀尖圆弧半径补偿G40、G41、G42

【例 2-19】　如图 2-62 所示的零件加工，采用刀具半径补偿车削。已知毛坯ϕ55 mm × 100 mm 的棒料。

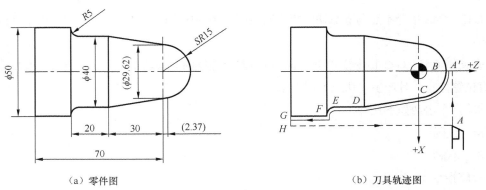

（a）零件图　　　　　　　　　　（b）刀具轨迹图

图2-62　刀具半径补偿实例

程序如下。

```
O3014;
N010 G21 G97 G99 G40;            初始化程序
N020 M03 S600 T0101;             主轴正转，600 r/min，换 1 号刀
N030 G00 X57.0 Z17.0;            快进并定位在 G71 循环起点 A
N040 G71 U2.0 R0.8;              粗车，进刀 2 mm，退刀 0.8 mm
```

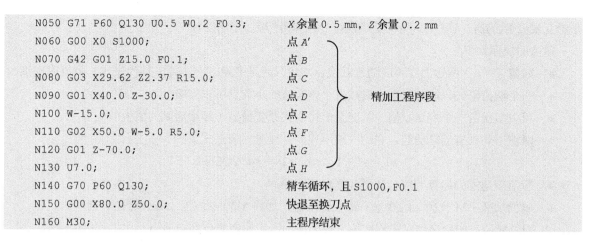

```
N050 G71 P60 Q130 U0.5 W0.2 F0.3;        X 余量 0.5 mm，Z 余量 0.2 mm
N060 G00 X0 S1000;                       点 A'
N070 G42 G01 Z15.0 F0.1;                 点 B
N080 G03 X29.62 Z2.37 R15.0;             点 C
N090 G01 X40.0 Z-30.0;                   点 D        精加工程序段
N100 W-15.0;                             点 E
N110 G02 X50.0 W-5.0 R5.0;               点 F
N120 G01 Z-70.0;                         点 G
N130 U7.0;                               点 H
N140 G70 P60 Q130;                       精车循环，且 S1000，F0.1
N150 G00 X80.0 Z50.0;                    快退至换刀点
N160 M30;                                主程序结束
```

2.3.7　用户宏程序

在一般的程序中，程序字为常数，只能描述固定的几何形状，缺乏灵活性和适用性。若用改变参数的方法使同一程序能加工形状相同但尺寸不同的零件，加工就会非常方便，也提高了可靠性。

用户宏程序作为数控设备的一项重要功能，由于允许使用变量算术和逻辑运算以及各种条件转移等命令，使得在编制一些加工程序时与普通方法相比显得方便和简单。用户宏程序可以用变量代替具体数值，因而在加工同一类工件时，只需将实际的值赋予变量即可，而不需对每一个零件都编一个程序。用户宏程序的应用特点如下。

① 相类似的工件，只需修改相应参数量，即可满足加工要求，不易出错。

② 程序通用性强，能达到举一反三，事半功倍的效果。

③ 程序简单，易于修改、分析与调整。

1. 变量

（1）变量的表示。变量由符号"#"和后面的变量号组成，如#1、#2、#100 等，也可由表达式来表示，但其表达式必须全部写入"[ ]"中，如# [#1+#2-60]。

当用变量时，变量值可用程序或由 MDI 设定或修改。

（2）变量的引用。

① 在程序中使用变量值时，应指定后跟变量号的地址。

例如：Z#30，若#30=20.0，则表示 Z20.0。

F#11，若#11=100.0，则表示 F100。

② 改变引用变量的值的符号，要把负号"-"放在"#"的前面。

例如：G00 X-#11。

G01 X- [#11+#22] F#3。

（3）变量的赋值。

① 直接赋值。赋值是指将一个数据赋予一个变量。例如，#1=10，则表示#1 的值是 10.0，其中"#1"代表变量，"#"是变量符号（注意：根据数控系统的不同，它的表示方法可能有差别），10 就

是给变量#1 赋的值。这里的"="是赋值符号，起语句定义作用。

赋值的规律如下。

- 赋值号"="两边内容不能随意互换，左边只能是变量，右边可以是代表式、数值或变量。
- 一个赋值语句只能给一个变量赋值，整数值的小数点可以省略。
- 可以多次给一个变量赋值，新变量值将取代原变量值（即最后赋的值生效）。
- 赋值语句具有运算功能，它的一般形式为：变量 = 表达式。如

$$\#1 = \#1 + 1,\ \#6 = \#24 + \#4*COS[\#5]$$

- 赋值表达式的运算顺序与数学运算顺序相同。
- 辅助功能（M 代码）的变量有最大值限制，如将 M30 赋值为 300 显然是不合理的。

② 引数赋值。宏程序体以子程序的方式出现，所用的变量可在宏调用时在主程序中赋值。如

G65 P2001 X100.0 Y20.0 F20.0;

其中 X、Y、F 对应于宏程序中的变量号，变量的具体数值由引数后的数值决定。引数与宏程序体中变量的对应关系有两种，这两种方法可以混用，其中 G、L、N、O、P 不能作为引数为变量赋值。

变量赋值方法Ⅰ和Ⅱ分别如表 2-9 和表 2-10 所示。

变量赋值方法Ⅰ举例如下：

G65 P2001 A100.0 X20.0 F20.0;
↓ ↓ ↓
#1 #24 #9

变量赋值方法Ⅱ举例如下：

G65 P2002 A10.0 15.0   J0   K20.0 I0 J30 K9;
↓ ↓ ↓ ↓ ↓ ↓ ↓
#1 #4 #5 #6 #7 #8 #9

变量赋值方法Ⅰ和Ⅱ混用举例如下：

G65 P2003 A50.0 D40.0 I100.0 K0 I20.0;
↓ ↓ ↓ ↓ ↓
#1 #7 #4 #6 #7

经赋值后，I20.0 与 D40.0 同时分配给变量#7，则后一个#7 有效，所以变量#7=20.0。

表 2-9 变量赋值方法Ⅰ

地 址	变 量 号	地 址	变 量 号	地 址	变 量 号
A	#1	I	#4	T	#20
B	#2	J	#5	U	#21
C	#3	K	#6	V	#22
D	#7	M	#13	W	#23
E	#8	Q	#17	X	#24
F	#9	R	#18	Y	#25
H	#11	S	#19	Z	#26

表 2-10　　　　　　　　　　　　　　　　变量赋值方法 II

地　　址	变 量 号	地　　址	变 量 号	地　　址	变 量 号
A	#1	K3	#12	J7	#23
B	#2	I4	#13	K7	#24
C	#3	J4	#14	I8	#25
I1	#4	K4	#15	J8	#26
J1	#5	I5	#16	K8	#27
K1	#6	J5	#17	I9	#28
I2	#7	K5	#18	J9	#29
J2	#8	I6	#19	K9	#30
K2	#9	J6	#20	I10	#31
I3	#10	K6	#21	J10	#32
J3	#11	I7	#22	K10	#33

2. 运算指令

宏程序的运算指令在运算过程中类似于数学运算，仍用各种数学符号来表示。常用的运算指令如表 2-11 所示。

表 2-11　　　　　　　　　　　　　　　　变量的各种运算

功　　能		格　　式	具 体 实 例
定义、置换		#i=#j	#20=500　　#102=#10
算术运算	加法	#i=#j + #k	#3=#10+#105
	减法	#i=#j – #k	#9=#3-100
	乘法	#i=#j*#k	#120=#1*#24　#20=#6*360
	除法	#i=#j/#k	#105=#8/#7　#80=#21/4
	正弦（度）	#i=SIN[#j]	#10=SIN[#3]
	反正弦	#i=ASIN[#j]	#146=ASIN[#2]
	余弦（度）	#i=COS[#j]	#132=COS[#30]
	反余弦	#i=ACOS[#j]	#18=ACOS[#24]
	正切（度）	#i=TAN[#j]	#30=TAN[#21]
	反正切	#i=ATAN[#j]/[#k]	#146=ATAN[#1]/[2]
	平方根	#i=SQRT[#j]	#136=SQRT[#12]
	绝对值	#i=ABS[#j]	#5=ABS[#102]
	四舍五入整数化	#i=ROUND[#j]	#112=ROUND[#23]
	指数函数	#i=EXP[#j]	#7=EXP[#31]
	（自然）对数	#i=LN[#j]	#4=LN[#200]
	上取整（舍去）	#i=FIX[#j]	#105= FIX[#109]
	下取整（进位）	#i=FUP[#j]	#104=FUP[#33]

续表

功　　能		格　　式	具 体 实 例
逻辑运算	与	#i AND #j	#126=#10AND#11
	或	#i OR #j	#22=#5OR#18
	异或	#i XOR #j	#12=#15XOR25
从 BCD 转为 BIN		#i =BIN[#j]	用于与 PMC 的信号交换
从 BIN 转为 BCD		#i=BCD[#j]	

（1）函数 SIN、COS 等的角度单位是度，分和秒要换算成度，如 30° 18′ 表示 30.3°。

（2）混合运算时的运算顺序。上述运算和函数可以混合运算，涉及运算的优先级时，其运算顺序与一般数学上的定义基本一致。优先级顺序从高到低依次如下。

函数运算

↓

乘法和除法运算（*、/、AND）

↓

加法和减法运算（+、−、OR、XOR）

例如，

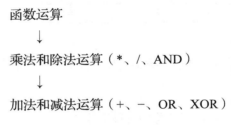

（3）括号嵌套。用"[ ]"可以改变运算顺序，最里层的[ ]优先运算。括号[ ]最多可以嵌套 5 级（包括函数内部使用的括号）。

例如，

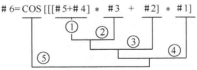

3. 控制指令

在程序中，使用 GOTO 语句和 IF 语句可以改变程序的流向。有 3 种转移和循环操作可供使用。

转移和循环 { GOTO 语句　→无条件转移 / IF 语句　　→条件转移，格式为：IF … THEN … / WHILE 语句 →当…时循环

（1）无条件转移（GOTO 语句）。转移（跳转）到标有顺序号 n（即俗称的行号）的程序段。当指定 1～99999 以外的顺序号时，会触发 P/S 报警 No.128。

其格式如下。

GOTO n;　…n 为顺序号（1～99999）

例如，GOTO 120 即转移至第 120 行。

（2）条件转移（IF 语句）。

① IF[<条件表达式>]　GOTO n。表示如果指定的条件表达式满足，则转移（跳转）到标有顺

序号 n 的程序段。如果不满足指定的条件表达式，则顺序执行下个程序段，如图 2-63 所示。

图2-63　IF ⋯ GOTO ⋯ 执行流程

② IF[<条件表达式>]THEN。如果指定的条件表达式满足，则执行预先指定的宏程序语句，而且只执行一个宏程序语句。

IF [#1 EQ #2] THEN #3=10;　　⋯ 如果#1 和#2 的值相同，则 10 赋值给#3。

● 条件表达式必须包括运算符。运算符插在两个变量中间或变量和常量中间，并且用 "[ ]" 封闭。
● 运算符由两个字母组成，用于两个值的比较，以决定它们是相等还是一个值小于或大于另一个值，如表 2-12 所示。

表 2-12　　　　　　　　　　　　运算符

运　算　符	含　义	英 文 注 释
EQ	等于（=）	Equal
NE	不等于（≠）	Not Equal
GT	大于（>）	Great Than
GE	大于或等于（≥）	Great than or Equal
LT	小于（<）	Less Than
LE	小于或等于（≤）	Less than or Equal

（3）循环（WHILE 语句）。在 WHILE 后指定一个条件表达式，当指定条件满足时，则执行从 D0 到 END 之间的程序。否则，转到 END 后的程序段，如图 2-64 所示。

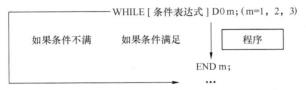

图2-64　WHILE语句执行流程

【例 2-20】　试用宏程序编写如图 2-65 所示的车灯罩模具内曲面的精加工程序。

程序如下。

```
02020;
N010 G21 G97 G99 G40 S1000 M03 T0202;    初始化程序，主轴正转 1 000 r/min，换 2 号刀
N020 G00 X85.0 Z2.0;                     快速定位于起刀点
```

```
N030  #100=0;                                Z 坐标值赋初值 0
N040  #110=#100+50.0;                        Z 坐标起始位置
N050  #101=SQRT[#110*40.0];                  计算 x 函数值
N060  #102=#101*2;                           转化为直径值
N070  G01 X#102 Z#100 F0.1;                  运行一个步长
N080  #100=#100-0.01;                        Z 坐标又增加一个步长（步长=-0.01）
N090  IF[#100 GT -47.5] GOTO 40;             条件判断#100 是否大于-47.5，满足则返回 40 行
N100  G00 Z2.0;                              快速退出
N110  X100.0 Z50.0;                          返回换刀点
N120  M30;                                   程序结束
```

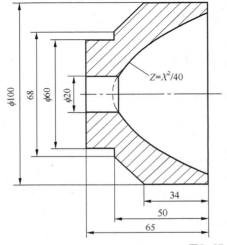
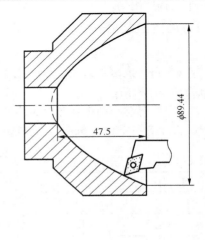

图2-65 灯罩模具

【例2-21】   加工如图 2-66 所示的椭球头轴，先用 G71 和 G70 循环粗、精加工工件右端（不包括椭球），然后粗、精加工右端椭球。

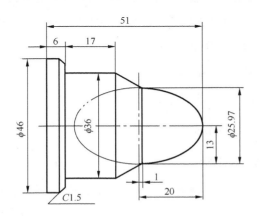
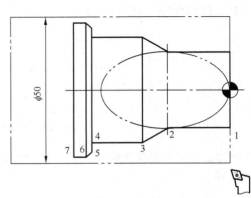

图2-66 椭球头轴

程序如下。

```
02021;
N010 G21 G97 G99 G40 S600 M03 T0101;        初始化程序，主轴正转 600 r/min，换 1 号刀
N020 G00 X52.0 Z2.0;                        快速定位循环起点
N030 G71 U2.0 R1.0;                         外径粗车循环，每次切深 2 mm（半径），退刀 1.0 mm
N040 G71 P50 Q110 U0.4 W0.1 F0.3;           粗车加工，X 向余量 0.4 mm，Z 向余量 0.1 mm
N050 G01 X25.97 S1500;                      1
N060 Z-19.0;                                2
N070 X36.0 Z-29.0;                          3
N080 Z-45.0;                                4
N090 X43.0;                                 5
N100 X46.0 Z-46.5;                          6
N110 Z-55.0;                                7
N120 G70 P50 Q110 F0.1;                     精加工
N130 G00 X100.0 Z50.0;                      退刀
N140 M05;                                   主轴停转
N150 G21 G97 G99 G40 S600 M03 T0101;        初始化程序，主轴正转 600 r/min，换 1 号刀
N160 G00 X27.0 Z2.0;                        快速定位
N170 #150=26;                               设置最大切削余量 26 mm
N180 IF[#150 LT 1] GOTO 220;                毛坯余量小于 1，则跳转到 N220 程序段
N190 M98 P0003;                             调用椭圆子程序
N200 #150=#150-2;                           每次背吃刀量双边 2 mm
N210 GOTO 180;                              跳转到 N180 程序段
N220 G00 X30.0 Z2.0;                        退刀
N230 S1500 F0.1;                            设定精加工转速和进给量
N240 #150=0;                                设置毛坯余量 0
N250 M98 P0003;                             调用椭圆子程序
N260 G00 X100.0 Z50.0;                      退刀
N270 M30;                                   程序结束

00003; 椭圆子程序
N010 #101=20;                               长半轴
N020 #102=13;                               短半轴
N030 #103=20;                               Z 轴起始尺寸
N040 IF[#103 LT1] GOTO 100;                 判断是否走到 Z 轴终点，是则跳到 N100 程序段
N050 #104= SQRT[#101*#101-#103*#103];
N060 #105=13*#104/20;                       X 轴变量
N070 G01 X[2*#105+#150] Z[#103-20];         椭圆插补
N080 #103=#103-0.5;                         Z 轴步距，每次 0.5 mm
N090 GOTO 40;                               跳转到 N40 程序段
N100 G00 U2.0 Z2.0;                         退刀
N110 M99;                                   子程序结束
```

 FANUC 0i 系统数控车床操作

2.4.1　FANUC 0i-TB 数控车床操作面板简介

FANUC 数控车床操作由 CRT/MDI 操作面板和机床控制面板两部分组成。

1. CRT/MDI 操作面板

CRT/MDI 操作面板如图 2-67 所示，用操作键盘结合显示屏可以进行数控系统操作。

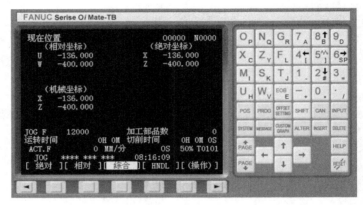

图2-67　FANUC数控车床CRT/MDI操作面板

系统操作面板上各功能键的作用如表 2-13 所示。

表 2-13　　　　　　　　　　　系统操作面板功能键的主要作用

按　键	名　称	按　键　功　能
ALTER	"替代"键	用输入的数据替代光标所在的数据
DELETE	"删除"键	删除光标所在的数据；删除一个数控程序或者删除全部数控程序
INSERT	"插入"键	把输入域之中的数据插入到当前光标之后的位置
CAN	"取消"键	删除输入域内的数据
EOB/E	"程序段结束"键	结束一行程序的输入并且换行
SHIFT	"上档"键	按此键可以输入按键右下角的字符
PROG	"程序"键	打开数控程序显示与编辑页面
POS	"位置"键	打开位置显示页面。位置显示有 3 种方式，用"PAGE"按钮选择
OFFSET SETTING	"偏移设定"键	打开参数输入页面，按第 1 次进入坐标系设置页面，按第 2 次进入刀具补偿参数设置页面，进入不同的页面以后，用"PAGE"按钮切换
HELP	"帮助"键	打开图形参数设置或图形模拟页面

续表

按　键	名　称	按　键　功　能
CUSTOM GRAPH	"图形显示"键	打开图形参数设置或图形模拟页面
MESS-AGE	"信息"键	打开信息页面，如"报警"
SYS-TEM	"系统"键	打开系统参数页面
RESET	"复位"键	取消报警或者停止自动加工中的程序
PAGE PAGE	"翻页"键	向上或向下翻页
← → ↑ ↓	"光标移动"键	向左/向右/向上/向下移动光标
INPUT	"输入"键	把输入域内的数据输入到参数页面或者输入一个外部的数控程序
数字/字母键盘	"数字/字母"键	用于字母或者数字的输入

2．机床控制面板

机床控制面板如图 2-68 所示。

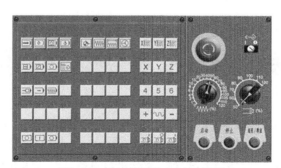

图2-68　FANUC数控车床控制面板

（1）机床控制面板上的各个功能键的作用见表 2-14。

表 2-14　　　　　　　　　机床控制面板功能键的主要作用

按　键	功　能	按　键	功　能
	"自动循环"键		"编辑"键
	MDI		
	"返回参考点"键		"连续点动"键
	"增量"键		"手轮"键
	"单段"键		"跳过"键
	"空运行"键		
	"进给暂停"键		"循环启动"键
	进给暂停指示灯		
X原点	当 X 轴返回参考点时，X 原点灯亮	Z原点	当 Z 轴返回参考点时，Z 原点灯亮

续表

按　键	功　　能	按　键	功　　能
X	"X"键	Z	"Z"键
+	"坐标轴正方向"键	∿	"快进"键
-	"坐标轴负方向"键	⟳	"主轴正转"键
⟲	"主轴反转"键	⊡	"主轴停"键

（2）机床控制面板上的其他按键和旋钮，如图2-69所示。

电源开关　　　　　进给倍率　　　　进给主轴　　　　急停开关

手轮　　手轮轴选择　　程序保护　　回参考点 X/Z 指示灯

图2-69　机床控制面板上的其他按键和旋钮

2.4.2　数控车床的基本操作

1. 开机

开机的操作步骤如下。

① 接通机床电源。

② 按 键，接通机床控制面板上的电源，系统进行自检，自检结束后进入待机状态，CRT 画面显示"EMG"报警。

③ 按下 键，沿旋转方向释放急停开关，并按下 复位键，数秒后机床将复位，机床可正常工作。

2. 回参考点

① 按 键，进入回参考点方式。

② 选择各轴，按 X 、 + 键和 Z 、 + 键，至 指示灯亮即回到参考点。

数控车床的回参考点操作

① 系统上电后，必须回参考点，发生意外而按下急停按钮，也必须重新回一次参考点。

② 注意在回参考点前，应将刀架移到减速开关和负限位开关之间，以便机床在返回参考点过程中找到减速开关。

③ 为保证安全，防止刀架与尾架相撞，在回参考点时应先让 X 轴回参考点，再让 Z 轴回参考点。

3. 手动移动

手动移动机床有两种方法。

（1）"手动方式"连续移动。这种方法用于较长距离的刀架移动。操作步骤如下。

① 按 键，进入手动移动模式。

② 选择各轴，按住 X 或 Z 结合 + 或 - 键，可以使刀架按照相应的坐标轴移动。

③ 选择 X 或 Z 轴后，同时按下 和 + 或 - 键，可以使刀架按照相应的坐标轴快速移动。

（2）"手轮方式"控制移动。操作步骤如下。

① 旋转 旋钮，可以使操作者很方便地将刀架移动到工作位置。

② 拨动"手轮轴选择开关" ，可以选择刀架所要移动的 X 方向或 Z 方向。

③ 按 、 、 键来选择刀架步进移动的增量，按 键为移动 0.001 mm，按 键为移动 0.01 mm，按 键为移动 0.1 mm。

数控机床的手动连续进给操作

数控车床的手轮进给操作

4. MDI 运行方式

在 MDI 方式下可以编制一个程序段加以执行。操作步骤如下。

（1）按 键，进入 MDI 模式。

（2）按 键，进入输入程序窗口，如图 2-70 所示。

（3）在数据输入行输入一个程序段，如 T0202，按 键，再按 键确定。

（4）按 键，立即执行输入的程序段。

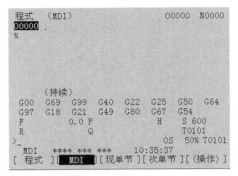

图 2-70　MDI方式界面

数控车床的MDI运行方式

5. 选择编辑程序

在 模式下选择一个程序。操作步骤如下。

（1）按 键，进入编辑模式。

（2）按PROG键，输入搜索的号码，如"O0002"，如图 2-71（a）所示。

（3）按［O 检索］软键，或者按INPUT键或 ↓ 键，"O0002"显示在屏幕上，如图 2-71（b）所示。

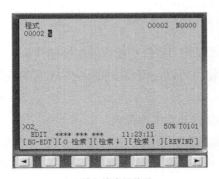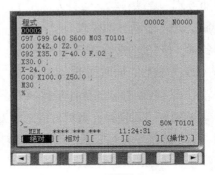

（a）输入搜索的号码　　　　　　　　　（b）屏幕显示

图2-71　选择编辑程序

6. 删除程序

将系统中无用的程序删除，以释放系统内存空间。操作步骤如下。

（1）按⊙键，进入 EDIT 模式。

（2）按PROG键，输入要删除的程序的号码，如"O0002"，如图 2-72 所示。

（3）按DELETE键，"O0002"NC 程序被删除。

若要删除系统内存中的所有程序，则在以上操作步骤（2）中输入"O1—9999"。按DELETE键，全部数控程序都将被删除。

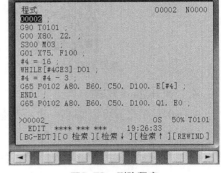

图2-72　删除程序

7. 搜索一个指定的代码

一个指定的代码可以是一个字母或一个完整的代码，如"N010""S""F""M98"等。搜索在当前数控程序内进行。操作步骤如下。

（1）按⊐或⊙键，进入 AUTO 或 EDIT 模式。

（2）按PROG键，选择一个 NC 程序。

（3）输入需要搜索的字母或代码。

（4）按 ↓ 键开始在当前数控程序中搜索。

8. 编辑 NC 程序（"删除""插入""替换"键操作）

对系统内存中已有的程序进行编辑和修改。操作步骤如下。

（1）按⊙键，进入 EDIT 模式。

（2）按PROG键，输入被编辑的 NC 程序名，如"O1"，按 ↓ 键，屏幕显示该程序，即可进行编辑。

（3）移动光标。

方法 1：按PAGE或PAGE键翻页，按 ↑ 或 ↓ 键移动光标；

方法 2：用搜索一个指定的代码的方法移动光标。

输入数据：在光标显示处按下数字/字母键，数据被输入到输入域。按 CAN 键用于删除输入域内的数据。

删除：按 DELETE 键，删除光标所在的代码。

插入：按 INSERT 键，将输入域中的内容插入到光标所在代码后面。

替换：按 ALTER 键，用输入域中的内容替代光标所在的代码。

9. 输入一个新程序

向系统中输入一个新程序，以加工零件。操作步骤如下。

（1）按 ⊙ 键，进入 EDIT 模式。

（2）按 PROG 键，进入程序页面，输入程序名，如 O1（输入的程序名不能与已有的程序名重复），再按 INSERT 键。

编辑NC程序

（3）按 EOB E 键，再按 INSERT 键，开始程序输入。

（4）每输完一个程序段，按 EOB E 键，再按 INSERT 键，插入该程序段，再继续输入。

数控车床创建新程序的操作

10. 自动加工

在自动方式下，零件程序可以执行自动加工，这是零件加工中通常使用的方式。操作步骤如下。

（1）按 → 键，进入 AUTO 模式。

（2）屏幕左下角显示"MEM"，选择要运行的程序，屏幕右上角显示程序名称，按 □ 键，程序开始运行。

11. 输入和修改零点偏置值

通过设定零点偏置值，可以修改工作坐标系的原点位置。操作步骤如下。

（1）按 ⊙ 键或 → 键，进入 EDIT 或 AUTO 模式。

（2）按 OFFSET SETTING 键进入参数设定页面，按［坐标系］软键，显示工件坐标系设定窗口，如图 2-73 所示。

（3）用 ↑ 键和 ↓ 键在 NO.1～NO.3 坐标系和 NO.4～NO.6 坐标系页面之间切换，NO.1～NO.6 分别对应 G54～G59。

（4）输入数值，按 INSERT 键，把要输入的内容输入到指定的位置。

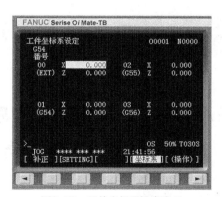

图2-73　工件坐标系设定窗口

2.4.3　数控车床对刀方法

对刀就是在机床上确定刀补值或工件坐标系原点的过程。操作步骤如下。

（1）按 手轮 键或 ⊙ 键，将所要对的刀移至靠近工件的安全位置。

（2）按 主轴 键启动主轴，将车刀移到工件附近，然后将进给倍率调到低速档，配合以增量进给，

使刀具轻轻触碰到工件外圆或试切外圆一刀。

（3）按 Z 和 ＋ 键，使刀具退出工件到合适的位置。按 键停止主轴，注意在 X 轴方向不能移动刀具。

（4）测量刚才对刀处外圆直径后，记录下来。

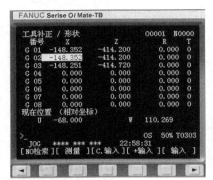

图2-74　刀具补偿窗口

（5）按 键，进入参数设定页面，按［补正］软键，再按［形状］软键，最后按[操作]软键进入刀具补偿窗口，如图2-74所示。按 ↑ 键和 ↓ 键，找到对应的补偿值号。

（6）输入"X外圆直径值"，按[测量]软键，刀具X轴方向的对刀结束。

（7）按 键启动主轴，将车刀移到工件附近，然后将进给倍率调到低速档，配合以增量进给，使刀具轻轻触碰工件右端面或试切端面一刀。

（8）按 X 和 ＋ 键，使刀具退出工件到合适的位置。按 键停止主轴，注意在Z轴方向不能移动刀具。

（9）仍然在如图2-74所示的界面内，按 ↑ 键和 ↓ 键，找到对应的补偿值号。

（10）输入"Z0"，按［测量］软键，刀具Z轴方向的对刀结束。

至此，一把刀对好，其余刀具依同样的方法进行对刀。

以上方法是把工件坐标系零点建立在试切端面和工件中心线的交点处。

 数控车床编程实例

2.5.1　轴类零件加工程序编制

用数控车床完成图2-75所示的轴类零件加工。材料：45钢，毛坯为$\phi25\times100$，按照图样要求完成节点、基点的计算，设定工件坐标系，制定正确的工艺方案，选择合理的刀具和切削工艺参数，编制数控加工程序。

1．工艺路线

（1）工件的外形在Z方向的轨迹呈单调增趋势，故可用G71指令粗加工。

（2）用G70指令精加工。

（3）车槽$\phi16\times4$。

（4）加工M20×2外螺纹。

（5）切断。

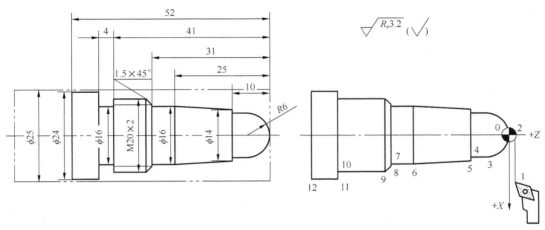

图2-75 轴类零件编程实例

2. 刀具的选择

轴类零件可选用的刀具如图 2-76 所示。

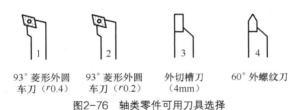

93°菱形外圆　　93°菱形外圆　　外切槽刀　　60°外螺纹刀
车刀（r0.4）　　车刀（r0.2）　　（4mm）

图2-76 轴类零件可用刀具选择

3. 切削参数的选择

各工序刀具的切削参数如表 2-15 所示。

表 2-15　　　　　　　　　各工序刀具的切削参数

序号	加工面	刀具号	刀 具 类 型	主轴转速/r·min⁻¹	进给速度/mm·r⁻¹
1	粗车外形	T1	93°菱形外圆车刀（r0.4）	600	0.3
2	精车外形	T2	93°菱形外圆车刀（r0.2）	1 000	0.1
3	切外槽	T3	外切槽刀（4 mm）	300	0.05
4	车外螺纹	T4	60°外螺纹刀	200	2.0

程序如下。

```
O2019;
N010 G21 G97 G99 G40;                初始化程序
N020 S600 M03 T0101;                 主轴正转，600 r/min，换1号粗加工刀
N030 M08;                            开启切削液
N040 G00 X28.0 Z2.0;                 快速定位到点1
N050 G71 U2.0 R0.8;                  每次切深2 mm（半径），退刀0.8 mm
N060 G71 P50 Q180 U0.4 W0.2 F0.3;    粗车加工，X向余量0.4 mm，Z向余量0.2 mm
N070 G00 X0;                         2
N080 G42 G01 Z0;                     0，并建立右刀补
```

N090 G03 X12.0 Z-6.0 R6.0;	3
N100 G01 Z-10.0;	4
N110 X14.0	5
N120 X16.0 Z-25.0;	6
N130 Z-31.0;	7
N140 X17.0;	8
N150 X19.8 Z-32.5;	9
N160 Z-45.0;	10
N170 X24.0;	11
N180 Z-60.0;	12
N190 G00 X80.0 Z50.0 M09;	快速退刀至换刀点，切削液关闭
N200 G21 G97 G99 G40 T0202;	换2号精加工刀
N204 S1000 M03;	主轴正转，1 000 r/min
N208 M08;	开启切削液
N210 G00 X28.0 Z2.0;	快速定位到点1
N220 G70 P50 Q180 F0.1;	精车外形
N230 G00 X80.0 Z50.0 M09;	快速退刀至换刀点，且切削液关闭
N240 M05;	主轴停转
N250 G21 G97 G99 G40 T0303;	换3号切槽刀，刀宽为4 mm
N260 S300 M03;	主轴正转，300 r/min
N265 M08;	开启切削液
N270 G00 X26.0 Z-45.0;	快速定位
N280 G75 R0.5;	指定径向退刀量0.5 mm
N290 G75 X16.0 Z-44.0 P1000 Q2800 F0.05;	指定槽底、槽宽及加工参数
N300 G00 X80.0 Z50.0 M09;	快速退刀至换刀点，且切削液关闭
N310 M05;	主轴停转
N320 G21 G97 G99 G40 T0404;	换4号刀
N330 S200 M03;	主轴正转，200 r/min
N340 G00 X24.0 Z-28.0;	快速定位
N350 G92 X19.0 Z-43.0 F2.0;	车第1刀螺纹
N360 X18.4;	车第1刀螺纹
N370 X18.0;	车第2刀螺纹
N380 X17.6;	车第3刀螺纹
N390 X17.4;	车第4刀螺纹
N400 G00 X80.0 Z50.0 M09;	快速退刀至换刀点，且切削液关闭
N410 M05;	主轴停转
N420 G21 G97 G99 G40 T0303;	换3号切槽刀，刀宽为4 mm
N430 S300 M03;	主轴正转，300 r/min
N440 M08;	开启切削液
N450 G00 X28.0 Z-56.0;	快速定位
N460 G01 X0 F0.05;	切断
N470 G00 X80.0 Z50.0;	快速退刀
N480 M30;	主程序结束

2.5.2　套类零件加工程序编制

用数控车床完成如图 2-77 所示的套类零件加工。材料为 45 钢，毛坯为 ϕ40×100，预制孔 ϕ20，按照图样要求完成节点、基点计算，设定工件坐标系，制定正确的工艺方案，选择合理的刀具和切削工艺参数，编制数控加工程序。

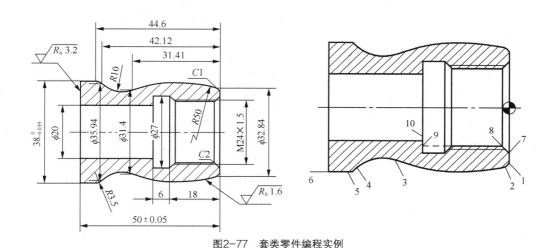

图2-77　套类零件编程实例

1.　工艺路线

（1）工件的外形在 Z 方向的轨迹非单调增或单减趋势，故可用 G73 指令粗加工。

（2）用 G70 指令精加工外形。

（3）用 G71 指令粗镗内孔。

（4）切内槽 ϕ27×6 及左侧倒角 C2，设刀宽为 3 mm。

（5）车 M24×1.5 内螺纹。

（6）切断。

2.　刀具的选择

套类零件可选用的刀具如图 2-78 所示。

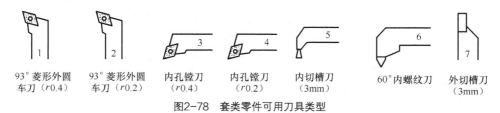

1	2	3	4	5	6	7
93°菱形外圆车刀（r0.4）	93°菱形外圆车刀（r0.2）	内孔镗刀（r0.4）	内孔镗刀（r0.2）	内切槽刀（3mm）	60°内螺纹刀	外切槽刀（3mm）

图2-78　套类零件可用刀具类型

3.　切削参数的选择

各工序刀具的切削参数如表 2-16 所示。

表 2-16　　　　　　　　　　　　各工序刀具的切削参数

序号	加工面	刀具号	刀 具 类 型	主轴转速/r·min⁻¹	进给速度/mm·r⁻¹
1	粗车外形	T1	93°菱形外圆车刀（r0.4）	600	0.15
2	精车外形	T2	93°菱形外圆车刀（r0.2）	1 000	0.05
3	粗镗内孔	T3	内孔镗刀（r0.4）	400	0.15
4	精镗内孔	T4	内孔镗刀（r0.2）	800	0.05
5	切内槽	T5	内切槽刀	400	0.05
6	车内螺纹	T6	60°内螺纹刀	300	1.5
7	切断	T7	外切槽刀（3 mm）	400	0.05

程序如下。

```
O2020;
N010 G21 G97 G99 G40;                         初始化程序
N020 S600 M03 T0101;                          主轴正转，600 r/min，换 1 号粗加工外圆刀
N030 M08;                                     开启切削液
N040 G00 X42.0 Z2.0;                          快速定位到循环起点
N050 G73 U4.0 W0 R2;                          粗车外形
N060 G73 P60 Q120 U0.4 W0.2 F0.15;            粗车加工，X 向余量 0.4 mm，Z 向余量 0.2 mm
N070 G00 X32.84;                              趋近待加工表面
N080 G01 G42 Z0;                              1，并产生刀尖圆角补偿
N090 X34.84 Z-1.0;                            2
N100 G03 X31.4 Z-31.41 R50.0;                 3
N110 G02 X35.94 Z-42.12 R10.0;                4
N120 G03 X38.0 Z-44.6 R3.5;                   5
N120 G01 Z-55.0;                              6
N130 G00 X100.0Z50.0 M09;                     退刀至换刀点，切削液关闭
N140 M05;                                     主轴停转
N150 G21 G97 G99 G40;                         初始化程序
N160 S1000 M03 T0202;                         主轴正转，1 000 r/min，换 2 号精加工外圆刀
N170 M08;                                     开启切削液
N180 G00 X42.0 Z2.0;                          快速定位到循环起点
N190 G70 P60 Q120 F0.05;                      精车外形
N200 G00 X100.0Z50.0 M09;                     退刀至换刀点，切削液关闭
N210 M05;                                     主轴停转
N220 G21 G97 G99 G40;                         初始化程序
N230 S400 M03 T0303;                          主轴正转，400 r/min，换 3 号粗镗刀
N240 M08;                                     开启切削液
N250 G00 X14.0 Z2.0;                          快速定位到循环起点
N260 G71 U1.0 R0.5;                           粗镗内孔
N270 G71 P280 Q320 U-0.3 W0.1 F0.15;          粗镗，X 向余量 0.3 mm，Z 向余量 0.1 mm
N280 G00 X26.5;                               趋近待加工表面
N290 G01 G41 Z0;                              7
N300 X22.5 Z-2.0;                             8
N310 Z-24.0;                                  9
```

N320 X18.0;	10
N330 G00 X100.0Z50.0 M09;	退刀至换刀点，切削液关闭
N340 M05;	主轴停转
N350 G21 G97 G99 G40;	初始化程序
N360 S800 M03 T0404;	主轴正转，800 r/min，换 4 号精镗刀
N370 M08;	开切削液
N380 G00 X14.0 Z2.0;	快速定位到循环起点
N390 G70 P280 Q320 F0.05;	精镗孔
N400 G00 X100.0Z50.0 M09;	退刀至换刀点，切削液关闭
N410 M05;	主轴停转
N420 G21 G97 G99 G40;	初始化程序
N430 S400 M03 T0505;	主轴正转，500 r/min，换 5 号内切槽刀
N440 M08;	开启切削液
N450 G00 X20.0 Z2.0;	切内槽
N460 Z-21.0;	轴向进刀
N470 G01 X26.5 F0.05;	径向切第 1 刀
N480 X20.0;	退刀
N490 Z-24.0;	轴向再进刀
N500 G01 X27.0;	径向切第 2 刀
N510 Z-21.0;	槽底修光
N520 X20.0;	退刀
N530 Z-19.0;（或 W2.0）	螺纹段左侧倒角做准备
N540 G01 X22.5;	趋近待加工表面
N550 X26.5 Z-21.0;（或 U4.0 W-2.0）	螺纹段左侧倒角
N560 G00 X20.0;	退刀
N570 G00 Z2.0;	刀具退出孔
N580 G00 X100.0Z50.0 M09;	退刀至换刀点，切削液关闭
N590 M05;	主轴停转
N600 G21 G97 G99 G40;	初始化程序
N610 S300 M03 T0606;	主轴正转，300 r/min，换 6 号内螺纹刀
N620 M08;	开启切削液
N630 G00 X20.0 Z2.0;	快速定位到循环起点
N640 G92 X23.0 Z-20.0 F1.5;	车内螺纹
N650 X23.5;	
N660 X23.8;	
N670 X24.0;	
N680 G00 X100.0 Z50.0 M09;	退刀至换刀点，切削液关闭
N690 M05;	主轴停转
N700 G21 G97 G99 G40;	初始化程序
N710 S400 M03 T0707;	主轴正转，400 r/min，换 7 号切断刀
N720 M08;	开启切削液
N730 G00 X40.0 Z-53.0;	快速定位到起刀点
N740 G01 X16.0 F0.05;	切断
N750 G00 X100.0Z50.0 M09;	退刀至换刀点，切削液关闭
N760 M30;	程序结束

定位销轴的数控车削加工演示　　　　　心轴的数控车削加工演示

一、填空题

1. 数控车床主要用于加工_____、_____等回转体零件的_____、_____、_____等，并能进行_____、_____、_____、_____及_____等切削加工。

2. 与普通车床相比，数控车削的加工对象具有以下特点：_____、_____、_____、_____、_____。

3. 轴类零件常以_____作为定位基准来装夹；盘类工件的夹具主要有_____和_____两种。

4. 数控车床加工中的切削用量包括_____、_____、_____。

5. 数控车床系统的主要功能包括_____、_____、_____、_____、_____等功能。

二、判断题

（　　）1. 不论是批量生产，还是单件生产，其数控加工工艺都一样。

（　　）2. 数控车床的特点是 Z 轴进给 1 mm，零件的直径减少 2 mm。

（　　）3. 切断、车削深孔或精车削时，宜选择较低的进给速度。

（　　）4. 编程时绝对编程和相对编程不能放在同一程序段中。

（　　）5. 数控车床的刀具功能字 T 既指定了刀具数，又指定了刀具号。

（　　）6. M02 与 M30 的作用和功能一样。

三、选择题

1. 下列指令中无需用户指定速度的指令是（　　）。

　　A. G00　　　　　　　B. G01　　　　　　　C. G02　　　　　　　D. G03

2. 选择切削用量三要素时，切削速度 v、进给量 f、背吃刀量 a_p 选择的次序为（　　）。

　　A. v、f、a_p　　　B. f、a_p、v　　　C. a_p、$2f$、v　　　D. f、v、a_p

3. 执行程序段"G00 X20.0 Z30.0;G01 U10.0 W20.0 F100;X-40.0 W-70.0"后，刀具所到达的工件坐标系的位置为（　　）。

　　A. X-40.0 Z-70.0　　B. X-10.0 Z-20.0　　C. X-10.0 Z-70.0　　D. X-40.0 Z-20.0

4. 用指令（　　）设定的工件坐标系不具有记忆功能，当机床关机后，设定的坐标系即消失。

　　A. G54　　　　　　　B. G55　　　　　　　C. G56　　　　　　　D. G92

5. FANUC 车床数控系统中的 G99 指令是指（　　）。

A. 每分钟进给量　　B. 每转进给量　　　C. 恒线速　　　　D. 转速

6. 在 FANUC 系统中，子程序的结束指令是（　　　）。

　　A. M98　　　　　　B. M99　　　　　　C. M02　　　　　D. M05

7. 在数控车床的操作面板中，属于程序操作功能键的是（　　　）。

　　A. SYSTEM　　　　B. PROG　　　　　C. MESSAGE　　　D. POS

8. 下列对"急停"按钮功能的说法中，错误的是（　　　）。

　　A. 出现紧急情况时按下此按钮　　　　B. 按下此按钮，伺服进给同时停止工作

　　C. 按下此按钮，主轴运转停止　　　　D. 需要停车时，可随时按下此按钮

9. 按下"RESET"键，表示复位 CNC 系统，这包括（　　　）。

　　A. 取消报警　　　　　　　　　　　　B. 主轴故障复位

　　C. 中途退出操作　　　　　　　　　　D. 恢复原来的操作循环状态

10. 机床通电后，应首先检查（　　　）是否正常。

　　A. 车床导轨　　　　B. 各开关按钮和键　C. 工作台面　　　D. 防护罩

11. 在下列（　　　）操作中，不能建立机械坐标系。

　　A. 复位　　　　　　B. 原点回归　　　　C. 手动返回参考点　D. G28 指令

12. 在编辑状态下编辑程序时，结束一行程序的输入并且换行，FANUC 系统用（　　　）键可实现。

　　A. INSERT　　　　　B. ALTER　　　　　C. EOB　　　　　D. CANCLE

四、编程题

根据图 2-79 编写加工程序。

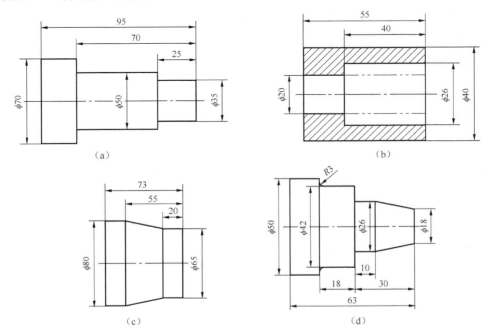

图2-79　编程题图

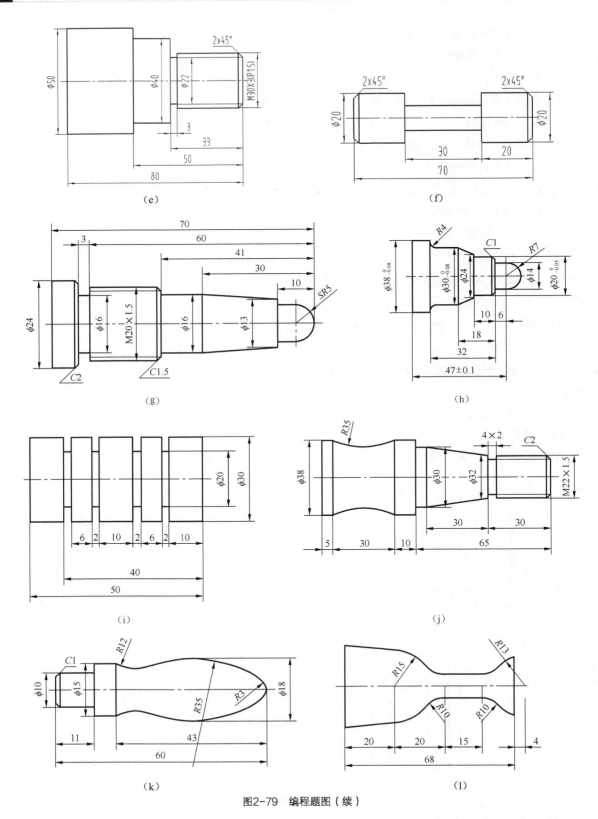

图2-79 编程题图（续）

Chapter

3

第3章

| 数控铣床编程与操作 |

【 教学目标 】

1. 了解数控铣床的加工对象以及确定铣削方案。
2. 掌握铣削加工工艺的制定原则与方法，确定刀具的进给路线。
3. 掌握数控铣床刀具的种类，及铣削刀具系统的组成。
4. 熟悉 FANUC 系统的数控铣床常用的编程指令，并且能熟练掌握各种典型零件的编程方法。
5. 熟悉 FANUC 系统数控铣床的操作面板与结构，掌握其操作方法，并能熟练地完成零件从编程到加工的全过程。

3.1 数控铣削加工工艺

| 3.1.1 数控铣削的加工对象 |

数控铣削是机械加工中最常用和最主要的数控加工方法之一，它除了能铣削普通铣床所能铣削的各种零件表面外，还能铣削普通铣床不能铣削的需要 2～5 坐标联动的各种平面轮廓和立体轮廓。根据数控铣床的特点，从铣削加工的角度考虑，适合数控铣削加工的主要对象有以下几类。

1. 平面类零件

加工面平行或垂直于水平面，或加工面与水平面的夹角为定值的零件为平面类零件，如图 3-1

所示。目前，在数控铣床上加工的大多数零件属于平面类零件，其特点是各个加工面是平面，或可以展开成平面。如图 3-1 中的曲线轮廓面 M 和圆台面 N，展开后均为平面。

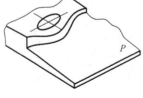
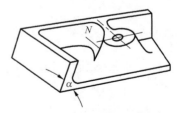

（a）带平面轮廓的平面类零件　　（b）带斜平面的平面类零件　　（c）带正圆台和斜肋的平面类零件

图3-1　平面类零件

平面类零件是数控铣削加工中最简单的一类零件，一般只需用三坐标数控铣床的两坐标联动（即两轴半坐标联动）就可以把它们加工出来。

2. 变斜角类零件

加工面与水平面的夹角呈连续变化的零件为变斜角零件，这类零件多为飞机零件，如飞机上的整体梁、框、缘条与肋等。图 3-2 所示是飞机上的一种变斜角梁缘条，该零件的上表面在第 2 肋至第 5 肋的斜角 α 从 $3°10'$ 均匀变化为 $2°32'$，从第 5 肋至第 9 肋 α 角再均匀变化为 $1°20'$，从第 9 肋至第 12 肋 α 角又均匀变化为 $0°$。

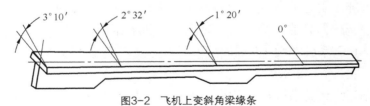

图3-2　飞机上变斜角梁缘条

变斜角类零件的变斜角加工面不能展开为平面，但在加工中，加工面与铣刀圆周的瞬时接触为一条线。最好采用四坐标、五坐标数控铣床摆角加工，若没有上述机床，也可采用三坐标数控铣床进行两轴半近似加工。

3. 曲面类零件

加工面为空间曲面的零件称为曲面类零件，如模具、叶片、螺旋桨等。曲面类零件不能展开为平面。加工时，铣刀与加工面始终为点接触，一般采用球头刀在三坐标数控铣床上加工。当曲面较复杂、通道较狭窄、会伤及相邻表面及需要刀具摆动时，需采用四坐标或五坐标铣床加工。

3.1.2　数控铣削加工方案的确定

零件数控铣削加工方案的确定包括各加工表面加工方法的选择、工序先后顺序的安排和刀具走刀路线的确定等。

1. 工艺路线的确定

（1）加工顺序的安排。数控铣削常采用工序集中的方式，这时工步的顺序就是工序分散时的工序顺序。通常按照从简单到复杂的原则，先加工平面、沟槽、孔，再加工外形、内腔，最后加工曲面；先加工精度要求低的表面，再加工精度要求高的部位等。具体方法如下。

① 基面先行：用来作为精基准的表面应优先加工出来，因为定位基准的表面越精确，装夹误差就越小。例如，箱体类零件总是先加工定位用的平面和两个定位孔，再以平面和定位孔为精基准加工孔系和其他平面。

② 先粗后精：各个表面的加工顺序按照粗加工、半精加工、精加工和光整加工的顺序依次进行，逐步提高表面的加工精度和减少表面粗糙度。

③ 先主后次：零件的主要工作表面、装配基面应先加工，从而能及早发现毛坯上主要表面可能出现的缺陷。次要表面的加工可穿插进行，放在主要加工表面加工到一定程度后、最终精加工之前进行。

④ 先面后孔：对箱体、支架类零件，平面轮廓尺寸较大，一般先加工平面，再加工孔和其他尺寸，这样安排加工顺序，一方面用加工过的平面定位，稳定可靠；另一方面在加工过的平面上加工孔，比较容易，并能提高孔的加工精度，特别是钻孔，孔的轴线不易偏斜。

⑤ 刀具集中：当工件的待加工面较多时，以同一把刀具完成的那一部分工艺过程为一道工序。

（2）表面轮廓的加工。工件表面轮廓可分为平面和曲面两大类，其中平面类中的斜面轮廓又分为有固定斜角的外轮廓面和有变斜角的外轮廓面。工件表面的轮廓不同，选择的加工方法也不同。图 3-3 所示为常见平面的加工方法与加工精度之间的关系。

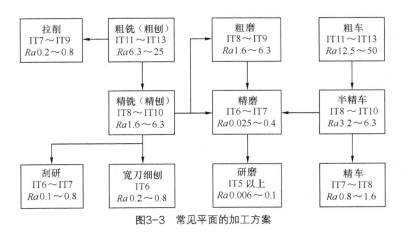

图3-3　常见平面的加工方案

（3）孔和内螺纹的加工。孔的加工方法较多，有钻削、扩削、铰削、铣削和镗削等。

对于直径大于 30 的已铸出或锻造出毛坯孔的孔加工，一般采用粗镗→半精镗→孔口倒角→精镗的加工方案，孔径较大的孔可采用粗铣→精铣的加工方案。

对于直径小于 30 且无底孔的孔加工，通常采用锪平端面→打中心孔→钻→扩→孔口倒角→铰的加工方案，对有同轴度要求的小孔，需采用锪平端面→打中心孔→钻→半精镗→孔口倒角→精镗（或铰）的加工方案。为提高孔的位置精度，在钻孔前需安排打中心孔。孔口倒角一般安排在半精加工之后、精加工之前，以防止孔内产生毛刺。图 3-4 为孔加工方法与加工精度之间的关系。

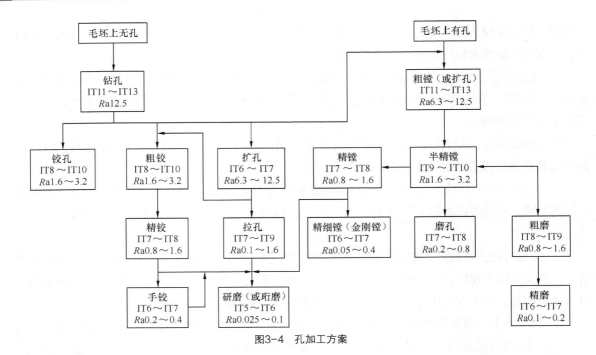

图3-4　孔加工方案

内螺纹的加工根据孔径的大小采用不同的方法。通常情况下，M6～M20的螺纹采用攻螺纹的方法；因为加工中心上攻小直径螺纹时丝锥容易折断，所以M6以下的螺纹可在加工中心上完成底孔加工后再通过其他手段攻螺纹；M20以上的螺纹，可采用铣削或镗削加工。

2．加工路线的确定

在数控加工中，刀具刀位点相对于工件运动的轨迹称为进给路径即加工路线。加工路线不仅包括加工内容，也反映出加工顺序，是编程的依据之一。

（1）确定加工路线的原则。

① 加工路线应保证被加工工件的精度和表面粗糙度。

② 在满足工件精度、表面粗糙度、生产率等要求的情况下，尽量简化数学处理时的数值计算工作量，以简化编程工作。

③ 当某段加工路线重复使用时，为简化编程，缩短程序长度，应使用子程序。

此外，确定加工路线时还要考虑工件的形状与刚度、加工余量的大小、机床与刀具的刚度等情况，确定是一次进给还是多次进给来完成加工，以及设计刀具的切入与切出方向和在铣削加工中是采用顺铣还是逆铣等。

（2）平面及轮廓铣削加工走刀路线的确定。数控铣削加工中进给路线的确定对零件的加工精度和表面质量有直接的影响，因此，确定好进给路线是保证铣削加工精度和表面质量的工艺措施之一。进给路线的确定与工件表面状况、要求的零件表面质量、机床进给机构的间隙、刀具耐用度以及零件轮廓形状等有关。

下面针对铣削方式和常见的几种轮廓形状来讨论走刀路线的确定问题。

① 顺铣和逆铣的选择。在铣削加工中，采用顺铣还是逆铣方式是影响加工表面粗糙度的重要因

素之一。逆铣时切削力 F 的水平分力 F_h 的方向与进给运动 v_f 的方向相反，顺铣时切削力 F 的水平分力 F_h 的方向与进给运动 v_f 的方向相同。铣削方式的选择应视零件图样的加工要求，及工件材料的性质、特点以及和机床、刀具等条件综合考虑。通常，由于数控机床传动采用滚珠丝杠结构，其进给传动间隙很小，顺铣的工艺性优于逆铣。

图 3-5（a）所示为采用顺铣切削方式精铣外轮廓，图 3-5（b）所示为采用逆铣切削方式精铣型腔轮廓。

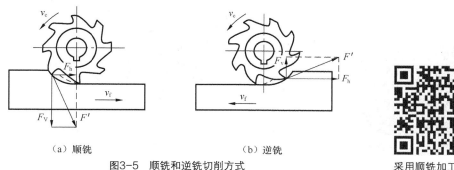

（a）顺铣　　　　　　　（b）逆铣

图3-5　顺铣和逆铣切削方式

采用顺铣加工方式

一般来说，对于铝镁合金、铁合金或耐热合金的铣削加工，为了降低表面粗糙度和提高刀具耐用度，应尽量采用顺铣；而对于黑色金属锻件或铸件，表皮硬而且加工余量较大时，采用逆铣加工，使刀齿从已加工表面切入，不崩刃。

② 平面零件外轮廓的进给路线。用立铣刀的侧刃铣削平面工件的外轮廓时，为减少接刀痕迹，保证零件表面质量，切入、切出部分应考虑外延，对刀具的切入点和切出程序要精心设计。铣刀在切入工件时，应沿工件轮廓曲线的延长线的切向方向切入，而不应沿法线直接切入工件，以免在工件表面产生切痕，保证零件轮廓光滑。同时，在切离工件时，也应避免在切削终点处直接抬刀，要沿着切线终点的外延线的切线方向逐渐切离工件，外轮廓的进给路线如图 3-6 所示。

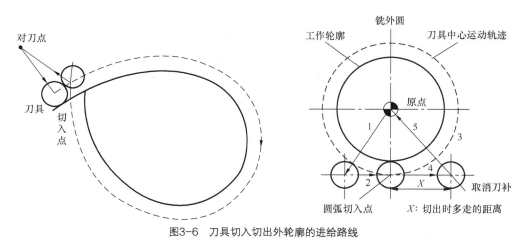

图3-6　刀具切入切出外轮廓的进给路线

③ 铣削内轮廓的进给路线。铣削封闭的内轮廓表面时，同铣削外轮廓一样，刀具同样不能沿轮

廓曲线的法向切入和切出。此时刀具可沿一过渡圆弧切入和切出工件轮廓。图 3-7 所示为铣削内圆的进给路线。图中 $R1$ 为零件圆弧轮廓半径，$R2$ 为过渡圆弧半径。

刀具切入切出路径

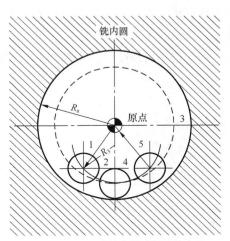

图3-7　内轮廓的进给路线

④ 铣削封闭内腔的进给路线。用立铣刀铣削内表面轮廓时，切入和切出无法外延，这时铣刀只有沿工件轮廓的法线方向切入和切出，并将其切入点和切出点选在工件轮廓两几何元素的交接点。但进给路线不一致，加工结果也将各异。图 3-8 所示为加工槽的 3 种进给路线。图 3-8（a）和图 3-8（b）所示分别为行切法和环切法加工内槽。两种进给路线的共同点是都能铣净内腔中的全部面积，不留死角，不伤轮廓，同时尽量减少重复进给的搭接量；不同点是行切法的进给路线比环切法短，但行切法将在每次进给的起点与终点间留下残留面积，而达不到所要求的表面粗糙度；用环切法获得的表面粗糙度要好于行切法，但环切法需要逐次向外扩展轮廓线，刀位点计算稍复杂一些。综合行切法、环切法的优点，采用如图 3-8（c）所示的进给路线，即先用行切法切去中间部分余量，最后用环切法切一刀，这样既能使总的进给路线短，又能获得较好的表面粗糙度。3 种方案中，（a）方案最差，（c）方案最佳。

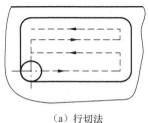
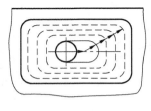
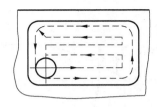

（a）行切法　　　　　　　　　（b）环切法　　　　　　　　　（c）先行切后环切

图3-8　凹槽铣削加工进给路线

⑤ 铣削曲面的走刀路线。铣削曲面时，常用球头刀进行加工。图 3-9 表示加工边界敞开的直纹曲面常用的两种进给路线。当采用图 3-9（a）所示的方案加工时，每次直线进给，刀位点计算简单，程序较短，而且加工过程符合直纹面的形成规律，可以准确保证母线的直线度。而采用图 3-9（b）所示的方案加工时，符合这类工件表面数据的给出情况，便于加工后检验，叶形的准确度高，因此

在实际生产中最好将以上两种方案结合起来。另外，由于曲面工件的边界是敞开的，没有其他表面限制，所以曲面边界可以外延，为保证加工的表面质量，球头刀应从曲面边界外部进刀和退刀。当边界不敞开时，确定走刀路线要另行处理。

　　总之，确定进给路线的原则是在保证零件加工精度和表面粗糙度的条件下，尽量缩短进给路线，以提高生产率。

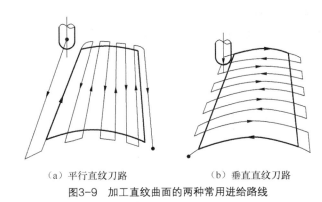

（a）平行直纹刀路　　　　　（b）垂直直纹刀路

图3-9　加工直纹曲面的两种常用进给路线

　　（3）孔加工走刀路线的确定。孔加工时，一般是首先将刀具在 XY 平面内快速定位运动到孔中心线的位置上，然后沿 Z 向运动进行加工。所以，孔加工进给路线的确定包括 XY 平面内和 Z 向进给路线。

　　① 确定 XY 平面内的进给路线。孔加工时，刀具在 XY 平面内的运动属于点位运动，确定进给路线时，主要考虑以下问题。

　　● 定位要迅速。即在刀具不与工件、夹具和机床碰撞的前提下空行程时间尽可能短。例如，钻如图 3-10 所示的零件的孔，按一般规律是先加工均布在同一圆周上的 8 个孔，再加工另一圆周上的孔，如图 3-10（a）所示，但对点位控制的数控机床，这并不是最短的加工路线，应按图 3-10（b）所示的加工路线进行加工，使各孔间距离的总和最小，以节省加工时间。

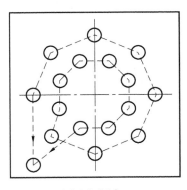 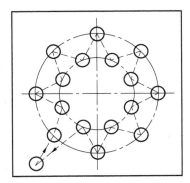

（a）同圆周式　　　　　　　　　　　　（b）交替式

图3-10　最短加工路线的选择

　　● 定位要准确。孔加工中，除了空行程尽量最短之外，在镗孔中，孔系之间往往还要有较高的位置精度。因此安排镗孔路线时，要安排各孔的定位方向一致，即采用单向趋近定位点的方法，以免传动系统的误差或测量系统的误差对定位精度的影响。图 3-11（a）所示要加工 4 个孔，若按图 3-11（b）所示的加工路线，则在加工孔 4 时，Y 方向的反向间隙将影响其与孔 3 之间的孔距精度，而图 3-11（c）所示的加工路线中，可使各孔的定位方向一致，从而提高孔距精度。

　　定位迅速和定位准确两者有时难以同时满足，在上述两例中，图 3-11（b）是按最短路线进给，但不是从同一方向趋近目标位置，影响了刀具的定位精度，图 3-11（c）是从同一方向趋近目标位置，但不是最短路线，增加了刀具的空行程。这时应抓主要矛盾，若按最短路线进给能保证定位精度，则取最短路线，反之，应取能保证定位准确的路线。

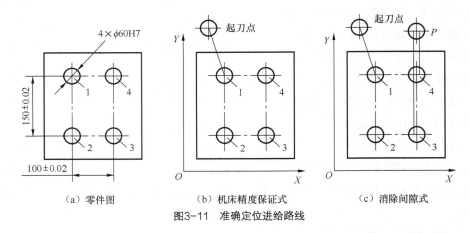

（a）零件图   （b）机床精度保证式   （c）消除间隙式

图3-11 准确定位进给路线

② 确定 Z 向（轴向）的进给路线。刀具在 Z 向的进给路线分为快速移动进给路线和工作进给路线。刀具先从初始平面快速运动到距工件加工表面一定距离的 R 平面，然后按工作进给速度进行加工。图 3-12（a）所示为加工单个孔时刀具的进给路线。对多个孔加工而言，为减少刀具的空行程进给时间，加工中间孔时，刀具不必退回到初始平面，只要退回到 R 平面上即可，其进给路线如图 3-12（b）所示。

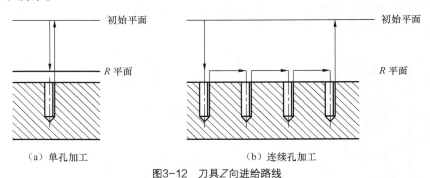

（a）单孔加工   （b）连续孔加工

图3-12 刀具 Z 向进给路线

3.1.3 切削用量的选择

切削用量包括切削速度、进给速度、背吃刀量和侧吃刀量。切削用量的大小、切削功率、刀具磨损对加工质量和加工成本均有显著影响。数控加工中选择切削用量时，要根据零件的加工方法、加工精度和表面质量要求、工件材料、选用的刀具和使用的数控设备，在保证加工质量和刀具耐用度的前提下，充分发挥机床性能和刀具切削性能，查《切削用量手册》并结合实践经验，正确、合理地选择切削用量。

1. 背吃刀量和侧吃刀量的确定

背吃刀量 a_p 是指平行于铣刀轴线的切削层尺寸，端铣时为切削层的深度，周铣时为切削层的宽度，如图 3-13 所示。

侧吃刀量 a_e 是指垂直于铣刀轴线的切削层尺寸，端铣时为被加工表面的宽度，周铣时为切削层的深度，如图 3-13 所示。

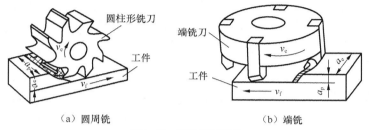

（a）圆周铣　　　　　　　　　（b）端铣

图3-13　铣刀切削用量

吃刀量对刀具的耐用度影响最小，在确定背吃刀量和侧吃刀量时，要根据机床、夹具、刀具、工件的刚度和被加工零件的精度要求来决定。如果零件精度要求不高，在工艺系统刚度允许和机床动力范围内，尽量加大吃刀量，提高加工效率。如果零件精度要求高，应减小吃刀量，增加走刀次数。

当零件表面粗糙度 R_a 为 12.5～25 时，在周铣的加工余量小于 5 mm，端铣的加工余量小于 6 mm 时，粗铣一次进给就可以达到要求。但在加工余量较大、工艺系统刚度和机床动力不足时，应分两次切削完成。

当零件表面粗糙度 R_a 为 3.2～12.5 时，应分粗铣和半精铣进行切削，粗铣时吃刀量按上述要求确定，粗铣后留 0.5～1.0 mm 的加工余量，在半精铣时切除。

当零件表面粗糙度 R_a 为 0.8～3.2 时，应分粗铣、半精铣和精铣 3 步进行。半精铣的吃刀量取 1.5～2.0 mm，精铣时周铣侧吃刀量取 0.1～0.3 mm；端铣背吃刀量取 0.5～1.0 mm。

为提高切削效率，端铣刀应尽量选择较大的直径，切削宽度取刀具直径的 1/3～1/2，切削深度应大于冷硬层的厚度。

2. 进给速度的确定

进给速度 F 是刀具切削时单位时间内工件与刀具沿进给方向的相对位移，单位为 mm/min。对于多齿刀具，其进给速度 F、刀具转速 n、刀具齿数 z 和每齿进给量 f_z（多齿刀具每转或每行程中每齿相对于工件在进给运动方向上的位移量）的关系如下。

$$F = nzf_z$$

进给速度是影响刀具耐用度的主要因素，在确定进给速度时，要综合考虑零件的加工精度、表面粗糙度、刀具及工件的材料等因素，参考《切削用量手册》选取。

粗加工时，主要考虑机床进给机构和刀具的强度、刚度等限制因素，根据被加工零件的材料、刀具尺寸和已确定的背吃刀量，选择进给速度。

半精加工和精加工时，主要考虑被加工零件的精度、表面粗糙度、工件和刀具的材料性能等因素的影响。工件表面粗糙度值越小，进给速度也越小；工件材料的硬度越高，进给速度也越低；工件、刀具的刚度和强度低时，进给速度应选较小值。工件表面的加工余量大，切削进给速度应低一些。反之，工件的加工余量小，切削进给速度应高一些。常用铣刀的进给量如表 3-1 所示。

表 3-1　　　　　　　　　　　　　　铣刀每齿进给量 fz 参考值

工件材料	每齿进给量 fz/mm					
	圆柱铣刀	面 铣 刀	立 铣 刀	成 形 铣 刀	高速钢嵌齿铣刀	硬质合金嵌齿铣刀
铸铁	0.2	0.2	0.07	0.04	0.3	0.1
软（中硬）钢	0.2	0.2	0.07	0.04	0.3	0.09
硬钢	0.15	0.15	0.06	0.03	0.2	0.08
镍铬钢	0.1	0.1	0.05	0.02	0.15	0.06
高镍铬钢	0.1	0.1	0.04	0.02	0.1	0.05
可锻铸铁	0.2	0.15	0.07	0.02	0.3	0.09
黄铜	0.2	0.2	0.07	0.04	0.3	0.21
铝	0.1	0.1	0.07	0.04	0.2	0.1
Al-Si 合金	0.1	0.1	0.07	0.04	0.18	0.08
Mg-Al-Zn 合金	0.1	0.1	0.07	0.03	0.15	0.08
Al-Cu-Mg 合金	0.15	0.1	0.07	0.04	0.2	0.1

3. 切削速度的确定

切削速度 v 是刀具切削刃的圆周线速度，可用经验公式计算，也可根据已经选好的背吃刀量、进给速度及刀具的耐用度，在机床允许的切削速度范围内查取，或参考有关《切削用量手册》选用。需要强调的是，切削用量的选择虽然可以通过查阅《切削用量手册》或参考有关资料确定，但是就某一个具体零件而言，通过这种方法确定的切削用量未必就非常理想，有时需要结合实际进行试切，才能确定比较理想的切削用量。因此，需要在实践当中不断进行总结和完善。常用工件材料的铣削速度参考值如表 3-2 所示。

表 3-2　　　　　　　　　各种常用工件材料的铣削速度参考值

工件材料	硬度 HB	铣削速度 v_c/m·min^{-1}		工件材料	硬度 HB	铣削速度 v_c/m·min^{-1}	
		高速钢铣刀	硬质合金铣刀			高速钢铣刀	硬质合金铣刀
低、中碳钢	<220	21～40	80～150	工具钢	200～250	12～24	36～84
	225～290	15～36	60～114	灰铸铁	100～140	24～36	110～115
	300～425	9～20	40～75		150～225	15～21	60～110
高碳钢	<220	18～36	60～132		230～290	9～18	45～90
	225～325	14～24	53～105		300～320	5～10	21～30
	325～375	9～12	36～48	可锻铸铁	110～160	42～50	100～200
	375～425	6～10	36～45		160～200	24～36	83～120
合金钢	<220	15～36	55～120		200～240	15～24	72～110
	225～325	10～24	40～80	可锻铸铁	240～280	9～21	40～60
	325～425	6～9	30～60	铝镁合金	95～100	180～600	360～600

注：粗铣 v_c 应取小值；精铣应取大值。采用机夹式或可转位硬质合金铣刀，可取较大值。经实际铣削后，如发现铣刀耐用度太低，则应适当减少 v_c；铣刀结构及几何角度改进后，v_c 可以提高。

根据已经选定的背吃刀量、进给量及刀具耐用度选择切削速度，可用经验公式计算，也可根据生产实践经验在机床说明书允许的切削速度范围内查表选取或者参考有关《切削用量手册》选用。

在选择切削速度时，还应考虑以下几点。

（1）应尽量避开积屑瘤产生的区域。

（2）断续切削时，为减小冲击和热应力，要适当降低切削速度。

（3）在易发生震动的情况下，切削速度应避开自激振动的临界速度。

（4）加工大件、细长件和薄壁工件时，应选用较低的切削速度。

（5）加工带外皮的工件时，应适当降低切削速度。

在选择进给速度时，还要注意零件加工中的某些特殊因素。例如在高速进给的轮廓加工中，当零件有圆弧或拐角时，由于惯性作用，刀具在切削时容易产生过切现象，如图 3-14（a）所示。若拐角为内凹的表面，拐角处的金属因刀具“超程”也会出现过切现象。这两种现象都会使轮廓表面产生误差，从而影响加工质量。因此，在拐角较大、进给速度较高时，应在接近拐角处适当降低进给速度，在拐角后逐渐提高进给速度，以保证加工精度。低速进给速度值和低速段的长度，根据机床的动态特性和“超程”允许误差来决定。

在切削过程中，如果背吃刀量、进给速度过大，刀具或工艺系统的刚度不足，在切削力的作用下刀具会滞后而产生欠切现象。工件上本该切除的材料会被少切除一些，从而产生欠切的误差，如图 3-14（b）所示。解决欠切现象的办法与过切基本相同。

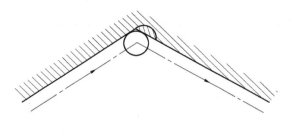

（a）过切削　　　　　　　　　　　　　　（b）欠切削

图3-14　过切与欠切

4．主轴转速的确定

主轴转速 n 可根据切削速度和刀具直径按下式计算。

$$n = \frac{1\,000v_c}{\pi D}$$

式中，n——主轴转速，单位为 r/min；

　　　　v_c——切削速度，单位为 m/min；

　　　　D——刀具直径，单位为 mm。

3.1.4　工艺文件编制

数控加工工艺文件是数控加工与数控加工工艺内容的具体体现，工厂中常用的数控工艺文件包

括数控加工编程任务书、数控加工工序卡片、数控加工刀具调整单、数控机床调整单、数控加工进给路线图、数控加工程序单等。

以上工艺文件中，数控加工工序卡片和数控加工刀具调整单中的数控刀具明细表最为重要，前者是说明加工顺序和加工要素的文件，后者是刀具使用的依据。

为了加强技术文件管理，数控加工工艺文件也应向标准化、规范化方向发展。但目前尚无统一的国家标准，各企业可根据本单位特点自行制定有关工艺文件。

1. 数控加工编程任务书

数控加工编程任务书记载并说明了工艺人员对数控加工工序的技术要求、工序说明和数控加工前应保证的加工余量，是编程员与工艺员协调工作和编制数控程序的重要依据之一，如表3-3所示。

表3-3　　　　　　　　　　　数控加工编程任务书

江西机电职院 数控实训基地	数控编程任务书	产品代号	零件名称	零件图号
		QT	阀块	S01-504
主要工艺说明及技术要求数控铣精加工凹槽……				
设　备　MVB850	工艺员		编程员	收到日期	
编　制	审　核		批　准	共__页　第__页	

2. 数控加工工序卡

数控加工工序卡与普通加工工序卡有许多相似之处，但不同的是该卡中应反映使用的辅具、刀具、切削参数、切削液等，它是操作人员配合数控程序进行数控加工的主要指导性工艺资料。工序卡应按已确定的工步顺序填写。加工中心数控镗铣削工序卡片如表3-4所示。

表3-4　　　　　　　　　　　数控加工工序卡片

江西机电职院 数控实训基地	数控加工工序卡		产品代号	零件名称	零件图号
			XT	箱体盖	OOTY-20101
工艺序号	程序编号	夹具名称	夹具编号	使用设备	车间
10	XT16	平口虎钳		XKN715	
工步号	工步内容（加工面）	刀具号	刀具规格	主轴转速 /r·min^{-1}	进给转速 /mm·min^{-1}	背吃刀量 /mm
1	粗、精铣圆台阶	T01	ϕ16 立铣刀	600	150	6
2	粗、精铣六方	T02	ϕ10 立铣刀	1 000	100	6
3	打中心孔	T03	A3 中心钻	2 000	50	1.25
…	…	…	…	…	…	…
编　制	审　核		批　准	共__页　第__页		

若在数控机床上只加工零件的一个工步，则也可不填写工序卡。在工序卡加工内容不十分复杂时，可把零件草图反映在工序卡上。

3．数控刀具调整单

数控刀具调整单主要包括数控刀具卡片（简称刀具卡）和数控刀具明细表（简称刀具表）两部分。

数控加工时，对刀具的要求十分严格，一般要在机外对刀仪上，事先调整好刀具的直径和长度。刀具卡主要反映刀具编号、刀具结构尾柄规格、组合件名称代号、刀具型号和材料等，它是组装刀具和调整刀具的依据。数控刀具卡如表 3-5 所示。

表 3-5　　　　　　　　　　　　　　数控刀具卡

零件图号	OOTY-20101		数控刀具卡片			使用设备	
刀具名称	镗刀					MVB850	
刀具编号	T15002	换刀方式	自动		程序编号		
刀具组成	序　号	编　　号	刀具名称	规　格	数量	备　注	
	1	7013960	拉钉	P40T-II	1		
	2	390.140—5063050	刀柄	BT40-TQC30-165	1		
	3	…	…	…	…		

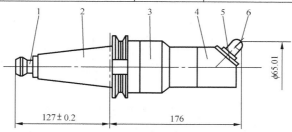

备　注						
编　制		审　核		批　准	共　页	第　页

数控刀具明细表是调刀人员调整刀具输入的主要依据。数控刀具明细表如表 3-6 所示。

表 3-6　　　　　　　　　　　　　　数控刀具明细表

零件图号	零件名称	材料	数控刀具明细表				程序编号	车间	使用设备
ST-2	扭力臂	45 钢							TH714G
刀号	刀位号	刀具名称	刀具图号	刀具			刀补地址		换刀方式	加工部位

刀号	刀位号	刀具名称	刀具图号	直径/mm		长度/mm	直径	长度	自动/手动	加工部位
				设定	补偿	设定				
T12001	T01	立铣刀	01	φ25	φ24.6	100	D01	H01	自动	
T12002	T02	立铣刀	02	φ16	φ16	60	D02	H02	自动	
T12003	T03	粗镗刀	03	φ49.8		256		H03	自动	
T12004	T04	精镗刀	04	φ50.01		260		H04	自动	
…	…	…	…	…	…	…	…	…	…	
编　制		审　核		批　准			年　月　日	共　页	第　页	

4. 机床调整单

机床调整单是机床操作人员在加工前调整机床的依据。它主要包括机床控制面板开关调整单和数控加工零件安装、零点设定卡片两部分。

机床控制面板开关调整单主要记有机床控制面板上有关开关的位置，如进给速度 F、调整旋钮位置或超调（倍率）旋钮位置、刀具半径补偿旋钮位置及冷却方式等内容。

数控加工零件安装和零点（编程坐标系原点）设定卡片（简称装夹图和零点设定卡）标明了数控加工零件定位方法和夹紧方法，也标明了工件零点设定的位置和坐标方向、使用夹具的名称和编号等。工件安装图和零点设定卡如表3-7所示。

表 3-7 　　　　　　　　　　　　　　　工件安装和零点设定卡

零件图号	ZD0135-2	数控加工工件安装和零点设定卡		工序号	
零件名称	制动板			装夹次数	
（零点设定简图）			3	梯形槽螺栓	
			2	压板	
			1	镗铣夹具板	GS53-62
编　制	审　核	批　准	第　页		
			共　页	序　号	夹具名称	夹具图号

5. 数控加工程序单

数控加工程序单是编程员根据工艺分析情况，经过数值计算，按照机床特点的指令代码编制的。它是记录数控加工工艺过程、工艺参数、位移数据的清单。它还是手动数据输入（Manul Data Input，MDI）和置备控制介质，实现数控加工的主要依据。表3-8为加工程序单的一种形式。

表 3-8 　　　　　　　　　　　　　　　加工程序单

（单位名称）		（CNC 机床程序单）		程序编号		零件图号		机床		
				产品名称		零件名称		共（　）页	第（　）页	
材料牌号		毛坯种类		每一次加工件数		每台数量		单件质量		
工序号	N	程 序 内 容						备　注		
标记	修改内容	修改者	日期	标记	修改内容	修改者	日期	编制（日期）	编制（日期）	编制（日期）

数控铣削刀具系统

3.2.1　数控铣削刀具的选择

1. 刀具的基本特点

为了适应数控机床加工精度高、加工效率高、加工工序集中及零件装夹次数等要求，数控机床对所用的刀具有许多性能上的要求。与普通机床的刀具相比，数控铣床用刀具及刀具系统具有以下特点。

（1）刀片和刀柄高度的通用化、规则化、系列化。

（2）刀片和刀具几何参数及切削参数的规范化、典型化。

（3）刀片或刀具材料及切削参数需与被加工工件材料相匹配。

（4）刀片或刀具的使用寿命长、加工刚性好。

（5）刀片及刀柄的定位基准精度高，刀柄对机床主轴的相对位置要求也较高。

（6）刀柄须有较高的强度、刚度和耐磨性，刀柄及刀具系统的重量不能超标。

（7）刀柄的转位、拆装和重复定位精度要求高。

2. 刀具的材料

（1）常用刀具的材料。常用的数控刀具材料有高速钢、硬质合金、涂层硬质合金、陶瓷、立方氮化硼、金刚石等。其实，高速钢、硬质合金和涂层硬质合金在数控铣削刀具中应用最广。

（2）刀具材料性能的比较。以上各刀具材料的硬度和韧性对比如图 3-15 所示。

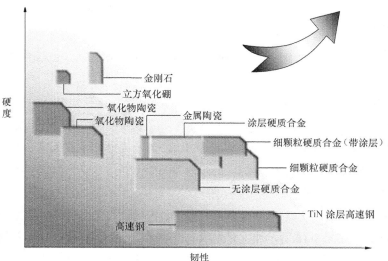

图3-15　刀具材料的性能对比

3．刀具的种类

加工中心的刀具种类很多，根据加工用途，可将刀具分为轮廓类加工刀具和孔类加工刀具等几种类型。

（1）轮廓类加工刀具。

① 面铣刀。面铣刀的圆周表面和端面上都有切削刃，端部切削刃为主切削刃，如图 3-16 所示面铣刀多被制成套式镶齿结构，刀齿为高速钢或硬质合金，刀体为 40Cr。

刀片和刀齿与刀体的安装方式有整体焊接式、机夹焊接式和可转位式 3 种，其中可转位式是当前最常用的一种夹紧方式。采用可转位式夹紧方式时，当刀片的一个切削刃用钝后，可直接在机床上将刀片转位或更换新刀片，从而提高加工效率和产品质量。

根据面铣刀刀具型号的不同，面铣刀直径 d 可取 40～400 mm，螺旋角 $\beta=10°$，刀齿数 Z 取 4～20。

② 立铣刀。立铣刀是数控机床上用得最多的一种铣刀，如图 3-17 所示。立铣刀的圆柱表面和端面上都有切削刃，圆柱表面的切削刃为主切削刃，端面上的切削刃为副切削刃，它们可同时进行切削，也可单独进行切削。主切削刃一般为螺旋齿，这样可以增加切削平稳性，提高加工精度。由于普通立铣刀端面中心处无切削刃，所以立铣刀不能做轴向进给，端面刃主要用来加工与侧面相垂直的底平面。

（a）直柄立铣刀　　　　　　　（b）锥柄立铣刀

图3-16　面铣刀　　　　　　　　　　　　图3-17　立铣刀

标准立铣刀的螺旋角 β 为 40°～50°（粗齿）和 30°～35°（细齿），套式结构立铣刀的螺旋角 β 为 15°～25°。

粗齿立铣刀齿数 $Z=3～4$，细齿立铣刀齿数 $Z=5～8$，套式结构 $Z=10～20$；容屑槽圆弧半径 $r=2～5$ mm。当立铣刀直径较大时，还可制成不等齿距结构，以增强抗震作用，使切削过程平稳。

立铣刀的刀柄有直柄和锥柄之分。直径较小的立铣刀，一般做成直柄形式。直径较大的立铣刀，一般做成 7：24 的锥柄形式。还有一些大直径（25～80 mm）的立铣刀，如图 3-17（b）所示，除采用锥柄形式外，还可采用内螺孔来拉紧刀具。

③ 键槽铣刀。键槽铣刀一般只有两个刀齿，圆柱面和端面都有切削刃，端面刃延伸至中心，既像立铣刀，又像钻头，如图 3-18 所示加工时先轴向进给达到槽深，然后沿键槽方向铣出键槽全长。

按国家标准规定，直柄键槽铣刀直径 $d=2～22$ mm，锥柄键槽铣刀直径 $d=14～50$ mm。键槽铣刀直径的精度要求较高，其偏差有 e8 和 d8 两种。键槽铣刀重磨时，只需刃磨端面切削刃，因此重磨后铣刀直径不变。

④ 模具铣刀。模具铣刀由立铣刀发展而成，可分为圆锥形立铣刀（圆锥半角 $\alpha/2 = 3°$、$5°$、$7°$、$10°$）、圆柱形球头立铣刀和圆锥形球头立铣刀 3 种，其柄部有直柄、削平型直柄和莫氏锥柄。模具铣刀中，圆柱形球头立铣刀在数控机床上应用较为广泛，如图 3-19 所示。

图3-18　键槽铣刀　　　　　　　　　　　图3-19　球头铣刀

⑤ 鼓形铣刀和成形铣刀。鼓形铣刀的切削刃分布在半径为 R 的圆弧面上，端面无切削刃。该刀具主要用于斜角平面和变斜角平面的加工。这种刀具的缺点是刃磨困难、切削条件差，而且不适于加工有底的轮廓表面。

成形铣刀是为特定的工件或加工内容专门设计制造的，如角度面、凹槽、特形孔或台阶等。

（2）孔类加工刀具。孔类加工刀具主要有钻头、铰刀、镗刀等。

① 钻头。加工中心上的常用钻头有中心钻、标准麻花钻、扩孔钻、深孔钻和锪孔钻等，如图 3-20 所示，麻花钻由工作部分和柄部组成。工作部分包括切削部分和导向部分，而柄部有莫氏锥柄和圆柱柄两种。刀具材料常使用高速钢和硬质合金。

（a）中心钻　　　　　　　（b）麻花钻　　　　　　　　　（c）扩孔钻

图3-20　常用钻头

中心钻主要用于孔的定位，由于切削部分的直径较小，所以用中心钻钻孔时，应选取较高的转速如图 3-20（a）所示。

标准麻花钻的切削部分由两个主切削刀、两个副切削刃、一个横刃和两个螺旋槽组成。在钻孔时，因无夹具钻模导向，受两切削刃上切削力不对称的影响，容易引起钻孔偏斜，故要求钻头的两切削刃必须有较高的刃磨精度（两刃长度一致，顶角对称于钻头中心线或先用中心钻定中心，再用钻头钻孔），如图 3-20（b）所示。

标准扩孔钻一般有 3～4 条主切削刃、切削部分的材料为高速钢或硬质合金，结构形式有直柄式、锥柄式和套式等，如图 3-20（c）所示。在小批量生产时，它常用麻花钻改制。

深孔是指孔深与孔直径之比大于 5 而小于 10 的孔。加工深孔时，散热差、排屑困难、钻杆刚性差、易使刀具损坏和引起孔的轴线偏斜，从而影响加工精度和生产率，故应选用深孔刀具加工。

锪钻主要用于加工锥形沉孔或平底沉孔。锪孔加工的主要问题是所锪端面或锥面产生振痕。因此，在锪孔过程中要特别注意刀具参数和切削用量的正确选用。

② 铰刀。数控铣床或加工中心大多采用通用标准铰刀进行铰孔。此外，还使用机夹硬质合金刀片单刃铰刀和浮动铰刀等。铰孔的加工精度可达 IT6～IT9 级、表面粗糙度 R_a 可达 0.8～1.6 μm。

标准铰刀有 4～12 齿，由工作部分、颈部和柄部 3 部分组成，如图 3-21 所示。铰刀工作部分包括切削部分与校准部分。切削部分为锥形，担负主要切削工作。切削部分的主偏角为 5°～15°，前角一般为 0°，后角一般为 5°～8°。校准部分的作用是校正孔径、修光孔壁和导向。校准部分包括圆柱部分和倒锥部分。圆柱部分保证铰刀直径和便于测量，倒锥部分可减少铰刀与孔壁的摩擦和孔径扩大量。整体式铰刀的柄部分有直柄和锥柄之分，直径较小的铰刀一般被做成直柄形式，而大直径铰刀则常被做成锥柄形式。

③ 镗孔刀具。镗孔所用刀具为镗刀。镗刀种类很多，按加工精度可分为粗镗刀和精镗刀。此外，镗刀按切削刃数量可分为单刃镗刀和双刃镗刀。

粗镗刀结构简单，用螺钉将镗刀刀头装夹在镗杆上，如图 3-22 所示。刀杆顶部和侧部有两只锁紧螺钉，分别起调整尺寸和锁紧作用。镗孔时，所镗孔径的大小要靠调整刀具的悬伸长度来保证，调整麻烦，效率低，大多用于单件小批生产。

精镗刀目前较多地选用可调精镗刀，如图 3-23 所示。这种镗刀的径向尺寸可以在一定范围内进行调节，调节方便且精度高。调整尺寸时，先松开锁紧螺钉，然后转动带刻度盘的调整螺母，等调至所需尺寸，再拧紧锁紧螺钉。

图3-21　机用铰刀

图3-22　单刃粗镗刀

④ 镗刀刀头。镗刀刀头可分为粗镗刀刀头和精镗刀刀头，如图 3-24 和图 3-25 所示。粗镗刀刀头与普通焊接车刀相类似；精镗刀刀头上带刻度盘，每格刻度线表示刀头的调整距离为 0.01 mm（半径值）。

图3-23　可调精镗刀

图3-24　粗镗刀刀头

⑤ 螺纹孔加工刀具。数控铣床或加工中心大多采用攻螺纹的丝锥来加工内螺纹。此外，还采用螺纹铣削刀具来铣加工螺纹孔。

丝锥由工作部分和柄部组成如图 3-26 所示。工作部分包括切削部分和校准部分。切削部分的前角为 8°～10°，后角铲磨成 6°～8°。前端磨出切削锥角，使切削负荷分布在几个刀齿上，使切削省力。校准部分的大径、中径、小径均有（0.05～0.12）/100 的倒锥，以减少与螺孔的摩擦，减小所攻螺纹的扩涨量。

图3-25　精镗刀刀头

图3-26　机用丝锥

3.2.2　数控铣削刀柄系统

数控铣床、加工中心刀柄系统由 3 个部分组成，即刀柄、拉钉和夹头（或中间模块）。

1. 刀柄

切削刀具通过刀柄与数控铣床主轴连接，其强度、刚性、耐磨性、制造精度以及夹紧力等对加工有直接的影响。数控铣床刀柄一般采用 7：24 锥面与主轴锥孔配合定位，刀柄及其尾部供主轴内拉紧机构用的拉钉已实现标准化，其使用的标准有国际标准（ISO）和中国、美国、德国、日本等国的标准。因此，数控铣床刀柄系统应根据所选用的数控铣床要求进行配备。

数控铣削刀柄可分为整体式与模块式两类。根据刀柄柄部形式及所采用国家标准的不同，我国使用的刀柄常分成 BT（日本 MAS403—75 标准）、JT（GB/T10944—1989 与 ISO7388—1983 标准，带机械手夹持槽）、ST（ISO 或 GB，不带机械手夹持槽）和 CAT（美国 ANSI 标准）等几种系列，这几种系列的刀柄除局部槽的形状不同外，其余结构基本相同。根据锥柄大端直径的不同，与其相对应的刀柄又分为 40、45、50（个别的还有 30 和 35）等几种不同的锥度号。40、45、50 是指刀柄的型号，并不是指刀柄实际的大端直径，如 BT/JT/ST50 和 BT/JT/ST40 分别代表锥柄大端直径为 69.85 mm 和 44.45 mm 的 7：24 锥柄。数控铣削常用刀柄的类型及其使用场合如表 3-9 所示。

表 3-9　　加工中心常用刀柄的类型及其使用场合

刀 柄 类 型	刀柄实物图	夹头或中间模块	夹 持 刀 具	备注及型号举例
削平型工具刀柄		无	直柄立铣刀、球头铣刀、削平型浅孔钻	BT40-XP6-50
弹簧夹头刀柄		ER 弹簧夹头	直柄立铣刀、球头铣刀、中心钻	BT40-QH1-75
		KM 弹簧夹头	直柄立铣刀、球头铣刀、中心钻	BT40-TXJT22-75
面铣刀刀柄		无	各种面铣刀	BT40-XD27-60

续表

刀 柄 类 型	刀柄实物图	夹头或中间模块	夹 持 刀 具	备注及型号举例
三面刃铣刀刀柄		无	三面刃铣刀	BT40-XS16-75
侧固式刀柄		粗、精镗刀及丝锥夹头等	丝锥及粗、精镗刀	21A.BT40.25-50
莫氏锥度刀柄		莫氏变径套	锥柄钻头、铰刀	BT40-M1-35
		莫氏变径套	锥柄立铣刀和锥柄带内螺纹立铣刀等	BT40-MW1-50
钻夹头刀柄		钻夹头	直柄钻头、铰刀	BT40-Z10-45
丝锥夹头刀柄		无	机用丝锥	BT40-G3-100
整体式刀柄		粗、精镗刀头	整体式粗、精镗刀	BT40-TQC25-135 TQC90-300

2. 拉钉

拉钉的尺寸也已标准化，ISO 或 GB 规定了 A 型和 B 型两种形式的拉钉，其中 A 型拉钉用于不带钢球的拉紧装置，而 B 型拉钉用于带钢球的拉紧装置，如图 3-27 所示。刀柄及拉钉的具体尺寸可查阅有关标准的规定。

3. 弹簧夹头及中间模块

（a）ER 弹簧夹头　　　　（b）KM 弹簧夹头

图3-27　拉钉　　　　图3-28　弹簧夹头

弹簧夹头有两种，即 ER 弹簧夹头和 KM 弹簧夹头，如图 3-28 所示。其中 ER 弹簧夹头的夹紧力较小，适用于切削力较小的场合；KM 弹簧夹头的夹紧力较大，适用于强力铣削。

中间模块是刀柄和刀具之间的中间连接装置，如图 3-29 所示。通过中间模块的使用，提高了刀柄的通用性能，如图 3-29 所示。例如，镗刀、丝锥与刀柄的连接就经常使用中间模块。

（a）精镗刀中间模块

（b）攻丝锥夹套

（c）钻夹头接柄

图3-29　中间模块

4. 对刀及对刀装置

在数控铣削零件时，由于工件在机床上的安装位置是任意的，要正确执行加工程序，必须确定工件在机床坐标系中的确切位置。加工中心的对刀就是指找出工件坐标系与机床坐标系之间空间关系的操作过程。简单地说，对刀就是告诉机床工件在机床工作台的具体位置。

为保证工件的加工精度，对刀位置应尽量选在零件的设计基准或工艺基准上。如果以零件上的中心点或两条互相垂直的轮廓边的交点作为对刀位置，则对这些对刀位置应提出相应的精度要求，并在对刀以前准备好。

对刀器和对刀仪如图 3-30 所示。对刀器（或找正器）是用于测定刀具与工件相对位置的仪器。常用的对刀器有对刀量块、机械式找正器、机械偏心式寻边器，电子式对刀器，电子式寻边器，机械式 Z 向对刀器等。

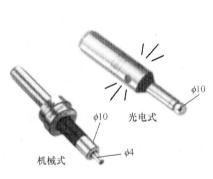

（a）寻边器

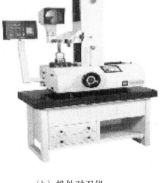

（b）机外对刀仪

（c）机械式 Z 向对刀仪　　　　（d）光电式 Z 向对刀仪

图3-30　常用对刀仪器

对刀仪分机外对刀仪和机内对刀仪两种。采用机外对刀仪对刀将不占用机床的运转时间，从而可提高数控机床的利用率，但这种对刀方法必须连同刀具与刀柄一起进行。

 **FANUC 0i 系统数控铣床编程**

3.3.1 FANUC 0i 系统指令代码

FANUC 0i 系统常用的系统功能有准备功能、辅助功能和其他功能 3 种，这些功能是编制数控程序的基础。

1. 准备功能 G 指令

准备功能 G 指令是建立坐标平面、坐标系偏置、刀具与工件相对运动轨迹（插补功能）以及刀具补偿等多种加工操作方式的指令，其范围为 G00～G99。G 指令的功能如表 3-10 所示。

表 3-10　　　　　　　　　常用 G 指令及其功能

G 指令	组　别	功　　能	G 指令	组　别	功　　能
*G00	01	快速定位	G42	07	右侧刀具半径补偿
G01		直线插补	G43	08	正向长度补偿
G02		顺（时针）圆弧插补	G44		负向长度补偿
G03		逆（时针）圆弧插补	*G49		长度补偿取消
G04	00	暂停	G52	00	局部坐标系设定
*G15	17	极坐标指令取消	*G54	14	选择工件坐标系 1
G16		极坐标指令	G55		选择工件坐标系 2
*G17	02	X-Y 平面设定	G56		选择工件坐标系 3
G18		X-Z 平面设定	G57		选择工件坐标系 4
G19		Y-Z 平面设定	G58		选择工件坐标系 5
G20	06	英制单位输入	G59		选择工件坐标系 6
*G21		公制单位输入	G73	09	排屑钻孔循环
G28	00	返回参考点	G74		左旋攻螺纹循环
G29		由参考点返回	*G80		固定循环取消
*G40	07	刀具半径补偿取消	G81～G89		钻、攻螺纹、镗孔固定循环
G41		左侧刀具半径补偿	*G90	03	绝对值编程

续表

G 指令	组 别	功 能	G 指令	组 别	功 能
G91	03	增量值编程	G98	00	固定循环返回到初始点
G92		工件坐标系设定	G99	10	固定循环返回到 R 点

注：① 当电源接通时，系统处于带有"*"号的 G 代码状态。G00、G01 可以用参数设定来选择。

② 00 组指令是一次性指令，为非模态指令，仅在所在的程序行内有效，直到被同组 G 指令取代。

③ 其他组别的 G 指令为模态指令，此类指令一经设定一直有效，直到被同组 G 指令取代。

④ 在同一个程序段中可以指令几个不同组的 G 代码，不能在同一个程序段中指令两个以上的同组 G 代码，否则，系统会出现报警或不正常走刀现象。

⑤ 在固定循环中，如果指令了 01 组的 G 代码，固定循环就自动被取消，变成 G80 状态。但是，01 组的 G 代码不受固定循环的 G 代码影响。

2. 辅助功能 M 指令

辅助功能 M 指令由地址字 M 后跟 1～2 位数字组成，即 M00～M99，M 指令主要用来设定数控机床电控装置单纯的开关动作，以及控制加工程序的执行走向。各 M 指令功能如表 3-11 所示。

表 3-11　　　　　　　　　　　　M 指令及其功能

M 指 令	功 能	M 指 令	功 能
M00	程序停止	M06	刀具交换
M01	程序选择性停止	M08	切削液开启
M02	程序结束	M09	切削液关闭
M03	主轴正转	M30	程序结束，返回开头
M04	主轴反转	M98	调用子程序
M05	主轴停止	M99	子程序结束

上表中各辅助功能 M 指令与数控车床 M 指令相同，具体见第 2 章相关内容。

在同一程序段中，既有 M 指令又有其他指令时，M 指令与其他指令执行的先后次序由机床系统参数设定。因此，为保证程序以正确的次序执行，很多 M 指令，如 M30、M02、M98 等，最好以单独的程序段进行编程。

3. F、S、T 功能

（1）F 功能。F 是控制刀具移动速度的进给速率指令，为模态指令，用字母 F 及其后面的若干位数字来表示。在铣削加工中，F 的单位一般为 mm/min（每分钟进给量），如 F100 表示进给速度为 100 mm/min。

（2）S 功能。S 功能用以指定主轴转速，为模态指令，用字母 S 及其后面的若干位数字来表示，单位是 r/min。如 S800 表示主轴转速为 800 r/min。

（3）T 功能。T 是刀具功能代码，后跟两位数字指示更换刀具的编号，即 T00～T99。因数控铣床无 ATC，必须用人工换刀，所以 T 功能只用于加工中心。

3.3.2 基本编程指令

常用准备功能是编制程序中的核心问题，编程人员必须熟练掌握这些功能的使用方法及特点，才能更好地编写出加工程序。FANUC 0i 系统的指令格式见附表 A。

1. 编程术语

在进行编程之前，介绍几个常用的编程术语。

（1）起始平面。起始平面是程序开始时刀具的初始位置所在的平面。起刀点是加工零件时刀具相对于零件运动的起点，数控程序是从这一点开始执行的。起刀点必须设置在工件的上面，其在坐标系中的高度，一般称为起始平面或起始高度，一般选距工件上表面 50 mm 左右的位置。起刀点太高会降低生产效率，太低又不便于操作人员观察工件。起始平面一般高于安全平面。

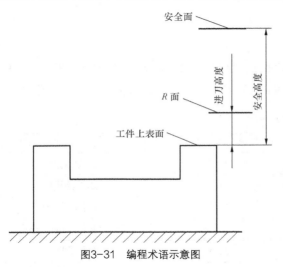

图3-31 编程术语示意图

（2）进刀平面。刀具以高速（G00）下刀，要切削到材料时变成以进刀速度下刀，以免撞刀，此速度转折点的位置即为进刀平面，也称为 R 面，其高度为进刀高度，也称为接近高度，一般距加工平面 5 mm 左右，如图 3-31 所示。

（3）退刀平面。零件或零件的某区域加工结束后，刀具以切削进给速度离开工件表面，一段距离后转为高速返回平面，此转折位置即为退刀平面，其高度为退刀高度。

（4）安全平面。是指刀具在完成工件的一个区域加工后，沿轴向反向运动一段距离时刀尖所处的平面对应的高度。它一般被定义为高出被加工零件的最高点 10 mm 左右，刀具处于安全平面时，可以以 G00 速度进行移动。设置安全平面既能防止刀具碰伤工件，又能使非切削加工时间控制在一定的范围内。

（5）返回平面。返回平面指程序结束后，刀尖点（不是刀具中心）所在的 Z 平面，它在距被加工零件表面最高点 100 mm 左右的位置上，一般与起始高度重合或高于起始高度，以便在工件加工完毕后观察和测量，同时在机床移动时能避免工件和刀具发生碰撞现象，刀具在返回平面上以高速移动。

2. 与坐标、坐标系有关的指令

（1）工件坐标系零点偏移及取消指令 G54～G59、G53。

① 指令格式：

G54/G55/G56/G57/G58/G59；设定工件坐标系零点偏移指令。

G53；取消工件坐标系设定，即选择机床坐标系。

② 说明。

工件坐标系原点通常通过零点偏置的方法来进行设定，其设定过程为：找出定位夹紧后工件坐标系的原点在机床坐标系中的绝对坐标值，如图 3-32 中的 $-a$、$-b$ 和 $-c$ 值。这些值一般通过对刀操作及机床面板操作可输入机床偏置存储器，G54～G59 是系统预定的 6 个工件坐标系，可根据需要任意选用，从而将机床坐标系原点偏置至工件坐标系原点，如图 3-33 所示。

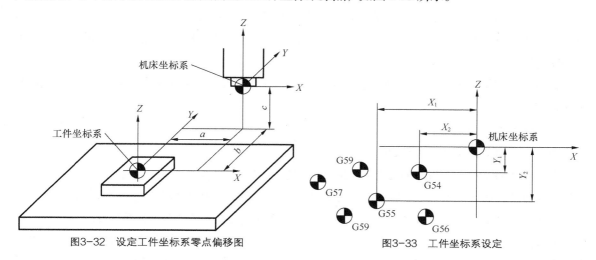

图3-32　设定工件坐标系零点偏移图　　　　　　图3-33　工件坐标系设定

　　零点偏置设定工件坐标系的实质就是在编程与加工之前让数控系统知道工件坐标系在机床坐标系中的具体位置。通过这种方法设定的工件坐标系，只要不对其进行修改、删除操作，该工件坐标系就将永久保存，即使机床关机，其坐标系也将保留。

　　（2）工件坐标系设定指令 G92。

　　① 指令格式：G92　X__　Y__　Z__

　　② 说明。X、Y、Z 为刀具当前位置相对于新设定的工件坐标系的新坐标值。

　　G92 并不驱使机床刀具或工作台运动，数控系统通过 G92 命令确定刀具当前机床坐标位置相对于加工原点（编程起点）的距离关系，以求建立起工件坐标系。如要建立图 3-34 所示工件的坐标系，使用 G92 设定坐标系的程序为 G92 X50.0 Y50.0 Z30.0。G92 指令一般放在一个零件程序的第一段。通过 G92 建立的工件坐标系与刀具的当前位置有关，实际上由刀具的当前位置及 G92 指令后的坐标值反推得出，是不稳定坐标系。因此，G92 设定坐标系的方法通常用于单件加工。

　　值得注意的是，执行 G92 指令时，机床不动作，即 X、Y、Z 轴均不移动，但 CRT 显示器上的坐标值发生了变化。G92 坐标系通常用于临时工件加工时的

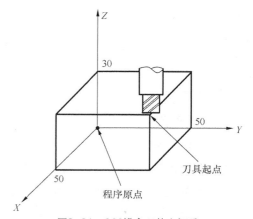

图3-34　G92设定工件坐标系

找正，不具有记忆功能，当机床关机后，设定的坐标系即消失。G92 指令通常在程序开始处或自动运行程序之前，在 MDI 方式下因操作步骤较多，新的系统大多不采用 G92 指令设定工件坐标系。

（3）绝对坐标 G90 与相对坐标 G91 指令。

① 指令格式：G90；

　　　　　　　　G91；

② 说明。G90 是绝对值编程，即每个编程坐标轴上的编程值是相对于程序原点的；G91 是相对值编程，即每个编程坐标轴上的编程值是相对于前一位置而言的，该值等于沿轴移动的距离，与坐标轴同向取正、反向取负。

如图 3-35 所示，图中从 A 点到 B 点的移动，用绝对值指令 G90 编程和相对值指令 G91 编程的情况如下。

G90 G01 X40.0 Y70.0 F200；

或　G91 G01 X-60.0 Y40.0 F200；

选择合适的编程方式将使编程简化。通常当图纸尺寸由一个固定基准给定时，采用绝对值方式编程较为方便；而当图纸尺寸是以轮廓顶点之间的间距给出时，采用相对方式编程较为方便。

（4）加工平面设定指令 G17、G18、G19。右手直角笛卡儿坐标系的 3 个互相垂直的轴 X、Y、Z，分别构成三个平面，如图 3-36 所示。对于三坐标的铣床和加工中心，常用这些指令确定机床在哪个平面内进行插补运动。G17 表示在 XY 平面内加工；G18 表示在 ZX 平面内加工；G19 表示在 YZ 平面内加工。一般系统默认为 G17。该组指令用于选择进行圆弧插补和刀具半径补偿的平面。

需要注意的是，移动指令与平面选择无关，如执行指令"G17　G01　Z10.0"时，Z 轴照样会移动。

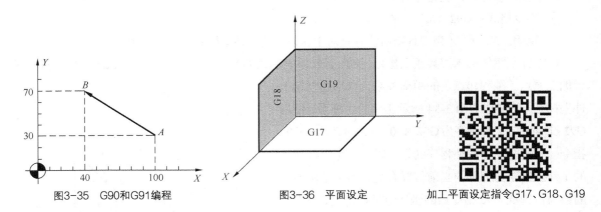

图3-35　G90和G91编程　　　　图3-36　平面设定　　　　加工平面设定指令G17、G18、G19

（5）局部坐标系设定指令 G52。

① 指令格式：G52　X__　Y__　Z__

② 说明。X、Y、Z 是局部坐标系原点在当前工件坐标系中的坐标值。

G52 指令能在所有的工件坐标系（G92、G54～G59）内形成子坐标系，即局部坐标系。含有 G52 指令的程序段中，绝对值编程方式的指令值就是在该局部坐标系中的坐标值。设定局部坐标系后，工件坐标系和机床坐标系保持不变。G52 指令为非模态指令。在缩放及旋转功能下不能使用 G52 指令，但在 G52 下能进行缩放及坐标系旋转。

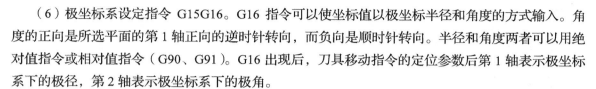

（6）极坐标系设定指令 G15G16。G16 指令可以使坐标值以极坐标半径和角度的方式输入。角度的正向是所选平面的第 1 轴正向的逆时针转向，而负向是顺时针转向。半径和角度两者可以用绝对值指令或相对值指令（G90、G91）。G16 出现后，刀具移动指令的定位参数后第 1 轴表示极坐标系下的极径，第 2 轴表示极坐标系下的极角。

G15 指令则可以取消极坐标方式，使坐标值返回到用直角坐标输入的形式。

3. 基本移动指令

基本移动指令包括快速定位、直线插补和圆弧插补 3 个指令。

（1）快速定位指令 G00。

① 指令格式：G00　X__　Y__　Z__；

② 说明。

a. X、Y、Z 指令参数：在 G90 时为目标点在工件坐标系中的坐标；在 G91 时为目标点相对于当前点的位移量。一般用于加工前的快速定位或加工后的快速退刀。

b. 不指定参数 X、Y、Z，刀具不移动，系统只改变当前刀具移动方式的模态为 G00。

c. 进给速度 F 对 G00 指令无效，快速移动的速度由系统内部参数确定。对于快速进给速度的调整，可用机床操作面板上的修调旋钮来调节，如图 3-37 所示，通常快速进给速率修调分为 F0，25%，50%，100%；F0 对应的速度是系统默认最大速度值的 10%，各轴通用。

 在执行 G00 指令时，如 G90 G00 X160.0 Y110.0，由于各轴以各自的不同的速度移动，不能保证各轴同时到达终点，因而联动直线轴的合成轨迹不一定是直线，如图 3-38 所示，所以操作者必须格外小心，以免刀具与工件发生碰撞。常见的做法是将 Z 轴移动到安全高度，再放心地执行 G00 指令。

图3-37　快速进给倍率开关

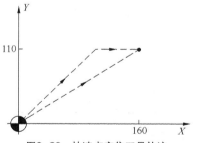

图3-38　快速点定位刀具轨迹

快速定位指令G00

G00指令功能演示

（2）直线插补指令 G01。

① 指令格式：G01   X___Y___Z___F__；

② 说明。

a. X、Y、Z指令参数：在G90时为终点在工件坐标系中的坐标；在G91时为终点相对于当前点的位移量。

b. F为指定的进给速度，直到新的F值被指定之前一直有效，因此无需对每个程序段都指定F，F的单位为mm/min。

c. 当G01后不指定定位参数时刀具不移动，系统只改变当前刀具移动方式的模态为K01。

如图3-39所示的刀具从A点开始沿直线移动到B点，可分别用绝对方式（G90）和相对方式（G91）编程。

G90 G01 X100.0 Y70.0 F200； $A{\to}B$

或 G91 G01 X60.0 Y40.0 F200；

【例3-1】   采用$\phi 4$的键槽铣刀，加工如图3-40所示的数字"2"，切深为0.5 mm。

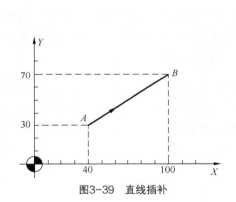

图3-39   直线插补

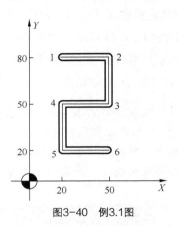

图3-40   例3.1图

程序如下。

```
O3001;
N010 G54 G90 G00 X0 Y0Z50.0;        定位于G54原点上方
N020 S2000 M03;                      主轴旋转
N030 G00 X20.0 Y80.0;                快速定位于点1
N040 Z5.0;                           趋近工件上表面5.0 mm
N050 G01 Z-0.5 F400;                 下刀至切深
N060 G91 X30.0;                      点2（G91方式）
N070 Y-30.0;                         点3
N080 X-30.0;                         点4
N090 Y-30.0;                         点5
N100 X30.0;                          点6
N110 G90 G00 Z100.0;                 提刀至安全高度（G90方式）
N120 M30;                            主程序结束
```

【例 3-2】　采用 ϕ20 的立铣刀，加工如图 3-41 所示的平面，切深为 1 mm。

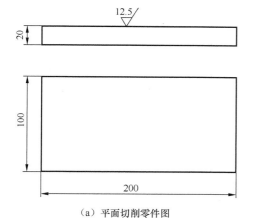

（a）平面切削零件图

（b）平面切削刀路设计

图3-41　例3.2图

程序如下。

```
O3002;
N010 G54 G90 G00 X0 Y0 Z50.0;        定位于 G54 原点上方
N020 S600 M03;                        主轴旋转
N030 G00 X112.0 Y-50.0;               快速定位于点 1
N040 Z5.0;                            趋近工件上表面 5.0 mm
N050 G01 Z-1.0 F200;                  下刀至切深
N060 G91 X-100.0 F100;                点 2（G91 方式）
N070 Y18.0;                           点 3
N080 X212.0;                          点 4
N090 Y18.0;                           点 5
N100 X-212.0;                         点 6
N110 Y18.0;                           点 7
N120 X212.0;                          点 8
N130 Y18.0;                           点 9
N140 X-212.0;                         点 10
N150 Y18.0;                           点 11
N160 X212.0;                          点 12
N170 G90 G00 Z100.0;                  提刀至安全高度（G90 方式）
N180 M30;                             主程序结束
```

直线插补指令G01

G01指令功能演示

（3）圆弧插补指令 G02/G03。

① 指令格式。

a. *XY* 平面圆弧。

$$G17 \begin{Bmatrix} G02 \\ G03 \end{Bmatrix} X\_\_Y\_\_ \begin{Bmatrix} R\_\_ \\ I\_\_J\_\_ \end{Bmatrix} F\_\_$$

b. *ZX* 平面圆弧。

$$G18 \begin{Bmatrix} G02 \\ G03 \end{Bmatrix} X\_\_Z\_\_ \begin{Bmatrix} R\_\_ \\ I\_\_K\_\_ \end{Bmatrix} F\_\_$$

c. *YZ* 平面圆弧。

$$G19 \begin{Bmatrix} G02 \\ G03 \end{Bmatrix} Y\_\_Z\_\_ \begin{Bmatrix} R\_\_ \\ J\_\_K\_\_ \end{Bmatrix} F\_\_$$

② 说明。

a. 与圆弧加工有关的指令说明如表 3-12 所示。

表 3-12　　　　　　　　　　　　　圆弧插补指令说明

项　目	命　令	指 定 内 容		意　义
1	G17	平面指定		*XY* 平面圆弧指定
	G18	平面指定		*ZX* 平面圆弧指定
	G19	平面指定		*YZ* 平面圆弧指定
2	G02	回转方向		顺时针转 CW
	G03	回转方向		逆时针转 CCW
3	*X*、*Y*、*Z* 中的两轴	终点位置	G90 方式	圆弧终点的位置坐标
			G91 方式	圆弧终点相对始点的坐标
4	*I*、*J*、*K* 中的两轴	从始点到圆心的距离		圆心相对起点的位置坐标
	R	圆弧半径		圆弧半径
5	*F*	进给速度		圆弧的切线速度

b. 顺时针圆弧插补（G02）与逆时针圆弧插补（G03）的判断方法是：从圆弧所在平面（如 *XY* 平面内）的正法线方向观察，从+*Z* 轴向−*Z* 观察，顺时针转为顺圆，反之为逆圆，如图 3-42 所示。

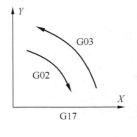
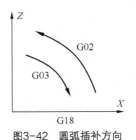
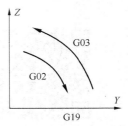

图3-42　圆弧插补方向

③ 圆弧所对应的圆心角为 α。对于 R 值，当 $0° < α ≤ 180°$ 时，R 取正值；$180° < α < 360°$ 时，R 取负值。

④ I、J、K 可理解为圆弧始点指向圆心的矢量分别在 X、Y、Z 轴上的投影，I、J、K 根据方向带有符号，I、J、K 为零时可以省略，如图 3-43 所示。

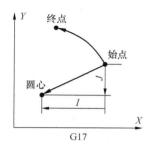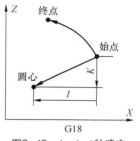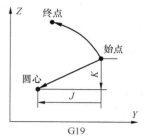

图3-43　I、J、K的确定

⑤ 整圆编程时不可以使用 R 方式，只能用 I、J、K 方式。

⑥ 在同一程序段中，当 I、J、K 与 R 同时出现时，R 有效。

例如，如图 3-44 所示，刀具从起点开始沿直线移动到 1、2、3 点，可分别用绝对方式（G90）和相对方式（G91）编程，说明 G02、G03 的编程方法。

① 绝对值编程。

```
G90 G01 X160.0 Y40.0 F200;                              点1
G03 X100.0 Y100.0 R60.0 F100;  (G03 X100.0 Y100.0 I-60.0 J0 F100)  点2
G02 X80.0 Y60.0 R50.0;         (G02 X80.0 Y60.0 I-50.0 J0)        点3
```

② 相对值编程。

```
G91 G01 X0 Y40.0 F200;                                 点1
G03 X-60.0 Y60.0 R60.0 F100;  (G03 X-60.0 Y60.0 I-60.0 J0 F100)  点2
G02 X-20.0 Y-40.0 R50.0;      (G02 X-20.0 Y-40.0 I-50.0 J0)      点3
```

如图 3-45 所示，刀具从起点开始沿圆弧段 1 和圆弧段 2 进行圆弧插补，不管 R 的正负，刀具均可到达同一位置，以此说明 G02、G03 的编程方法。

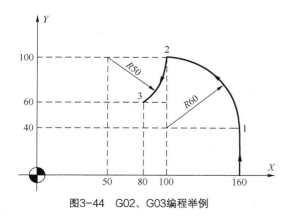

图3-44　G02、G03编程举例

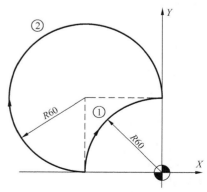

图3-45　圆弧用R编程

① 圆弧段 1。

G90 G02 X0 Y60.0 R60.0 F100;　　　（G90 G02 X0 Y60.0 I60.0 J0 F100）

或 G91 G02 X60.0 Y60.0 R60.0 F100;（G91 G02 X60.0 Y60.0 I60.0 J0 F100）

② 圆弧段 2。

G90 G02 X0 Y60.0 R-60.0 F100;　　　（G90 G02 X0 Y60.0 I0 J60.0 F100）

或 G91 G02 X60.0 Y60.0 R-60.0 F100;（G91 G02 X60.0 Y60.0 I0 J60.0 F100）

使用 G02、G03 指令对图 3-46 所示的整圆加工。

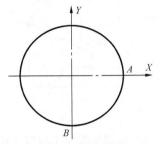

① 从 A 点顺时针转一周。

G90 G02 X30.0 Y0 I-30.0 J0 F300;

或 G91 G02 X0 Y0 I-30.0 J0 F300;

② 从 B 点逆时针转一周。

G90 G03 X0 Y-30.0 I0 J30.0 F300;

或 G91 G03 X0 Y0 I0 J30.0 F300;

图3-46　整圆加工

【例 3-3】　采用 φ4 的键槽铣刀，加工如图 3-47 所示的太极轮廓，切深为 2 mm。

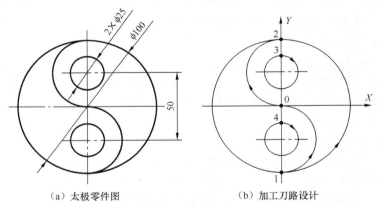

（a）太极零件图　　　　　　　（b）加工刀路设计

图3-47　太极图加工

程序如下。

```
O3003;
N010 G54 G90 G00 X0 Y0 Z50.0;          定位于 G54 原点上方
N020 S1500 M03;                        主轴旋转
N030 G00 Y-50.0;                       快速定位于点 1
N040 Z5.0;                             趋近工件上表面 5.0 mm
N050 G01 Z-2.0 F400;                   下刀至切深
N060 G03 I0 J50.0;                     点 1，加工 φ100 全圆
N070 X0 Y0 R25.0;                      点 0，加工半圆
N080 G02 X0 Y50.0 R25.0;               点 2，加工半圆
N090 G00 Z5.0;                         提刀
N100 Y37.5;                            快速定位于点 3
N110 G01 Z-2.0 F400;                   下刀至切深
```

```
N120 G02 I0 J-12.5;                   点 3，加工半圆
N130 G00 Z5.0;                        提刀
N140 Y-12.5;                          快速定位于点 4
N150 G01 Z-2.0 F400;                  下刀至切深
N160 G02 I0 J-12.5;                   点 4，加工半圆
N170 G00 Z100.0;                      提刀至安全高度
N180 M30;                             主程序结束
```

（4）螺旋线切削。螺旋线插补指令与圆弧插补指令相同，即 G02 和 G03，分别表示顺时针、逆时针螺旋线插补，顺时针、逆时针的定义与圆弧插补相同。在进行圆弧插补时，垂直于插补平面的坐标同步运动，构成螺旋线插补运动，如图 3-48 所示。

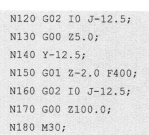
顺时针圆弧插补指令G02

逆时针圆弧插补指令G03
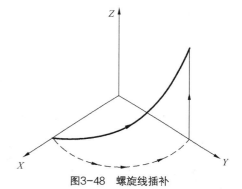
图3-48　螺旋线插补

指令格式如下。

① XY 平面圆弧。

$$G17 \begin{Bmatrix} G02 \\ G03 \end{Bmatrix} X\_\_ Y\_\_ \begin{Bmatrix} R\_\_ \\ I\_\_ J\_\_ \end{Bmatrix} Z\_\_ F\_\_$$

② ZX 平面圆弧。

$$G18 \begin{Bmatrix} G02 \\ G03 \end{Bmatrix} X\_\_ Z\_\_ \begin{Bmatrix} R\_\_ \\ I\_\_ K\_\_ \end{Bmatrix} Y\_\_ F\_\_$$

③ YZ 平面圆弧。

$$G19 \begin{Bmatrix} G02 \\ G03 \end{Bmatrix} Y\_\_ Z\_\_ \begin{Bmatrix} R\_\_ \\ J\_\_ K\_\_ \end{Bmatrix} X\_\_ F\_\_$$

在 X，Y，Z 中，由 G71、G18、G19 平面选定的两个坐标为螺旋线投影圆弧的终点，意义同圆弧进给，第 3 个坐标是与选定平面相垂直的轴的终点。其余参数的意义同圆弧进给。

【例 3-4】　如图 3-49 所示的螺旋槽由两个螺旋面组成，螺旋槽最深处为 2 点，最浅处为 1 点，要求用 ϕ8 的键槽铣刀加工该螺旋槽，编制数控加工程序。

程序如下。

```
O3004;
N010 G54 G90 G00 X0 Y0 Z50.0;         定位于 G54 原点上方
N020 S1500 M03;                       主轴旋转
```

```
N030 G00 X24.0 Y60.0;                快速定位于点1
N040 Z5.0;                           趋近工件上表面5.0 mm
N050 G01 Z-1.0 F50;                  下刀至切深
N060 G03 X96.0 Y60.0 R36.0 Z-4.0;    点2，加工螺旋面A（R形式）
N070 X24.0 Y60.0 I-36.0 J0 Z-1.0;    点1，加工螺旋面B（I、J形式）
N080 G01 Z2.0;                       提刀
N090 G00 Z200.0;                     提刀至安全高度
N100 M30;                            主程序结束
```

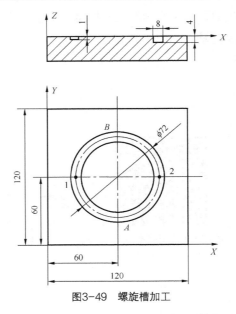

图3-49　螺旋槽加工

3.3.3　刀具补偿功能

数控机床在切削过程中不可避免地存在刀具磨损问题，譬如钻头长度变短、铣刀半径变小等，这时加工出的工件尺寸也随之变化。如果系统功能中有刀具尺寸补偿功能，则可在操作面板上输入相应的修正值，使加工出的工件尺寸仍然符合图纸要求，否则就得重新编程。有了刀具尺寸补偿功能后，数控编程大为简便，在编程时可以完全不考虑刀具中心轨迹计算，直接按零件轮廓编程。启动机床加工前，只需输入使用刀具的参数，数控系统会自动计算出刀具中心的运动轨迹坐标，为编程人员减轻了劳动强度。另外，当试切和加工中工件尺寸与图样要求不符时，可借助相应的补偿加工出合格的零件。

刀具的补偿通常有刀具长度补偿、刀具半径补偿和刀具磨损补偿3种。

1. 刀具长度补偿

通常加工一个工件时，每把刀具的长度都不相同，同时，刀具的磨损或装夹也会引起刀具长度发生变化，因此在同一坐标系下执行如 G00 Z0 这样的指令时，刀具的长度不同会导致刀具端面到工件的距离也不同，如图 3-50 所示。这种情况下，如果频繁改变程序就会非常麻烦且易出错。为此，应事先测定出各刀具的长度，然后把它们与标准刀具（通常定为第一把刀）长度的差设定给 CNC。这样在运行长度补偿程序时，即使换刀，程序也不需要改变长度补偿程序使刀具端面在执行 Z 轴定位的指令（如 G00 Z0）后距离工件的位置是相同的，如图 3-51 所示。这个功能称为刀具长度补偿功能。

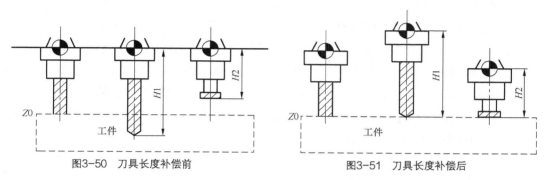

图3-50　刀具长度补偿前　　　　　　　　图3-51　刀具长度补偿后

刀具长度偏置指令就是用来实现刀具长度补偿功能的，它可以补偿长度方向尺寸的变化。数控机床规定传动的主轴为数控机床的 Z 轴，所以通常在 Z 轴方向进行长度补偿。在编写工件加工程序时，先不考虑刀具的实际长度，而是按刀具标准长度或确定一个编程参考点进行编程，如果实际刀具长度和标准长度不一致，可以通过执行刀具长度偏置指令实现刀具长度差值的补偿。

（1）指令格式。

$\left.\begin{array}{l} \text{G43} \\ \text{G44} \end{array}\right\}$ Z__ H__ ;　　　刀具长度补偿 "+"
　　　　　　　　　　　刀具长度补偿 "–"

G49 或 H00;　　　取消刀具长度补偿

刀具长度补偿指令G43、G44、G49

（2）说明。

① 无论是绝对值指令，还是增量值指令，在 G43 时程序中 Z 轴移动指令终点坐标值加上 H 代码指定的偏移量（设定在偏置存储器中），在 G44 时减去 H 代码指定的偏移量，然后将其计算结果的坐标值作为终点坐标值。实际应用中，常使用 G43 指令做长度补偿，只有在特殊情况才使用 G44 指令。

执行 G43 时：Z 实际值=Z 指令值+（H××）

执行 G44 时：Z 实际值=Z 指令值–（H××）

式中，（H××）是指编号为 H__的寄存器中的补偿值，即 H00～H99。

② G43、G44 是模态 G 代码，在遇到同组其他 G 代码之前均有效。

如图 3-52 所示，采用 G43 指令进行编程，计算刀具从当前位置移动至工件表面的实际移动量（已知：假定的刀具长度为 0，则 H01 中的偏置值为 40.0；H02 中的偏置值为 60.0）。

刀具 1：G43 G01 Z-70.0 H01 F100;

刀具的实际移动量=-70+40=-30 mm，刀具向下移 30 mm。

刀具 2：G43 G01 Z-70.0 H02 F100;

刀具的实际移动量=-70+60=-10 mm，刀具向下移 10 mm。

2. 刀具半径补偿

刀具半径补偿在由 G17、G18 和 G19 指定的二维平面内进行，刀具半径则通过调用相应的刀具半径补偿寄存器号码（用 D 指定）来取得。

在进行轮廓的铣削加工时，如果编程人员根据工件轮廓编程，由于刀具半径的存在，工件会被多切掉刀具的一个半径值。若在编程时给出刀具中心运动轨迹，则其计算相当复杂，尤其当刀具磨损、重磨或换新刀而使刀具直径变化时，必须重新计算刀心轨迹，修改程序既繁琐，又不能保证加工精度。为了简化编程，CNC 可以在相对于加工形状偏移一个刀具半径的位置运行程序，而直线与直线或直线与圆弧之间相交处的过渡轨迹则由系统自动处理。事先把刀具半径值存在 CNC 刀具补偿列表中，刀具就能根据程序调用不同的半径补偿值并沿着偏移加工形状一个刀具半径的轨迹运动，这个功能称为刀具半径补偿功能，如图 3-53 所示。

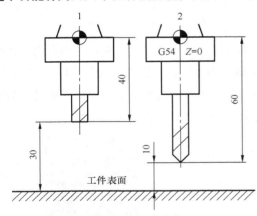

图3-52　刀具长度补偿

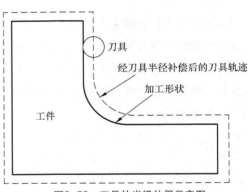

图3-53　刀具的半径补偿示意图

刀具半径补偿的常用方法

刀具半径补偿的意义

（1）指令格式。

$$
\begin{Bmatrix} G17 \\ G18 \\ G19 \end{Bmatrix} \begin{Bmatrix} G41 \\ G42 \end{Bmatrix} \begin{Bmatrix} G00 \\ G01 \end{Bmatrix} \alpha\_\_\beta\_\_D\_\_F\_\_;
$$

......

$$
G40 \begin{Bmatrix} G00 \\ G01 \end{Bmatrix} \alpha\_\_\beta\_\_;
$$

刀具半径补偿指令G40、G41、G42

（2）说明。

① 在进行刀具半径补偿前，必须用 G17 或 G18、G19 指定补偿是在哪个平面上进行的。

② α、β 为所选插补平面内（G17、G18、G19）对应的 X、Y、Z 轴，即刀补建立或取消的终点。

③ G41、G42 的判断方法：处在补偿平面外另一根轴的正方向上，沿刀具的进给方向观察，当刀具处在切削轮廓左侧时，称为刀具半径左补偿；当刀具处在切削轮廓右侧时，称为刀具半径右补偿，如图 3-54 所示。

④ 执行 G41 或 G42 前一定要将刀具半径值存入参数表中，用 D 代码来指定偏置值，即 D00～D99。通过 D 代码数据正、负号的不同，可实现 G41、G42 功能的转换。

⑤ G40、G41、G42 都是模态代码，可以在程序中连续有效。G41、G42 的撤销可以使用 G40 进行。

（3）刀具半径补偿的过程。刀具半径补偿的过程如图 3-55 所示，共分为刀补建立、刀补进行和取消刀补 3 步。以 G41 为例的程序如下。

```
O4105;
G17 G54 G90 G00 X0 Y0 Z100.0;      定位于 G54 原点上方
S800 M03;                           主轴正转
G00 Z2.0;                           快速趋近工件表面
G90 G01 Z-10.0 F100;                采用绝对方式编程，下刀至切深
N2  G41 X20.0 Y10.0 D01;            刀补启动（由刀补号码 D01 指定刀补）
N3  G01 Y50.0;
N4      X50.0;
N5      Y20.0;                      刀补状态
N6      X10.0;
N7  G00 G40 X0 Y0;                  解除刀补（用 G40 解除刀补）
Z100.0 M05;                         提刀至 Z100
M30;                                程序结束
```

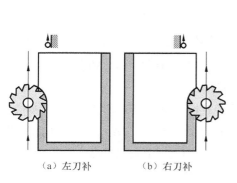

图3-54　刀具半径补偿方向的判断

（a）左刀补　　（b）右刀补

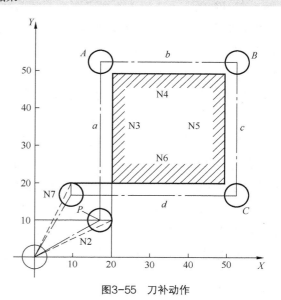

图3-55　刀补动作

① 刀补建立。当在 N2 程序段中写上 G41 和 D01 指令后，运算装置即同时先读入 N3、N4 两段，在 N2 段的终点（N3 段的始点）做出一个矢量，该矢量的方向与下一段的前进方向垂直并向左，大小等于刀补值（即 D01 的值）。刀具中心在执行这一段（N2 段）时，就移向该矢量终点。在该段中（刀补建立），动作指令只能用 G00 或 G01，不能用 G02 或 G03。

② 刀补进行。从 N3 开始进入刀补状态，在此状态下，G01、G00、G02、G03 都可使用。它也是每个程序段都先行读入两段，然后自动按照启动阶段的矢量做法，做出每个沿前进方向左侧并加上刀补后的矢量路径。像这种在每个程序段开始都先行读入两段并计算出其交点，使刀具中心移向交点的方式称为交点运算方式。

③ 取消刀补。当 N7 程序段中用到 G40 指令时，则在 N6 段的终点（N7 段的始点）做出一个矢量，它的方向与 N6 段的前进方向垂直向左，大小为刀补值。刀具中心就停止在该矢量的终点，然后从这一位置开始，一边取消刀补一边移向 N7 段的终点。此时（刀补取消）也只能用 G01 或 G00，而不能用 G02 或 G03 等。

④ 刀具半径补偿注意事项。

● 刀具半径补偿模式的建立与取消程序段只能在 G00 和 G01 指令模式下才有效。当然，现在有部分系统也支持 G02、G03 模式，但为防止出现差错，在半径补偿建立与取消程序段最好不使用 G02、G03 指令。

● 为防止在半径补偿建立与取消过程中刀具产生过切现象，刀具半径补偿建立与取消程序段起始位置和终点位置最好与补偿方向在同一侧。

● 为保证刀补建立与刀补取消时刀具与工件的安全，通常采用 G01 运动方式来建立或取消刀补。如果采用 G00 运动方式来建立或取消刀补，则要采取先建立刀补再下刀和先提刀再取消刀补的编程加工方法。

● 在刀补模式下，一般不允许存在连续两段以上的非补偿平面内的移动指令，否则刀具也会出现过切等危险动作。非补偿平面移动指令通常指：只有 G、M、S、T、F 代码的程序段（如 G90；M05 等）；暂停程序段（如 G04 X10.0 等）；G17（G18、G19）平面内的 Z（X、Y）轴移动指令等。

● 从左向右或从右向左切换补偿方向时，通常要取消刀具半径补偿后再切换。

（4）刀具半径补偿功能的应用。

① 刀具因磨损、重磨、换新而引起刀具直径改变后，不必修改程序，只需在刀具参数设置中输入变化后的刀具直径。如图 3-56 所示，1 为未磨损刀具，2 为磨损后的刀具，两者直径不同，只需将刀具参数表中的刀具半径 r_1 改为 r_2，即可适用于同一程序。

② 用同一程序，并用同一尺寸的刀具，利用刀具半径补偿，粗、精加工均可进行。如图 3-57 所示，刀具半径为 r，精加工余量为 Δ。粗加工时，输入刀具直径 $D = 2(r + \Delta)$，则加工出虚线轮廓。精加工时，用同一程序、同一刀具，但输入刀具直径 $D = 2r$，则加工出实线轮廓。

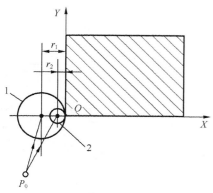

图3-56　刀具直径改变，加工程序不变
1—未磨损工具；2—磨损后的刀具

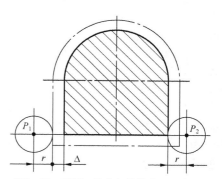

图3-57　利用刀具半径补偿进行粗精加工
P_1—粗加工刀心轨迹；　P_2—精加工刀心轨迹

【例3-5】　用直径ϕ16键槽刀，加工如图3-58所示零件的内外轮廓。

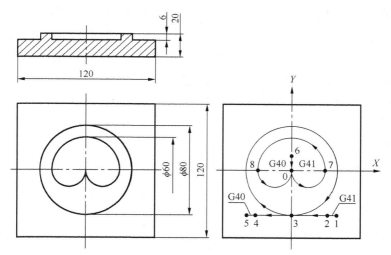

图3-58　例4-5图

程序如下。

```
O3005
N010 G91 G28 Z0;                        Z向自动返回参考点
N020 T01 M06;                           换1号ϕ12立铣刀
N030 G54 G90 G00 X0 Y0;                 定位于G54原点上方
N040 S600 M03;                          主轴旋转
N050 G43 H01 Z10.0;                     1号刀长度补偿且定位于工件上表面10 mm
N060 G00 X40.0 Y-40.0;                  点1
N070 G01 Z-6.0 F100;                    Z向下刀至切深6 mm
N080 G41 G01 X32.0 D01 F100;            点2，并建立刀具半径补偿
N090 X0;                                点3
N100 G02 I0 J40.0;                      整圆加工
N110 G01 X-32.0;                        点4
N120 G40 X-40.0;                        点5，并取消刀补
```

```
N130 G00 Z10.0;              提刀
N140 X0 Y15.0;               快速定位于点 6
N150 G01 Z-6.0 F100;         Z 向下刀至切深 6 mm
N160 G41 X0 Y0 D01;          点 2，并建立刀具半径补偿
N170 G03 X30.0 R15.0;        点 7
N180 X-30.0 R30.0;           点 8
N190 X0 R15.0;               点 0
N200 G40 G01 Y15.0;          返回点 6，并取消刀补
N210 G00 Z200.0;             提刀至安全高度
N220 M30;                    主程序结束
```

G41指令功能演示

3.3.4 子程序的应用

在编写加工程序的过程中，有时会遇到一组程序段在一个程序中多次出现，或者在几个程序中都要被使用的情形。这组程序段就可以做成固定程序，并单独加以命名，称为子程序。

子程序一般都不可以作为独立的加工程序使用，它只能通过调用，实现加工中的局部动作。主程序在执行过程中如果需要某一子程序，可以通过一定格式的子程序调用指令来调用该子程序，子程序执行完了又可以返回到主程序，继续执行后面的程序段。

1. 调用子程序 M98 指令

M98 P □□□XXXXX

其中，"XXXX"为要调用的子程序号；"□□□"为重复调用次数，省略为一次。

如 M98 P1234（调用子程序 O1234一次）；又如 M98 P50002（调用子程序 O2 五次）。

子程序也可以嵌套使用，即子程序中再调用另外的子程序，如图 3-59 所示。

主程序	子程序	子程序
O0001; … … … M98 P1000; … … M30;	O1000; … … M98 P2000; … … M99;	O2000; … … M98 P3000; … … M99;
	一重嵌套	二重嵌套

图3-59　二重子程序嵌套

2. 子程序的格式

```
OXXXX;
……;
M99;
```

其中，"XXXX"为子程序占用的程序号。

M99 表示子程序结束，并返回主程序 M98 P__的下一程序段继续运行主程序，如图 3-59 所示。

3. 子程序的应用

（1）同平面内完成多个相同轮廓加工。在一次装夹中若要完成多个相同轮廓形状工件的加工，则编程时只编写一个轮廓形状加工程序，然后用主程序来调用子程序。

【例3-6】　如图 3-60 所示，加工两个工件。Z 轴开始点为工件上方 100 mm 处，切深 5 mm。

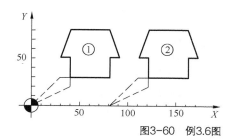 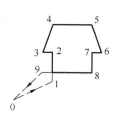

图3-60　例3.6图

程序如下。

O3006;	主程序名
N010 G90 G54 G00 X0 Y0;	刀具位于 G54 原点正上方
N020 S1000 M03;	主轴正转
N030 G43 H1 Z100.0;	刀具位于工件上表面 100 mm 处
N040 M98 P100;	调用子程序 O100，加工件①
N050 G90 G00 X80.0;	切换成绝对编程，刀具沿 X 轴移动 80 mm
N060 M98 P100;	调用子程序 O100，加工件②
N070 G90 G00 X0 Y0 M05;	主轴停转，刀具回到 G54 原点正上方
N080 M30;	主程序结束
子程序	
O0100;	子程序名
N010 G91 G00 Z-95.0;	相对当前高度快速下刀 95 mm（用 G90 则会在同一位置加工）
N020 G41 X40.0 Y20.0 D01;	点 1
N030 G01 Z-10.0 F100;	下刀至切深
N040 Y30.0;	点 2
N050 X-10.0;	点 3
N060 X10.0 Y30.0;	点 4
N070 X40.0;	点 5
N080 X10.0 Y-30.0;	点 6
N090 X-10.0;	点 7
N100 Y-20.0;	点 8
N110 X-50.0;	点 9
N120 G00 Z105.0;	提刀至初始高度
N130 G40 X-30.0 Y-30.0;	取消刀具半径补偿，返回点 0
N140 M99;	子程序结束

（2）实现零件的分层切削。

【例 3-7】　加工如图 3-61 所示的零件，毛坯为 $\phi50 \times 35$ 的铝合金棒料。

程序如下。

O3007;	主程序名
N010 T01 M06;	换 1 号 $\phi16$ 立铣刀
N020 G54 G90 G00 X0 Y0;	定位于 G54 原点正上方
N030 S800 M03;	主轴旋转
N040 G43 H01 Z50.0;	1 号刀长度补偿且定位于安全高度

```
N050 G00 X0 Y-50.0;                        点O
N060 Z5.0;                                 趋近工件表面
N070 G01 Z-10.0 F300;                      Z 向第一次下刀 10 mm
N080 M98 P0300;                            调用子程序 O0300
N090 G01 Z-20.0 F300;                      Z 向第二次下刀 10 mm
N100 M98 P0300;                            调用子程序 O0300
N110 G00 Z100.0;                           提刀
N120 M30;                                  主程序结束
O0300;                                     子程序名
N010 G41 G01 X12.0 Y-30.0 D01 F100;        点 1，并建立刀补
N020 G03 X0 Y-18.0 R12.0 F50;              点 2
N030 G01 X-16.0 F100;                      点 3
N040 G02 X-18.0 Y-16.0 R2.0 F50;           点 4
N050 G01 Y16.0 F100;                       点 5
N060 G02 X-16.0 Y18.0 R2.0 F50;            点 6
N070 G01 X16.0 F100;                       点 7
N080 G02 X18.0 Y16.0 R2.0 F50;            点 8
N090 G01 Y-16.0 F100;                      点 9
N100 G02 X16.0 Y-18.0 R2.0 F50;           点 10
N110 G01 X0 F100;                          点 2
N120 G03 X-12.0 Y-30.0 R12.0 F50;          点 11
N130 G40 G00 X0 Y-50.0;                    点 0，并取消刀补
N140 M99;                                  子程序结束
```

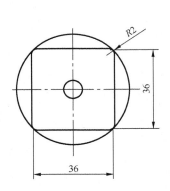
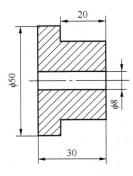
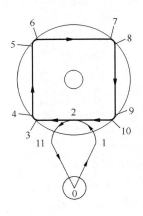

图3-61　例3.7图

使用子程序应注意以下几点。

① 注意主、子程序间的模式代码的变换，如某些 G 代码、M 和 F 代码。例如，G91、G90 模式的变化如图 3-62 所示。

② 处在半径补偿模式中的程序段不应调用子程序。

③ 子程序中一般用 G91 模式来进行重复加工；若是用 G90 模式，则主程序可以用改变坐标系的方法来实现不同位置的加工。

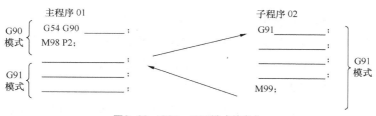

图3-62　G91、G90模式的变化

3.3.5　坐标变换

在数控编程中，为了实现简化编程的目的，除常用固定程序循环指令外，还采用一些特殊的功能指令对工件的坐标系进行变换，以达到简化编程的目的。

1. 比例缩放

在数控编程中，有时在对应坐标轴上的值是按照固定的比例系数进行放大或缩小的，这时，为了编程方便，可以采用比例缩放指令来进行编程。如图 3-63 所示，由于图形 $P_1P_2P_3P_4$ 与 $P_1'P_2'P_3'P_4'$ 相似，可以利用比例缩放指令来简化编程。

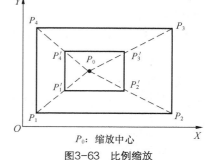

P_0：缩放中心

图3-63　比例缩放

（1）指令格式：

$$\text{G51 X\_ Y\_ Z\_ P\_}$$　（X/Y/Z：比例缩放中心坐标值的绝对值指令；P：各轴以 P 指定的比例进行缩放，其最小输入量为 0.001）

……　缩放的加工程序段

G50　比例缩放取消

或者

$$\text{G51 X\_ Y\_ Z\_ I\_ J\_ K\_}$$　（各轴分别以不同的比例（I/J/K）进行缩放）

……　缩放的加工程序段

G50　比例缩放取消

G51 使编程的形状以指定位置为中心，放大和缩小相同或不同的比例。需要指出的是，G51 需以单独的程序段进行指定，并以 G50 取消。

（2）说明如下。

① 缩放中心。G51 可以带 3 个定位参数 X_ Y_ Z_，为可选参数。定位参数用以指定 G51 的缩放中心。如果不指定定位参数，系统将刀具当前位置设为比例缩放中心。不论当前定位方式为绝对方式还是相对方式，缩放中心只能以绝对定位方式指定。

例如：

```
G17 G91 G54 G00 X20.0 Y20.0;
G51 X50.0 Y50.0 P2000;      增量方式，缩放中心为 G54 坐标系下的绝对坐标（50，50）
G01 Y90.0;                  参数 Y 还是采用增量方式
```

② 缩放比例。不论当前为 G90 还是 G91 方式，缩放的比例总是以绝对方式表示。

G51 带指令参数 P，则各轴缩放比例均为参数 P 的参数值。

G51 带指令参数 I/J/K，则指令参数 I/J/K 的参数值分别对应 X、Y、Z 轴的缩放比例。

同时，指定指令参数 P、I、J、K，系统将忽略指令参数 I/J/K。

指定参数 P 或 I/J/K 的参数值为 1，则相应轴不进行比例缩放。

指定参数 P 或 I/J/K 的参数值为−1，则相应轴进行镜像。P 与 I/J/K 均为可选参数。

某个轴未指定，则该轴不进行缩放，如果均未指定，则各轴均不进行比例缩放。

缩放比例可用小数点来表示，如 G51 X10.0 Y0 Z0 I400 J600 k800，则以（10，0，0）为缩放中心，X、Y、Z 分别以 0.4、0.6、0.8 的比例进行缩放。

③ 缩放取消。在使用 G50 指令取消比例缩放后，紧跟移动指令时，刀具所在位置为此移动指令的起始点。

【例 3-8】　使用缩放功能加工如图 3-64 所示的零件。

程序如下。

O3012;	主程序
N010 G54 G90 G00 X0 Y0 Z50.0;	程序开始，定位于 G54 原点上方的安全高度
N020 S800 M03;	主轴正转
N030 G00 X-30.0 Y-30.0;	定位于开始点
N040 G01 Z-10.0 F500;	下刀至 Z-10.0 深度
N050 M98 P0400;	加工 120×120×10 的凸台
N060 G01 Z-6.0 F500;	下刀至 Z-6.0 深度
N070 G51 X60.0 Y60.0 P750;	以（60，60）为缩放中心，X、Y 轴缩放比例为 0.75
N080 M98 P0400;	加工 90×90×6 的凸台
N090 G50;	缩放取消
N100 G00 Z200.0;	快速提刀至安全高度
N110 M30;	主程序结束
O0400;	子程序
N010 G41 G01 X0 Y-10.0 D01 F100;	点1，建立刀具半径补偿 D01
N020 Y120.0;	点2
N030 X120.0;	点3
N040 Y0;	点4
N050 X-10.0;	点5
N060 G40 G00 X-30.0 Y-30.0;	返回开始点并取消刀具半径补偿
N080 M99;	子程序结束

【例 3-9】　使用缩放功能加工如图 3-65 所示的轮廓，切削深度为 5 mm。

程序如下。

O3013;	主程序
N010 G54 G90 G00 X0 Y0 Z100.0;	程序开始，定位于 G54 原点上方的安全高度
N020 S800 M03;	主轴正转
N030 M98 P0500;	加工图形①

```
N040 G51 X0 Y0 I-1000 J1000;        X轴镜像,镜像位置为Y=0
N050 M98 P0500;                     加工图形②
N060 G51 X0 Y0 I-1000 J-1000;       XY轴镜像,镜像位置(0,0)
N070 M98 P0500;                     加工图形③
N080 G51 X0 Y0 I1000 J-1000;        Y轴镜像,镜像位置为X=0
N090 M98 P0500;                     加工图形④
N100 G50;                           缩放取消
N110 M30;                           主程序结束
O0500;                              子程序
N010 G00 Z10.0;                     快速趋近工件表面
N020 G01 Z-5.0 F300;                下刀至Z-5.0深度
N030 G41 G01 X10.0 Y5.0 D01;        点1
N040 Y30.0;                         点2
N050 X20.0;                         点3
N060 G03 X30.0 Y20.0 R10.0;         点4
N070 G01 Y10.0;                     点5
N080 X10.0;                         点6
N090 G40 X0 Y0;                     返回原点并取消刀具半径补偿
N100 G00 Z100.0;                    快速提刀至安全高度
N080 M99;                           子程序结束
```

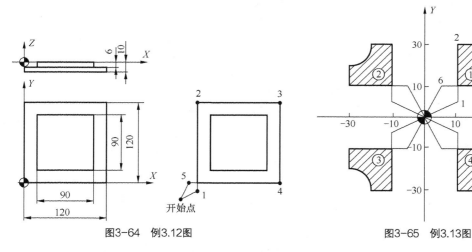

图3-64 例3.12图   图3-65 例3.13图

2. 可编程镜像

当工件具有相对于某一轴或某一坐标点的对称形状时,可以利用镜像功能和子程序的方法,只对工件的一部分进行编程,然后就能加工出工件的整体。

(1)指令格式:

```
G51.1 X__ Y__;          镜像加工生效
……
G50.1 X___ Y__;         取消镜像加工模式
```

(2)说明。

① 格式中的 X、Y 值用于指定对称轴或对称点。

当 G51.1 指令后仅有一个坐标字时，该镜像是以某一坐标轴为镜像轴。如 G51.1X10.0 指令表示以与 Y 轴平行且与 X 轴在 X=10.0 处相交的直线为对称轴。

当 G51.1 指令后有两个坐标字时，表示该镜像是以某一点作为对称点进行镜像。如 G51.1 X10.0 Y10.0 指令表示以（10，10）这一点为对称点进行镜像加工。

② G50.1 X___ Y___ ；指令表示取消镜像。

【例 3-10】 如图 3-66 所示，Z 轴起始高度 100 mm，切深 10 mm，使用镜像功能。

程序如下。

```
O3015;                          主程序
N010 G54 G90 G00 X0 Y0 Z100.0;  程序开始，定位于G54原点上方的安全高度
N020 S600 M03;                  主轴正转
N030 M98 P0700;                 加工图形①
N040 G51.1 X0;                  建立 Y 轴镜像
N050 M98 P0700;                 加工图形②
N060 G51.1 X0 Y0;               建立原点镜像
N070 M98 P0700;                 加工图形③
N080 G50.1 X0;                  X轴镜像继续有效，取消 Y 轴镜像
N090 M98 P0700;                 加工图形④
N100; G50.1 Y0                  取消镜像
N110 M30;                       主程序结束

O0700;                          子程序
N010 G00 Z5.0;                  快速趋近工件表面
N020 G41 G01 X20.0 Y10.0 D01 F300;  点1
N030 G01 Z-10.0 F100;           下刀至 Z-10.0 深度
N040 Y40.0;                     点2
N050 G03 X40.0 Y60.0 R20.0;     点3
N060 G01 X50.0;                 点4
N070 G02 X60.0 Y50.0 R10.0;     点5
N080 G01 Y30.0;                 点6
N090 G02 X50.0 Y20.0 R10.0;     点7
N100 G01 X10.0;                 点8
N110 G00 Z100.0                 快速提刀至安全高度
N120 G40 X0 Y0;                 返回原点并取消刀具半径补偿
N130 M99;                       子程序结束
```

① 在指定平面内执行镜像指令时，如果程序中有圆弧指令，则圆弧的旋转方向相反，即 G02 变成 G03，相应地 G03 变成 G02，如图 3-67 所示。

② 在指定平面内执行镜像指令时，如果程序中有刀具半径补偿指令，则刀具半径补偿的偏置方向相反，即 G41 变成 G42、G42 变成 G41，如图 3-67 所示。

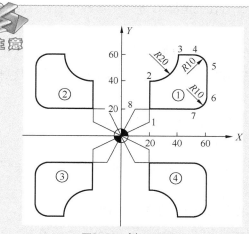

图3-66　例3.15图

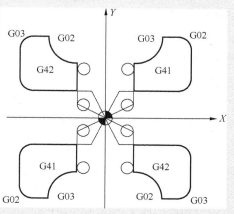

图3-67　镜像时刀补的变化

③ 在指定平面内执行镜像指令时，如果程序中有坐标系旋转指令，则坐标系旋转方向相反，应按顺序指定，取消时，按相反顺序。旋转方式或比例缩放方式中不能指定镜像指令，但在镜像指令中可以指定比例缩放指令或坐标系旋转指令。

④ CNC 数据处理的顺序是程序镜像→比例缩放→坐标系旋转，所以在指定这些指令时，应按顺序指定，取消时，按相反顺序。

⑤ 在可编程镜像方式中，返回参考点指令（G27、G28、G29、G30）和改变坐标系指令（G54～G59、G92）不能指定。如果要指定其中的某一个，则必须在取消可编程镜像后指定。

⑥ 在使用镜像功能时，由于数控镗铣床的 Z 轴一般安装有刀具，所以，Z 轴一般都不进行镜像加工。

3. 坐标旋转

对于某些围绕中心旋转得到的特殊轮廓，如果根据旋转后的实际加工轨迹进行编程，就可能使坐标系计算的工作量大大增加。而通过图形旋转功能，可以大大简化编程的工作量，同时省时、省存储空间，如图 3-68 所示。

（1）指令格式。

```
G17 G68 X_ Y_ R_ ;
......
G69;
```

G68 使平面内编程的形状以指定中心为原点进行旋转；G69 用于取消坐标系旋转。

（2）说明。

① G68 可以带两个定位参数，为可选参数。定

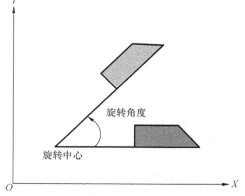

图3-68　坐标系旋转指令

位参数用以指定旋转操作的中心。如果不指定旋转中心，系统以当前刀具位置为旋转中心。

② 不论当前定位方式为绝对方式还是相对方式，或者在极坐标 G16 下，旋转中心都只能以直角坐标系绝对定位方式指定。

③ G68 带一个指令参数 R，其参数值为进行旋转的角度，正值表示逆时针旋转。旋转角度最小输入增量的单位为 0.001 度。参数 R 不指定则不进行旋转操作，指定为 0 或 360 或 360 的倍数则不进行旋转操作。

在 G91 方式下，旋转角度=上一次旋转的角度+当前 G68 指令中 R 指定的角度。

④ 在旋转方式下，不可进行固定循环，否则，系统报错。

⑤ 进行旋转操作时应注意刀具移动指令执行时当前的平面；如果未指定当前平面内的定位参数，则旋转中心对应轴的参数值为 G68 执行时的刀具位置。

⑥ 当系统处于旋转模态时，不可进行平面选择操作，否则出现报错。编制程序时应注意。

⑦ 在运用坐标旋转功能进行加工编程时，旋转功能结束时，旋转取消（G69）不能缺少，以免使系统坐标旋转的模态值一直处于建立状态（G68）。取消坐标系旋转的 G69，可以在其他指令的程序段中指定。

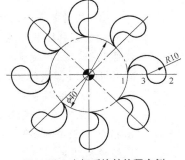

⑧ 在使用 G69 指令取消坐标旋转后，紧跟移动指令时，则默认取消坐标旋转时，刀具所在位置为此移动指令的起始点。对于取消坐标旋转后的第一条移动指令允许用增量方式进行编程。

【例 3-11】 利用旋转功能加工如图 3-69 所示的轮廓，其中切削深度为 2 mm。

图3-69　坐标系旋转编程实例

程序如下。

O3014;	主程序
N010 G54 G90 G00 X0 Y0 Z100.0;	程序开始，定位于 G54 原点上方的安全高度
N020 S800 M03;	主轴正转
N030 G00 Z5.0	快速趋近工件表面
N040 M98 P80600;	旋转加工 8 次
N050 G69 G00 Z100.0;	取消坐标系旋转并提刀至安全高度
N060 M30;	主程序结束
O0600;	重复调用子程序
N010 G90 G00 X20.0 Y0;	点 1
N020 M98 P0601;	调用图形子程序
N030 G91 G68 X0 Y0 R45000;	以（0，0）为旋转中心，坐标系旋转 45°
N040 M99;	子程序结束
O0601;	图形子程序
N010 G01 Z-2.0 F150;	下刀至 Z-2.0 深度
N020 G91 G02 X20.0 Y0 R10.0 F250;	点 2
N030 G02 X-10.0 Y0 R5.0;	点 3
N040 G03 X-10.0 Y0 R5.0;	点 1
N050 G90 G00 Z5.0;	快速提刀至趋近工件表面的高度
N060 M99;	子程序结束

4. 极坐标编程

极坐标编程可以大大减少编程时的计算工作量，因此它在编程中得到广泛应用。通常情况下，圆周分布的孔类零件（如法兰类零件）以及图样尺寸以半径与角度形式标示的零件（如铣正多边形的外形），采用极坐标编程较为合适。

（1）指令格式。

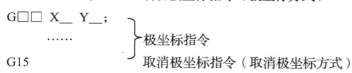

G17 GOO G16；　　　　启动极坐标指令（极坐标方式）

G□□　X__　Y__；　　⎫
　　……　　　　　　　⎬ 极坐标指令
G15　　　　　　　　　⎭ 取消极坐标指令（取消极坐标方式）

（2）说明。

① G16 启动极坐标指令。G15 取消极坐标指令，使坐标值返回到直角坐标输入方式。

② G○○：G90 或 G91 编程方式。在 G90 绝对方式下，用 G16 指令时，工件坐标系原点为极坐标原点。在 G91 增量方式下，用 G16 指令时，则是采用当前点为极坐标原点。

③ X__　Y__：指刀具移动指令 G□□的定位参数，其中 X__表示极坐标系下的极径，Y__表示极坐标系下的极角，极角角度以逆时针转向为正。X__　Y__的度量方式如图 3-70 所示。

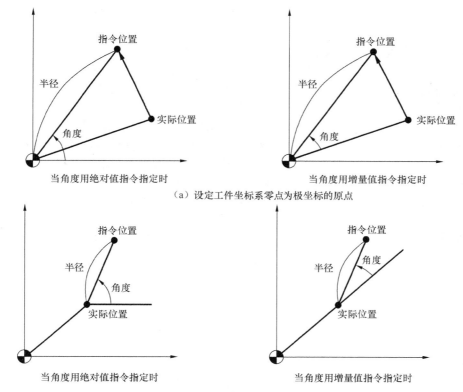

图3-70　X__　Y__的度量方式

例如，加工如图 3-71 所示的 4 个孔圆。

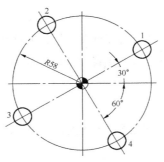

图3-71　极坐标功能

① 用绝对值指定角度和极径。

……	
G17 G90 G16;	指定极坐标指令和选择XY平面上设定工件坐标系的零点作为极坐标系的原点
G81 X50.0 Y30.0 Z-20.0 R5.0 F100;	指定50 mm的距离和30°的角度（G90以当前坐标系原点为极坐标原点确定极坐标值），加工孔1
Y120.0;	指定120°的角度，加工孔2
Y210.0;	指定210°的角度，加工孔3
Y-60.0;	指定-60°的角度，加工孔4
G15 G80;	取消极坐标指令和固定循环指令
……	

② 用增量值指令角度，用绝对值指令极径。

……	
G17 G90 G16;	指定极坐标指令和选择XY平面上设定工件坐标系的零点作为极坐标系的原点
G81 X50.0 Y30.0 Z-20.0 R5.0 F100;	指定50 mm的距离和30°的角度，加工孔1
G91 Y90.0;	G91以当前指令所在的点为极坐标原点，增加90°的角度，加工孔2
Y90.0;	增加90°的角度，加工孔3
Y90.0;	增加90°的角度，加工孔4
G15 G80;	取消极坐标指令和固定循环指令
……	

【例3-12】　试用极坐标编程来加工如图3-72所示的正六边形，切深为5 mm。

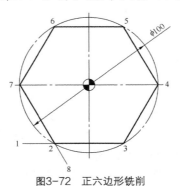

图3-72　正六边形铣削

程序如下。

O3015;	主程序
N010 G54 G90 G00 X0 Y0;	程序开始，定位于 G54 原点上方的安全高度
N020 S800 M03;	主轴正转
N030 G00 X-50.0 Y-43.3;	1
N040 Z5.0;	趋近工件表面
N050 G01 Z-5.0 F100;	下刀至切深
N060 G42 X-25.0 D01;	2，并建立刀补
N070 G90 G17 G16;	建立极坐标系，极点为原点
N080 G01 X50.0 Y-60.0;	3
N090 Y0;	4
N100 Y60.0;	5
N110 Y120.0;	6
N120 Y180.0;	7
N130 Y240.0;	2
N140 G15;	取消极坐标
N150 G40 G01 X-16.64 Y-57.79;	8，并取消刀补
N160 G00 Z100.0;	提刀
N170 M30;	主程序结束

如采用 G91 方式极坐标编程，可将以上程序中的 N70～N140 改写为如下形式。

……	
N070 G91 G17 G16;	建立极坐标系，极点为原点
N080 G01 X50.0 Y0;	3
N090 Y60.0;	4
N100 Y60.0;	5
N110 Y60.0;	6
N120 Y60.0;	7
N130 Y60.0;	2
N140 G15 G90	取消极坐标，建立绝对编程方式
……	

① 不可在坐标旋转、缩放方式下进行极坐标的设置，否则将出现诊断信息。

② G16 在程序段中只能单独占一段，若该段有其他指令则报错。

③ 在使用 G15 指令取消极坐标后，紧跟移动指令时，则默认当前刀具所在位置为此移动指令的起始点。

FANUC 0i 系统数控铣床操作

3.4.1 FANUC 0i 系统数控铣床操作面板

FANUC 0i-MC 数控铣床操作由 CRT/MDI 操作面板和机床控制面板两部分组成。

1. CRT/MDI 操作面板

CRT/MDI 操作面板如图 3-73 所示，用操作键盘结合显示屏可以进行数控系统操作。

图3-73 FANUC数控铣床CRT/MDI操作面板

屏幕下面有 5 个软键（ ），可以选择对应子菜单的功能，还有两个菜单扩展键（ ◀ 、 ▶ ），在菜单长度超过软键数时使用，按菜单扩展键后可以显示更多的菜单项目。

系统操作面板上各功能键的作用如表 3-13 所示。

表 3-13 系统操作面板功能键的主要作用

按 键	名 称	按 键 功 能
ALTER	"替代"键	用输入的数据替代光标所在的数据
DELETE	"删除"键	删除光标所在的数据；或者删除一个数控程序或者删除全部数控程序
INSERT	"插入"键	把输入域中的数据插入到当前光标之后的位置
CAN	"取消"键	删除输入域内的数据
EOB E	"程序段结束"键	结束一行程序的输入并且换行
SHIFT	"上档"键	按此键可以输入按键右下角的字符
PROG	"程序"键	数控程序显示于编辑页面

续表

按　键	名　称	按 键 功 能
POS	"位置"键	位置显示页面。位置显示有3种方式，用"PAGE"按钮选择
OFFSET SETTING	"偏移设定"键	参数输入页面，按第一次进入坐标系设置页面，按第二次进入刀具补偿参数设置页面，进入不同的页面以后，用"PAGE"按钮切换
HELP	"帮助"键	图形参数设置或图形模拟页面
CUSTOM GRAPH	"图形显示"键	图形参数设置或图形模拟页面
MESS-AGE	"信息"键	信息页面，如"报警"
SYS-TEM	"系统"键	系统参数页面
RESET	"复位"键	取消报警或者停止自动加工中的程序
↑PAGE ↓PAGE	"翻页"键	向上或向下翻页
← → ↑ ↓	"光标移动"键	向左/向右/向上/向下移动光标
INPUT	"输入"键	把输入域内的数据输入参数页面或者输入一个外部的数控程序
数字/字母键盘	"数字/字母"键	用于字母或者数字的输入

2. 机床控制面板

机床控制面板如图3-74所示。

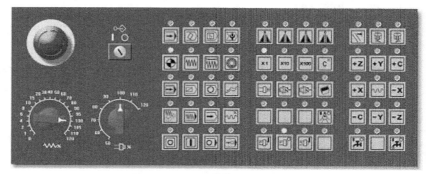

图3-74　FANUC数控铣床控制面板

机床控制面板上的各个功能键的作用如表3-14所示。

表 3-14

功 能 键	名 称	功能键的作用
	自动方式 AUTO	进入自动加工模式
	编辑方式 EDIT	进入程序编辑模式
	手动数据输入方式 MDI	选择手动数据输入模式
模式选择 MODE SELECT	在线加工方式 DNC	进入在线加工模式
	回参考点方式 REF	手动回参考点
	手动连续进给方式 JOG	选择手动方式
	增量进给方式 INC	选择增量进给方式
	手轮方式 HANDLE	选择手轮方式
	单段运行 SINGLE BLOCK	在自动加工模式中，程序单段运行
	程序段跳跃 BLOCK DELETE	在自动加工模式中，不执行带有"/"的程序段
操作选择 OPERARION SELECT	选择停止 OPT STOP	用于循环运行中是否执行 M01 指令
	机床锁住 MC LOCK	自动运行期间，机床不动作，CRT 显示程序中坐标值的变化
	空运行 DRY RUN	在空运行期间，机床以设定值的速度快速运行程序
	程序重启 RESTART	程序重新启动
	循环启动开始 CYCLE START	在自动运行状态下，机床自动运行程序
循环启动 执行按钮	单段执行 SINGLE BLOCK	每按一次该键，机床执行一段程序后暂停
	循环启动停止 CYCLE STOP	在机床循环启动状态下，按下该键，程序运行及刀具运行处于暂停状态
主轴控制 SPINDLE		用于手动方式控制主轴以最近设定的转速。正转/反转/停止
手轮倍率 MULTIPLY	X1　X10　X100	选择手轮脉冲倍率

续表

功 能 键	名 称	功能键的作用
手动换刀 TOOL	（松刀） （紧刀）	手动从主轴上装卸刀具
冷却方式 COOLANT		用于手动方式控制冷却方式（水冷/气冷）
工作灯 WORK LIGHT		照明灯的开/关
运动方向 AXIX DIRECTION	+Z +Y +C +X -X -C -Y -Z	控制机床的运动方向及快速运动
电源开关 POWER		控制数控系统的电源
倍率开关 FEEDRATE SPINDLE OVERRIDE		（左）进给倍率，控制范围为 0%～120%
		（右）主轴倍率，控制范围为 50%～120%
数据保护 DATA PROTECT		用钥匙保护机床内部的数据
紧急停止 EMERGENCY STOP		在发生突发事件时，按下该键，机床停止一切运动并报紧急停止错误

3.4.2 FANUC 数控铣床的基本操作

1. 开机

操作步骤如下。

（1）检查 CNC 和机床外观是否正常。

（2）接通机床电源。电源开关在机床右后侧，按下"POWER ON"按钮，按下 系统上电。

（3）检查 CRT 画面显示资料。

（4）如果 CRT 画面显示"EMG"报警画面，按下 按钮，沿旋转方向释放急停开关，并按下 RESET 复位键数秒后机床将复位，机床可正常工作。

2. 回参考点

机床在每次开机之后都必须首先执行回参考点操作。

操作步骤如下。

（1）按 键，进入回参考点方式。

（2）选择各轴，按下 +Z 、+X 、+Y 键，直到相应轴的返回参考点指标灯亮，表示回到了参考点。

注意：数控系统通电后、按下急停按钮后、模拟加工后，均必须回参考点。机床 C 轴方向不需要回参考点。一般 Z 方向先回参考点，然后 X 方向和 Y 方向再回参考点。

3. 连续移动方式

这种方法用于较长距离的粗略移动。

操作步骤如下。

（1）按 ⋙ 键，进入手动连续移动模式。

（2）判断滑板向哪个方向移动，再选择相应坐标轴+Z、+X、+Y、−X、−Y、−Z，在对 X 轴或 Y 轴移动时，要特别注意 Z 轴的位置，以防撞刀。如果需要快速移动，可按下 ⌇ （快速）按钮。注意：此时进给倍率对移动速度有效，而快速移动倍率对移动速度有效。

数控铣床回零操作

数控铣床的手动连续进给操作

4. 手轮移动方式

这种方法用于较短距离的精确移动。

操作步骤如下。

（1）按 ◎ 键，进入手轮（Hand-wheel）移动模式。

（2）旋转手持单元轴选择旋钮，选择所要控制的数控轴 X 轴、Y 轴或 Z 轴，如图 3-75 所示。

（3）选择手持单元的倍率旋钮，选择脉冲的倍率。

注意：X1 代表 0.001；X10 代表 0.01；X100 代表 0.1。

（4）旋转手轮，观察坐标直至移动到所需要的位置即可。在旋转手轮时，要注意移动正反方向，顺时针旋转手轮向轴的正方向移动，逆时针旋转手轮向轴的负方向移动。

图3-75　手持单元轴选择旋钮

5. MDI 方式运行程序

在 MDI 方式下可以编制一个程序段或一些短小程序进行运行，其执行效果和自动方式一样。

操作步骤如下。

（1）按 ▣ 和 PROG 键，进入 MDI 模式，如图 3-76 所示。

（2）在数据输入行输入一个程序段，如 S500 M03;按 INSERT 键确定。

（3）按循环启动键 ⏻ ，立即执行输入的程序段。

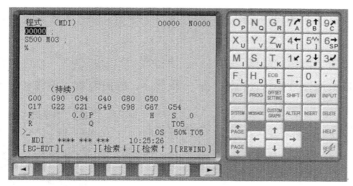

图3-76　MDI方式状态图

数控铣床的MDI运行方式

6. 主轴手动操作

在对刀和一些辅助操作时往往需要主轴旋转起来，除了上面说的用 MDI 方式编写程序运行以外，也可以通过手动的方式直接控制主轴旋转。

操作步骤如下。

在手轮或手动模式下，按　（主轴正转）、　（主轴反转）或　（主轴停止）进行主轴操作。

注意：主轴的转速由最近一次的编程速度决定。

7. 冷却液的控制

在加工的过程中往往需要使用冷却液，除了程序中可以用 M08、M09 指令控制冷却液启动和关闭以外，也可以直接手动控制。

操作步骤如下。

按手动模式键，键上的指示灯会亮起，此时可以开始手动控制冷却液体，按　键开启冷却泵工作，若再按　键，则关闭冷却泵。

注意：机床冷却液冲嘴可以调节冷却液的冲刷方向和冲刷流量。一般加工铸铁不需要开启冷却液。

8. 主轴装刀与卸刀

刀具发生碰撞或者严重磨损后需要更换，或用另一种刀具加工。

卸刀操作步骤：按手轮或手动模式，左手握住刀具，同时右手按机床操作面板上的　松刀键或主轴立柱上的　松/紧刀按钮，此时机床会松开主轴上的刀柄，并用压缩空气将刀具推出。

装刀操作步骤：在手轮或手动模式下，左手握住刀柄，注意缺口方向将刀柄轻轻地推入主轴孔，同时右手再按机床操作面板上的　紧刀键或主轴立柱上的　松/紧刀按钮，此时机床会拉紧刀柄到主轴上。

3.4.3　程序编辑与管理

1. 新建一个程序

操作步骤如下。

（1）按编辑键　和程序键　，进入编辑模式。

（2）输入需要新建的程序号，如"O0001"，再按 <kbd>INSERT</kbd> 键，插入一个新程序，数控系统会自动打开新建的程序。

（3）插入新的程序内容。按 <kbd>EOB/E</kbd> 键，再按 <kbd>INSERT</kbd> 键，插入一个换行符，然后开始输入程序。每输完一个程序段，按 <kbd>EOB/E</kbd> 键，输入程序块结束符号换行，再输入下一段程序，再按 <kbd>EOB/E</kbd> 键，再按 <kbd>INSERT</kbd> 键，继续输入。

注意：如果插入的程序号已经存在，则机床会产生一个报警信息提醒。

数控铣床创建新程序的操作

2. 删除程序

操作步骤如下。

（1）按编辑键 <kbd>✐</kbd>，进入编辑模式。

（2）按 <kbd>PROG</kbd> 键，输入需要删除的程序号，如"O0001"，再按 <kbd>DELETE</kbd> 键，删除一个程序。

注意：如果设定删除的程序号不存在，则机床会产成一个报警信息提醒。

3. 编辑一个程序

操作步骤如下。

（1）按编辑键 <kbd>✐</kbd>，进入编辑模式。

（2）按 <kbd>PROG</kbd> 键，进入编辑页面，输入需要编辑的程序号，如"O0001"，再按 <kbd>↓</kbd> 键搜索并打开，屏幕将显示该程序，即可进行编辑。

选定了一个程序后，此程序即显示在屏幕上，可对数控程序进行编辑操作。按翻页键 <kbd>↑PAGE</kbd>、<kbd>↓PAGE</kbd> 或按 <kbd>↑</kbd>、<kbd>↓</kbd> 移动光标，在光标处即可进行以下编辑操作。

① 插入一个程序字。按 <kbd>INSERT</kbd> 键，将输入域中的内容插入到光标所在代码的后面。

② 字的替换。按 <kbd>ALTER</kbd> 键，用输入域中的内容替代光标所在的数控代码。

③ 字的删除。按 <kbd>DELETE</kbd> 键，删除光标所在位置的数控代码。

④ 输入过程中字的取消。在程序字符的输入过程中，如发现当前字符输入错误，则按下一次 <kbd>CAN</kbd> 键，就删除一个当前输入的字符。

4. 自动运行

按 <kbd>➡</kbd> 键，进入自动运行模式，屏幕左下角显示"MEM"。

操作步骤如下。

（1）选择一个加工程序，按 <kbd>✐</kbd> 键，进入编辑模式。

数控铣床编辑程序操作

（2）按 <kbd>PROG</kbd> 键，然后按[DIR]软键，列出机床中的程序，如图 3-77（a）所示。

（3）输入需要打开的程序号，如"O1"，再按 <kbd>↓</kbd> 键搜索并打开。

（4）按 <kbd>➡</kbd> 键，进入运行模式，通常可以再按一次[检视]软键，打开信息界面，方便查看坐标状态、指令状态等信息，如图 3-77（b）所示。

然后按 <kbd>↑</kbd> 循环启动键，立即执行所选定的程序段。在自动方式下零件程序可以执行自动加工，这是零件加工中正常使用的方式。

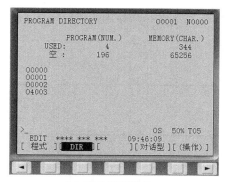

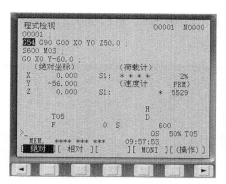

(a) 列出机床程序　　　　　　　　(b) 程序检视

图3-77　程序的加工

3.4.4　对刀及偏置数据的设定

对刀就是在机床上确定工件坐标系原点或刀补值的过程。

通过设定零点偏置值，可以修改工件坐标系的原点位置。

数据记录在工件坐标系设定中，分为 EXT 基本偏移和 G54～G59 编程零点偏移，每个偏移中又分 X、Y、Z 这 3 个方向的偏移值。

1. 直接设置工件坐标系偏移量

操作步骤如下。

（1）在 MDI 方式下开启转速。按 键和 键，进入 MDI 模式，在数据输入行输入 "S500 M03"，按 键确定后，按循环启动键 ，再按复位键 ，使主轴停止。

（2）按 键，进入手动模式，在主轴上换上寻边器，如图 3-30（a）所示。

（3）确定工件坐标系的 X、Y 值。

① 按 键，进入手轮模式。

② 按 键，主轴将以前面设定的 S500 的转速正转。

使用机械式寻边器时，主轴转速应低于 600 r/min。

③ 按下 键，再按下【综合】软键，此时，机床 CRT 出现如图 3-78 所示的画面。

④ 按下 键，选择相应的轴和倍率，摇动手轮脉冲发生器，使其接近 X 轴方向的一条侧边，慢慢调整，直至如图 3-78 所示，使寻边器正确找正侧边 A 处。记录下图 3-79 中机床坐标系的 X 值，设为 X_1（假设 X_1=-751.920）。

⑤ 用同样的方法找正侧边 B 点处，记录下尺寸 X_2 值（X_2=-547.92）。

⑥ 计算出工件坐标系的 X 值，$X=(X_1+X_2)/2$=-649.92。

⑦ 重复步骤④⑤⑥，用同样的方法测量并计算出工件坐标系的 Y 值。

（4）确定工件坐标系的 Z 值（或刀具长度补偿值）。

① 按下复位键 RESET，使主轴停止，在 手动方式下，取下前一步使用的寻边器及夹持刀柄，换上切削用刀具。

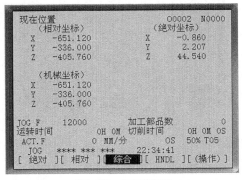

图3-78　坐标值显示

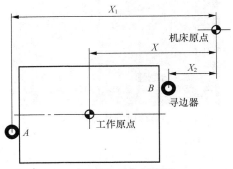

图3-79　X方向找正

② 在工件上方放置一 ϕ10 mm 的测量用心轴（或量块），在 手轮模式下，选择 Z 轴和适当的倍率，摇动手轮脉冲发生器，使刀具与心轴微微接触，如图 3-80 所示。记录下 CRT 画面中机床坐标系的 Z 值，设为 Z_1（假设 Z_1=−431.941）。

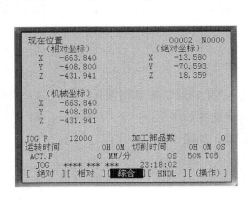

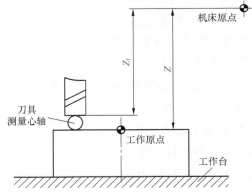

图3-80　Z向对刀

③ 计算出工件坐标系的 Z 值，$Z=Z_1-10.0$。

④ 若加工过程中还用到其他刀具，在手动模式下换上刀具后，只需按以上的方法求得各刀具的 Z 值即可。

（5）工件坐标系（G54）的设定

① 按偏移设定键 OFFSET SETTING。

②按 CRT 下软键［坐标系］，出现如图 3-81 所示的画面。

③ 向下移动光标，在 G54 坐标系 X 处，输入前面计算出的 X 值，注意不要输入地址 X，然后按 INPUT 键。

④ 用同样的方法，将计算出的 Y、Z 值分别输入 G54 坐标系。

（6）刀具补偿值的设定。

① 按偏移设定键 OFFSET SETTING。

② 按 CRT 下软键［补正］，出现如图 3-82 所示的画面。

```
工件坐标系设定              00002 N0000
 番号
  00     X      0.000    02   X      0.000
 (EXT)   Y      0.000   (G55) Y      0.000
         Z    -10.000         Z      0.000


  01     X   -650.260    03   X      0.000
 (G54)   Y   -338.207   (G56) Y      0.000
         Z   -440.300         Z      0.000

>-649.92_                      OS   50% T05
 JOG  **** *** ***       00:13:13
[NO检索][ 测量 ][      ][ +输入 ][ 输入 ]
```

图3-81　工件坐标系设定

```
工具补正                     00002 N0000
 番号  形状(H)   磨耗(H)   形状(D)  磨耗(D)
 001      0.000    0.000    0.000    0.000
 002      0.000    0.000    0.000    0.000
 003      0.000    0.000    0.000    0.000
 004      0.000    0.000    0.000    0.000
 005      0.000    0.000    0.000    0.000
 006      0.000    0.000    0.000    0.000
 007      0.000    0.000    0.000    0.000
 008      0.000    0.000    0.000    0.000
现在位置（相对坐标）
  X   -663.840         Y  -408.800
  Z   -431.941
>_                            OS   50% T05
 JOG  **** *** ***       00:27:56
[ 补正 ][SETTING][    ][ 坐标系 ][(操作)]
```

图3-82　刀补值设定

③ 向下移动光标，将光标移动到程序中指定的刀具补偿号处，将刀具半径值输入到相应的形状（D）里，将刀具长度补偿值输入到对应的形状（H）里。在输入过程中一定要注意输入位置不能出错。

④ 如果刀具使用一段时间后产生了磨耗，则可将磨耗值也输入到对应的位置，对刀具进行磨耗补偿。将直径方向的磨耗值输入到对应的磨耗（D）中，将长度方向的磨耗值输入到对应的磨耗（H）中。

2. 自动计算坐标系位置偏移

操作步骤如下。

① 按◉键，切换到手轮模式。

② 通过刀具或者寻边器找到工件的边界。

③ 按 OFFSET SETTING 键，按 CRT 下软键［坐标系］及［操作］，出现如图 3-83 所示的画面。

④ 用 ↑ 或 ↓ 键在坐标系及各项数值之间切换。

⑤ 输入相应的数值，如 5.0，再按［测量］软键，就可以把当前位置偏移至工件坐标系 X0 位置。

⑥ 用同样的方法，将计算出的 Y、Z 值分别输入 G54 坐标系。

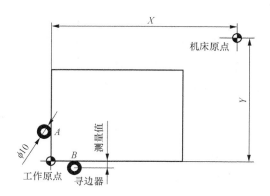

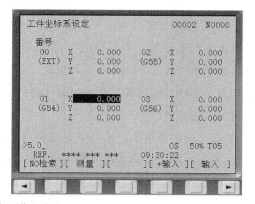

图3-83　自动计算坐标系位置偏移

3.5　数控铣床编程实例

对于铣削加工，编程人员除了考虑工件坐标系原点的位置外，还应考虑起刀点和退刀点的位置。起刀点和退刀点必须距离加工零件的上表面一个安全高度，保证刀具在停止状态时，不与加工零件和夹具发生碰撞。下刀运动过程中最好不用（G00）快速运动，而要用（G01）直线插补运动。

对于铣削加工，编程人员还应充分考虑刀具的切入和切出方式。刀具切入的方式，不仅影响加工质量，而且直接关系到加工的安全。对于二维轮廓加工，一般要求从侧向进刀或沿切线方向进刀，尽量避免垂直进刀；切出方式也应从侧向或切向退刀。刀具从安全面高度下降到切削高度时，应离开工件毛坯边缘 5～10 mm，以免发生危险。

对于型腔的粗铣加工，一般应用键槽铣刀或事先钻一个工艺孔至型腔底面（留一定精加工余量），并扩孔，以便所使用的立铣刀能从工艺孔进刀，进行型腔粗加工，型腔粗加工方式一般采用从中心向四周扩展的方式。

【例 3-13】　按照要求完成如图 3-84 所示零件的加工，零件材料为铝合金。

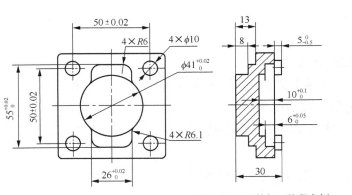

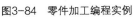

图3-84　零件加工编程实例

（1）零件图分析。图 3-84 所示零件为双面件，由 $\phi54\times13$ 的圆台、开口槽、$\phi41\times4$ 圆槽、带圆角的腰形槽以及 4 个 $\phi8\times5$ 圆柱组成，其中 $\phi41\times4$ 圆槽、带圆角的腰形槽的尺寸精度和表面质量要求较高。毛坯是经过预先铣削加工过的铝合金块，尺寸为 70 mm × 70 mm × 30 mm。

（2）工艺分析。

① 装夹方案的确定。本例中毛坯规则，采用平口钳装夹即可。

② 刀具的选择。本例选择了 3 种刀具，具体型号及规格如表 3-15 所示。

③ 加工路线的确定。如图 3-85～图 3-94 所示，其工序过程如表 3-15 所示。

（3）确定工件坐标系原点。由于零件是对称件，故原点设于零件上表面中心。

编制如图 3-84 所示零件的加工程序，工序步骤如表 3-15 所示。

表 3-15　　　　　　　　　　　　　　零件加工工序步骤

| 机床：数控铣床 FANUC 0i MC | | | 加工数据表 | | | | |
工序	加工内容	刀具	刀具类型	主轴转速 /r·min⁻¹	进给量 /mm·min⁻¹	半径补偿	长度补偿
1	粗铣φ54 × 13圆凸台 粗铣圆凸台上对称缺口	T1	φ12 立铣刀	700	150	D01	H01
2	精铣φ54 × 13圆凸台及其上的平行缺口	T2	φ10 立铣刀	1 000	100	D02	H02
3	翻面装夹						
4	执行 O4029 铣 70×70 外轮廓 粗铣 4 个φ8 × 5圆柱凸台及去除大余量	T1	φ12 立铣刀	700	100	D01	H01
5	精铣 4 个φ8 × 5圆柱凸台	T2	φ6 立铣刀	1 000	100	D02	H02
6	粗挖矩形槽和圆柱槽，去除腔内材料	T3	φ10 键槽铣刀	700	60	无	H03
7	精铣矩形槽和圆柱槽	T2	φ6 立铣刀	1 000	150	D02	H02
8	手动清残及去毛刺						

程序如下。

O3016;	主程序
N0010 G21 G17 G40;	系统初始化，手动换 1 号刀
N0020 G54 G90 G00 X0 Y0;	定位于 G54 原点上方的安全高度
N0030 S700 M03;	主轴正转
N0040 G43 H1 Z50.0 M08;	刀具位于 50.0 mm 处，切削液开启
N0050 G00 X-35.0 Y-50.0;	1，如图 3-85 所示
N0060 G01 Z-13.0 F400;	下刀
N0070 Y35.0 F100;	2
N0080 X35.0;	3
N0090 Y-35.0;	4
N0100 X-50.0;	5
N0110 G00 Z50.0;	提刀至安全高度
N0120 X0 Y-50.0;	6，如图 3-86 所示

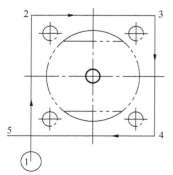

图3-85　沿外形轮廓切削刀具路径

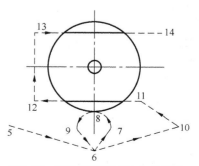

图3-86　铣圆台和对称切口刀具路径

```
N0130 G01 Z-13.0 F400;              下刀至切深
N0140 D1;                           D1=6.5
N0150 M98 P2001;                    调用子程序粗铣圆凸台
N0160 G00 Z5.0;                     提刀
N0170 X50.0 Y-35.0;                 10（粗铣平行缺口）
N0180 G01 Z-8.0 F400;               下刀至切深
N0190 G41 G01 X27.0 Y-20.5 D1 F100; 11，建立刀补
N0200 X-35.0;                       12
N0210 G00 Y20.5;                    13
N0220 G01 X40.0 F100;               14
N0230 G00 Z50.0 M05;                提刀至安全高度
N0240 G40 X0 Y0 M09;                回原点，取消刀补并关闭切削液
N0250 M05;                          主轴停
N0260 M00                           程序暂停，手动换2号刀精铣
N0270 G54 G90 G00 X0 Y0;            定位于G54原点上方安全高度
N0280 S1000 M03;                    主轴正转
N0290 G43 H2 Z50.0 M08;             刀具位于50.0 mm处，切削液开启
N0300 X0 Y-50.0;                    6
N0310 G01 Z-13.0 F400;              下刀至切深（保证深13，残料手工清除）
N0320 D2;                           D2=5.0
N0330 M98 P2001;                    调用子程序精铣圆凸台
N0335 G01 Z-8.0 F400;               下刀至切深（保证深8.0）
N0180 X50.0 Y-35.0;                 10（精铣平行缺口）
N0190 G41 G01 X27.0 Y-20.5 D2 F100; 11，建立刀补
N0200 X-35.0;                       12
N0210 G00 Y20.5;                    13
N0220 G01 X40.0 F100;               14
N0340 G00 Z50.0 M09;                提刀至安全高度，冷却液关闭
N0345 G40 X0 Y0 M05;                取消刀补，主轴停
N0355 M30;                          主程序结束
O2001;                              圆凸台子程序
N010 G41 G01 X12.0 Y-39.0 F100;     7
N020 G03 X0 Y-27.0 R12.0;           8
N030 G02 I0 J27.0;                  全圆加工
N040 G03 X-12.0 Y-39.0 R12.0;       9
N050 G40 G01 X0 Y-50.0;             6
N060 M99;                           子程序结束
```

翻面后加工程序如下。

```
O4029;
N010 G21 G17 G40;                   系统初始化，手动换1号刀
N020 G54 G90 G00 X0 Y0;             定位于G54原点上方安全高度
N030 S700 M03;                      主轴正转
N040 G43 H1 Z50.0 M08;              刀具位于50.0 mm处，切削液开启
N050 G00 X0 Y-70.0;                 1
```

N060 G01 Z-9.0 F400;	下刀, 第 1 次分层切削
N070 D1;	D1=6.0
N080 M98 P2002;	调用外形轮廓子程序
N090 G01 Z-18.0 F400;	下刀, 第 2 次分层切削
N100 D1;	定义刀补 D1=6.0
N110 M98 P2002;	调用外形轮廓子程序
N120 G00 Z-4.975;	提刀至切深, 去除大部分余量, 如图 3-87 所示
N130 G01 Y50 F100;	41
N140 G00 Z10.0;	提刀
N150 X-50.0 Y0;	42
N160 G01 Z-4.975 F400;	下刀至切深
N170 X50.0 F100;	43
N180 D1;	定义刀补 D1=6.0
N190 M98 P2005;	调用铣 4 圆柱子程序
N195 M00;	手动清残
N200 G00 Z50.0 M09;	提刀, 冷却液关闭
N210 M05;	主轴停
N220 M00;	手动换 2 号刀, 精铣
N230 G54 G90 G00 X0 Y0;	
N240 S1000 M03;	
N250 G43 H2 Z50.0 M08;	
N260 G00 X50.0 Y0;	43 如图 3-87 所示
N270 G01 Z-4.975 F400;	下刀至切深
N280 D2;	定义刀补 D2=3.0
N290 M98 P2005;	调用铣 4 圆柱子程序
N300 G00 Z50.0 M09;	提刀, 冷却液关闭
N310 M05;	主轴停
N320 M00;	手动换 3 号键槽刀, 粗挖槽
N330 G54 G90 G00 X0 Y0;	
N340 S700 M03;	
N350 G43 H3 Z50.0 M08;	
N360 G00 X0 Y-22.5;	52, 挖槽如图 3-88 所示
N370 G01 Z-11.0 F60;	下刀至切深去除余量
N380 Y22.5;	53
N390 X-7.0;	54

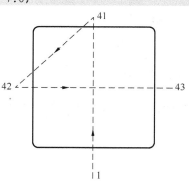

图3-87 铣4圆柱凸台去余量刀具路径

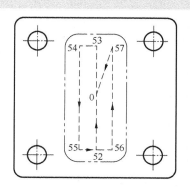

图3-88 挖矩形槽粗铣刀具路径

N400 Y-22.5;	55
N410 X7.0;	56
N420 Y22.5;	57
N430 X0 Y0;	0
N440 Z-15.025;	下刀，挖圆柱槽如图 3-89 所示
N450 Y9.0;	58
N460 G03 I0 J-9.0;	走整圆去除余量
N470 G01 Y15.0;	59
N480 G03 I0 J-15.0;	走整圆去除余量
N490 G00 Z50.0 M09;	提刀，冷却液关闭
N500 M05;	主轴停
N510 M00;	换 2 号刀，精铣内腔
N520 G54 G90 G00 X0 Y0;	
N530 S1000 M03;	
N540 G43 H2 Z50.0 M08;	
N550 G01 Z-11.0 F400;	下刀至切深如图 3-90 所示

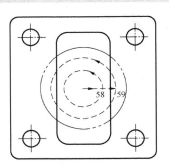

图3-89　挖圆柱槽粗铣刀具路径　　　　　图3-90　精铣腰鼓形槽刀补路径

N560 G42 G01 X6.0 Y-21.5 D2 F200;	60，建立刀补
N570 G02 X0 Y-27.5 R6.0 F100;	19
N580 M98 P2003;	调用腰鼓形子程序，如图 3-93 所示
N590 G02 X-6.0 Y-21.5 R6.0;	62
N600 G40 G01 X0 Y0;	0，取消刀补
N610 G01 Z-15.025;	下刀至切深（如图 3-91 所示）
N620 G41 G01 X6.0 Y14.5 D2 F200;	63，建立刀补
N630 G03 X0 Y20.5 R6.0;	64
N640 G03 I0 J-20.5 F100;	精加工圆柱槽
N650 G03 X-6.0 Y14.5 R6.0;	65
N660 G40 G01 X0 Y0;	0，取消刀补
N670 G00 Z100.0 M09;	提刀，冷却液关闭
N680 M30;	主程序结束
O2002;	外形轮廓子程序，刀具路径如图 3-92 所示
N010 G41 G01 X12.0 Y-47.0 F200;	2，建立刀补
N020 G03 X0 Y-35.0 R12.0 F100;	3
N030 G01 X-32.0;	4
N040 G02 X-35.0 Y-32.0 R3.0 F50;	5
N050 G01 Y32.0 F100;	6

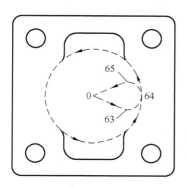

图3-91　精铣圆柱形槽刀补路径

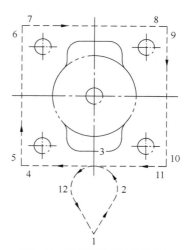

图3-92　铣外形轮廓刀具路径

N060 G02 X-32.0 Y35.0 R3.0 F50;	7
N070 G01 X32.0 F100;	8
N080 G02 X35.0 Y32.0 R3.0 F50;	9
N090 G01 Y-32.0 F100;	10
N100 G02 X32.0 Y-35.0 R3.0 F50;	11
N110 G01 X0 F100;	3
N120 G03 X-12.0 Y-47.0 R12.0;	12
N130 G40 G01 X0 Y-70.0;	1
N140 M99;	子程序结束
O2003;	腰鼓形凸台子程序, 刀具路径如图 3-93 所示
N010 G01 X-6.9 Y-27.5 F100;	20
N020 G02 X-13.0 Y-21.4 R6.1 F50;	21
N030 G01 X-13.0 Y-18.473;	22
N040 G03 X-14.698 Y-14.290 R6.0;	23
N050 G02 X-14.698 Y14.290 R20.5;	24
N060 G03 X-13.0 Y18.473 R6.0;	25
N070 G01 X-13.0 Y21.4;	26
N080 G02 X-6.9 Y27.5 R6.1;	27
N090 G01 X6.9;	28
N100 G02 X13.0 Y21.4 R6.1;	29
N110 G01 X13.0Y18.473;	30
N120 G03 X14.698 Y14.290 R6.0;	31
N130 G02 X14.698 Y-14.290 R20.5;	32
N140 G03 X13.0 Y-18.473 R6.0;	33
N150 G01 X13.0 Y-21.4;	34
N160 G02 X6.9 Y-27.5 R6.1;	35
N170 G01 X0;	19
N180 M99;	子程序结束
O2005;4	圆柱子程序, 如图 3-94 所示
G41 G01 X35.0 Y21.0 F100;	44, 并建立刀补
X25.0;	45

```
G02 I0 J4.0;              铣圆柱1
G01 X-25.0;               46
G02 I0 J4.0;              铣圆柱2
G01 X-29.0;               47
G01 Y-21.0;               48
X-25.0;                   49
G02 I0 J-4.0;             铣圆柱3
G01 X25.0;                50
G02 I0 J-4.0;             铣圆柱4
G01 X35.0;                51
G40 G01 X50.0 Y0;         43，并取消刀补
M99;                      子程序结束
```

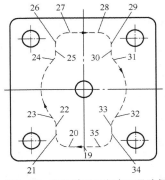

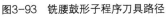

图3-93　铣腰鼓形子程序刀具路径

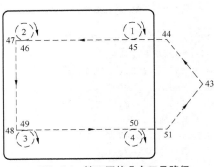

图3-94　铣四圆柱凸台刀具路径

一、填空题

1. 数控铣削加工的主要对象有_____、_____、_____。

2. 数控铣削通常按照从_____到_____的原则，先加工平面、_____、_____，再加工外形、内腔，最后加工_____；先加工_____，再加工_____等。

3. 常用的数控工艺文件包括数控加工编程任务书、_____、数控加工刀具调整单、_____、数控制加工进给路线图、_____等。

4. 常用的数控刀具材料中硬度最高的是_____，韧性最好的是_____。

5. 数控铣床用刀柄系统有3个部分组成，即_____、_____和_____。

二、判断题

（　　）1. 顺铣是指铣刀进行顺时针铣削加工。

（　　）2. 在铣床上加工表面有硬皮的毛坯零件时，应采用顺铣切削。

（　　）3. 刀具半径补偿的建立既可以用G01也可以用G02（G03）。

（　　）4. FANUC系统中，程序O12和O0012是相同的程序。

（　　）5. 子程序和主程序都是一个独立的程序，都是以 M02 作为程序结束的。

（　　）6. 开机后数控机床必须回零参考的目的是建立工件坐标系。

三、计算题

1. 铣刀直径为 50 mm，切削速度为 20 m/min，则其主轴转速为每分钟（　　　）转。

    A. 60　　　　　　　　B. 120　　　　　　　　C. 240　　　　　　　　D. 480

2. 数控铣床对铣刀的基本要求是（　　　）。

    A. 刚性要好　　　　　　　　　　　　　　B. 耐用性要高

    C. 根据切削用量选择铣刀　　　　　　　　D. A、B 两项

3. 下列确定加工路线的原则中正确的说法是（　　　）。

    A. 加工路线最短

    B. 数值计算简单

    C. 加工路线应保证被加工零件的精度及表面粗糙度

    D. A，B，C 同时兼顾

4. 关于周铣和端铣的说法正确的是（　　　）

    A. 周铣专门加工曲面，端铣专门加工平面

    B. 在切削加工参数一样时，两者加工质量没有任何区别

    C. 如在立铣床上用同一把铣刀加工一个底面封闭的凹槽内轮廓表面和水平底面，周铣时刀轴刚性较差，端铣时刀轴刚性较好

    D. 周铣和端铣时的刀具磨损速度不一样

5. 选择粗加工切削用量时，首先应选择尽可能大的（　　　），以减少走刀次数。

    A. 背吃刀量　　　　　B. 进给速度　　　　　C. 切削速度　　　　　D. 主轴转速

6. 数控铣床接通电源后，不做特殊指定，则（　　　）有效。

    A. G17　　　　　　　　B. G18　　　　　　　　C. G19　　　　　　　　D. G20

7. 程序段 G90 G01 X100 F100;的含义是（　　　）。

    A. 直线插补，进给 100 mm/min，到达工件坐标 X 轴 100 mm

    B. 直线插补，进给 100 mm/min，X 轴移动 100 mm

    C. 直线插补，切削速度 100 m/min，到达工件坐标 X 轴 100 mm

    D. 快速定位，进给 100 mm/min，到达工件坐标 X 轴 100 mm

8. 如图 3-95 所示为铣圆的 3 种切入切出加工路线，为保证圆台侧面没有切痕，（　　　）。

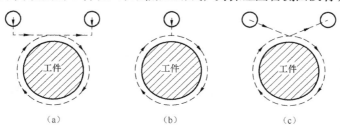

    (a)　　　　　　　　　　　(b)　　　　　　　　　　　(c)

图3-95　铣削圆柱面的3种加工路线

A. 图（a）所示刀具路线方案最佳   B. 图（b）所示刀具路线方案最佳

C. 图（c）所示刀具路线方案最佳   D. 以上3种方案均可

9. FANUC系统中，程序段 G68 X0 Y0 R45.0 中的 R 指令是（   ）。

     A. 半径值   B. 顺时针旋转45°   C. 逆时针旋转45°   D. 循环参数

10. MDI方式是指（   ）。

     A. 自动加工方式   B. 手动输入方式   C. 空运行方式   D. 单段运行方式

11. 手动对刀的基本方法中，最为简单、准确、可靠的对刀法是（   ）。

     A. 定位对刀法   B. 光学对刀法   C. 试切法   D. 目测法

12. 在循环加工时，执行M00指令后，如果要继续执行下面的程序，必须按（   ）按钮。

     A. 循环启动   B. 转换   C. 输出   D. 进给保持

13. 在FANUC系统中，程序段 G17 G16 G90 X100.0 Y30.0 中的 Y 指令是（   ）。

     A. 旋转角度   B. 极径   C. Y 轴坐标位置   D. 时间参数

14. 在FANUC系统CRT/MDI面板的功能键中，用于刀具偏置设置的键是（   ）。

     A. POS   B. OFFSET SETTING

     C. PRGRM   D. SYSTEM

15. 在FANUC系统CRT/MDI面板的功能键中，用于报警显示的键是（   ）。

     A. INPUT   B. PRGRM   C. SYSTEM   D. ALARM

16. 机床加工运行中如出现软限位报警，最好的解决方法是（   ）。

     A. 关闭电源   B. 按急停键，手动反向退出，清除报警

     C. 按复位键，清除报警   D. 手脉或点动操作，反向退出，清除报警

四、编程题

1. 用 $\phi4$ 的键槽铣刀铣如图3-96所示的字母，深度为 2 mm，试编写其数控加工程序。

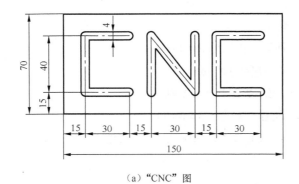

（a）"CNC"图   （b）"B"图

图3-96   编程题1图

2. 加工如图3-97所示零件凸台的外形轮廓，采用刀具半径补偿指令编程。

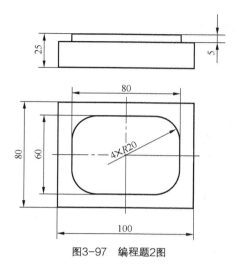

图3-97　编程题2图

3. 在 100 × 100 的工件上，用$\phi 6$ 键槽刀加工如图 3-98 所示的字母，深度为 2 mm，根据要求进行操作。

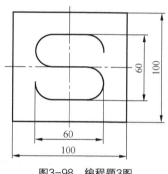

图3-98　编程题3图

4. 如图 3-99 所示的图形为 4 个独立的二维凸台轮廓曲线，每个轮廓均有各自的尺寸基准，而整个图形的坐标原点设为工件左下角。为了避免尺寸换算，可运用 G54～G59 进行编程加工。

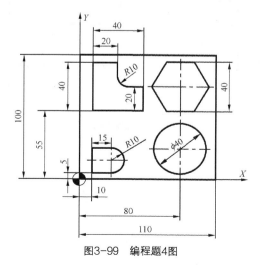

图3-99　编程题4图

5. 如图 3-100 所示，编写加工程序。

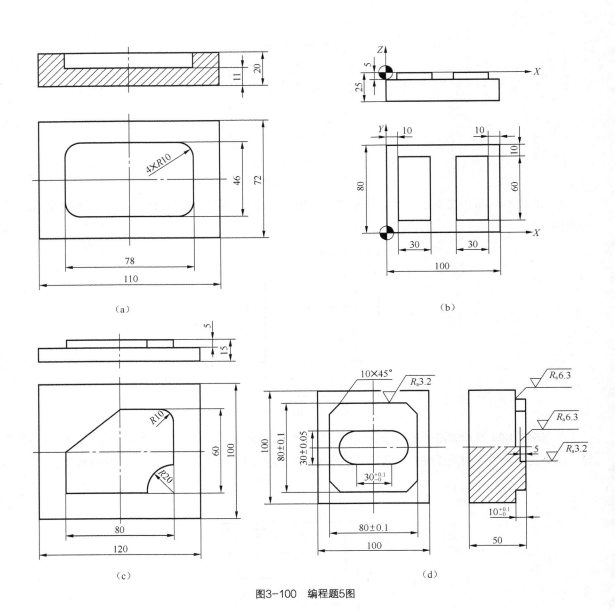

图3-100 编程题5图

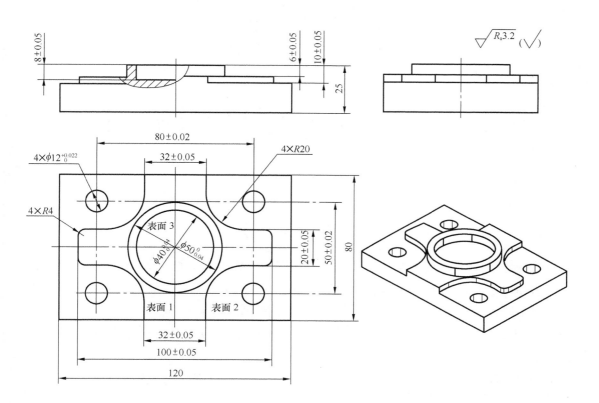

（e）

图3-100　编程题5图（续）

Chapter

4

第4章

| 加工中心编程与操作 |

【教学目标】

1. 了解加工中心的分类及特点，掌握加工中心与数控铣床的区别。
2. 了解加工中心的换刀装置，掌握换刀过程和选刀方法。
3. 掌握孔加工固定循环指令参数的意义，理解各指令的使用场合。
4. 熟悉宏程序中的变量、函数、逻辑运算及编程方法，通过对典型例题的理解，做到举一反三。
5. 熟悉 FANUC 系统加工中心的换刀操作过程和对刀方法。

加工中心简介

加工中心（Machining Center，MC）是目前世界上产量最高、应用最广泛的数控机床之一。它主要用于箱体类零件和复杂曲面零件的加工，能把铣削、镗削、钻削、攻螺纹和车螺纹等功能集中在一台设备上。因为它具有多种换刀或选刀功能及自动工作台交换装置（Automatic Pallet Changer，APC），故工件经一次装夹后，可自动地完成或接近完成工件各面的所有加工工序，从而使生产效率和自动化程度大大提高。因此，加工中心又称为自动换刀数控机床或多工序数控机床。

4.1.1　加工中心的分类及特点

1. 加工中心的分类

（1）按加工方式分类

① 车削中心。车削中心是以全功能型数控车床为主体，配备刀库、自动换刀装置、分度装置、铣削动力头等部件，实现多工序复合加工的机床。在车削中心上，工件在一次装夹后，可以完成回转类零件的车、铣、钻、铰、螺纹加工等多种工序的加工。车削中心功能全面，加工质量高，加工速度快，但价格也较高。

② 铣削加工中心。铣削加工中心是机械加工行业应用最多的一类数控设备，有立式和卧式两种。其工艺范围主要是铣削、钻削、镗削。铣削加工中心控制的坐标数多为 3 个，高性能的数控系统可以达到 5 个或更多。不同的数控系统对刀库的控制采用不同的方式，有伺服轴控制和 PLC 控制两种。

（2）按机床主要结构分类

① 立式加工中心。立式加工中心是指主轴轴心线为垂直状态的加工中心。其结构形式多为固定立柱式，工作台为长方形，无分度回转功能，适合加工盘、板、套类零件，如图 4-1（a）所示。立式加工中心一般具有 3 个直线运动坐标，并可在工作台上安装一个水平轴的数控回转台，用以加工螺旋线类零件。对于五轴联动的立式加工中心，可以加工汽轮机叶片、模具等复杂零件。

立式加工中心装夹工件方便，便于操作，易于观察加工情况，调试程序容易，但受立柱高度的限制，不能加工过高的零件，而且刀具在工件的上方，加工部位只能是工件的上部。在加工型腔或下凹的型面时，切屑不易排除，严重时会损坏刀具、破坏已加工表面，影响加工的顺利进行。

② 卧式加工中心。卧式加工中心是指主轴轴心线为水平状态的加工中心，通常都带有可进行分度回转运动的正方形分度工作台。卧式加工中心一般都具有 3～5 个运动坐标，常见的是 3 个直线运动坐标（沿 X、Y、Z 轴方向）和一个回转运动坐标（回转工作台），如图 4-1（b）所示。卧式加工中心在工件一次装夹后，能完成除安装面和顶面以外的其余 4 个表面的加工，最适合加工复杂的箱体类零件。

（a）立式加工中心

（b）卧式加工中心

图4-1　立式和卧式加工中心

卧式加工中心有多种形式，如固定立柱式或固定工作台式。固定立柱式的卧式加工中心的立柱固定不动，主轴箱沿立柱做上下运动，而工作台可在水平面内做前后、左右两个方向的移动；固定工作台式的卧式加工中心，安装工件的工作台是固定不动的（不做直线运动），沿坐标轴3个方向的直线运动由主轴箱和立柱的移动来实现。

卧式加工中心调试程序及试切时不易观察，零件装夹和测量不方便，但加工时排屑容易，对加工有利。同立式加工中心相比较，卧式加工中心的刀库容量一般较大，结构复杂，占地面积大，价格也较高。

③ 龙门加工中心。龙门加工中心的形状与龙门铣床相似，主轴多为垂直设置，除自动换刀装置外，还带有可更换的主轴头附件，数控装置的功能也较齐全，能够一机多用，尤其适用于大型或形状复杂工件的加工，如飞机上的梁、框、壁板等，如图4-2所示。

④ 复合加工中心。这类加工中心既具有立式加工中心的功能，又具有卧式加工中心的功能，工件一次安装后，能完成除安装面外的所有侧面和顶面等5个面的加工，又称为立卧式加工中心、万能加工中心或五面体加工中心。常见的复合加工中心有两种形式：一种是主轴可以旋转90°，做垂直和水平转换，进行立式或卧式加工；另一种是主轴不改变方向，而由工作台带着工件旋转90°，完成对工件5个表面的加工，如图4-3所示。

图4-2　龙门加工中心

图4-3　复合加工中心

在复合加工中心上加工工件，可以使工件的形位误差降到最低，省去了二次装夹的工装，提高了生产效率，降低了加工成本。但是，由于复合加工中心结构复杂、造价高、占地面积大，所以它的使用数量远不如其他类型的加工中心。

（3）按换刀形式分类

① 转塔刀库加工中心。这种加工中心一般是在小型立式加工中心上采用转塔刀库，直接由转塔刀库旋转完成换刀。这类加工中心主要以孔加工为主，如图4-4所示。

② 无机械手的加工中心。这种加工中心的换刀是通过刀库与主轴箱配合来完成的。一般是把刀库放在主轴箱可以运动到的位置，也可使整个刀库或某一刀位移动到主轴箱所在的位置。刀库中刀具的存放位置方向与主轴装刀方向一致。换刀时，主轴运动到刀库上的换刀位置，由主轴

图4-4　转塔刀库加工中心

直接取走或放回刀具。此类加工中心多为采用 40 号以下刀柄的中、小型加工中心，如图 4-5 所示。

　　③ 带刀库、机械手的加工中心。这种加工中心的换刀是通过换刀机械手来完成的，是加工中心普遍采用的形式，如图 4-6 所示。由于机械手卡爪可同时分别抓住刀库上所选的刀和主轴上的刀，换刀时间短，并且选刀时间与切削加工时间重合，因此这种加工中心得以广泛应用。

图4-5　无机械手的加工中心

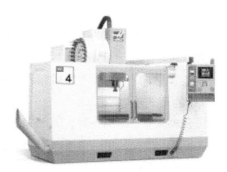

图4-6　带刀库、机械手的加工中心

2. 加工中心的特点

　　加工中心是带有刀库和自动换刀装置的数控机床。加工中心的加工范围广、柔性程序高、加工精度和加工效率高，目前已成为现代机床发展的主流方向。与普通数控机床相比，它具有以下几个突出的特点。

　　（1）加工中心具有刀库和自动换刀装置，在加工过程中能够由程序或手动控制自动选择和更换刀具，工件在一次装夹中，可以连续进行钻孔、扩孔、铰孔、镗孔、铣削以及攻螺纹等多工序加工，工序高度集中。

　　（2）加工中心带有自动摆角的主轴，工件在一次装夹后，可以自动完成多个平面和多个角度位置的多工序加工，实现复杂零件的高精度定位和精确加工。

　　（3）加工中心上如果带有自动交换工作台，一个工件在工作位置的工作台上进行加工的同时，另一个工件在装卸位置的工作台上进行装卸，可大大缩短辅助时间，提高加工效率。

4.1.2　加工中心的自动换刀装置

　　加工中心是从数控铣床发展而来的。加工中心和数控铣床最本质的区别在于加工中心具有自动交换刀具的功能，而在数控铣床上却不能自动换刀。由于具有自动换刀功能，工件在一次装夹后，加工中心就可以控制机床按不同工序自动选择和更换刀具，自动改变机床主轴转速、进给量和刀具相对工件的运动轨迹及其他辅助机能，依次完成工件上多面、多工序的加工，从而实现钻、铣、镗、扩、铰、攻螺纹、切槽等多种功能，所以适合于加工各类箱体、壳体、盘类、板类、模具等要求比较高的零件。

　　自动换刀装置的用途是按照加工需要，自动地更换装在主轴上的刀具。它是一套独立、完整的部件。

1. 自动换刀装置的形式

自动换刀装置的结构取决于机床的类型、工艺范围及刀具的种类和数量等。自动换刀装置主要有回转刀架和带刀库的自动换刀装置两种形式。

回转刀架换刀装置的刀具数量有限，但结构简单、维护方便。

带刀库的自动换刀装置是由刀库和机械手组成的。它是多工序数控机床上应用最广泛的换刀装置。其整个换刀过程较复杂，首先把加工过程中需要使用的全部刀具分别安装在标准刀柄上，在机外进行尺寸预调后，按一定的方式放入刀库；换刀时，先在刀库中进行选刀，并由机械手从刀库和主轴上取出刀具，在进行刀具交换后，将新刀具装入主轴，把旧刀具放回刀库。存放刀具的刀库具有较大的容量，它既可以安装在主轴箱的侧面或上方，也可以作为独立部件安装在机床以外。

2. 刀库的形式

刀库的形式很多、结构各异，如图4-7所示。加工中心常用的刀库有鼓轮式和链式两种。

鼓轮式刀库的结构简单、紧凑，应用较多，一般存放刀具不超过32把。

链式刀库多为轴向取刀，适用于要求刀库容量较大的机床。

（a）鼓轮式刀库1　　　　（b）鼓轮式刀库2　　　　（c）链式刀库1　　　　（d）链式刀库2

图4-7　刀库形式

3. 换刀过程

自动换刀装置的换刀过程由选刀和换刀两部分组成。选刀即刀库按照选刀命令（或信息）自动将要用的刀具移动到换刀位置，完成选刀过程，为下面换刀做好准备；换刀即把主轴上用过的刀具取下，将选好的刀具安装在主轴上。

4. 刀具的选择方法

数控机床常用的选刀方式有顺序选刀方式和任选方式两种。

（1）顺序选刀方式。将加工所需要的刀具，按照预先确定的加工顺序依次安装在刀座中，换刀时，刀库按顺序转位。这种方式的控制及刀库运动简单，但刀库中刀具排列的顺序不能错。

（2）任选方式。对刀具或刀座进行编码，并根据编码选刀。它可分为刀具编码和刀座编码两种方式。

刀具编码方式是利用安装在刀柄上的编码元件（如编码环、编码螺钉等）预先对刀具编码后，再将刀具放入刀座中；换刀时，通过编码识别装置根据刀具编码选刀。采用这种方式的刀具可以放在刀库的任意刀座中；刀库中的刀具不仅可在不同的工序中多次重复使用，而且换下的刀具也不必放回原来的刀座中。

　　刀座编码方式是预先对刀库中的刀座进行编码（用编码钥匙等方法），并将与刀座编码相对应的刀具放入指定的刀座中；换刀时，根据刀座编码选刀。如程序中指定为 T6 的刀具必须放在编码为 6 的刀座中。使用过的刀具也必须放回原来的刀座中。

　　目前计算机控制的数控机床都普遍采用计算机记忆方式选刀。这种方式是通过可编程控制器（Programmable Logic Controller，PLC）或计算机，记忆每把刀具在刀库中的位置，自动选择所需要的刀具。

 **编程指令**

　　加工中心配备的数控系统，其功能、指令都比较齐全。数控铣床编程中介绍的 G、M、S、F 等指令基本上都适用于加工中心，因而对这些指令不再进行重复说明。本章主要介绍一些加工中心的典型指令。

4.2.1　孔加工固定循环

　　加工中心机床的固定循环功能主要用于孔加工，包括钻孔、镗孔、攻螺纹等。使用一个程序段就可以完成一个孔加工的全部动作。继续加工孔时，如果孔加工的动作无需变更，则程序中所有模态的数据可以不写，因此可以大大简化程序，使编程员的编程变得容易。

1. 固定循环功能

　　孔加工是数控加工中最常见的加工工序，加工中心通常都能实现钻孔、铰孔、镗孔和攻丝等固定循环功能。在孔加工编程时，只需给出第一个孔加工的所有参数，接着加工其他的孔时，凡与第一个孔相同的参数均可省略，这样可提高编程效率，使程序变得简单易懂。加工孔的固定循环指令如表 4-1 所示。

表 4-1　　　　　　　　　　　　　　　固定循环指令表

G 代 码	开孔动作（−Z 方向）	孔 底 动 作	退刀动作（+Z 方向）	用　途
G73	间歇进给	—	快速进给	高速深孔加工
G74	切削进给	暂停主轴正转	切削进给	攻左螺纹
G76	切削进给	主轴准停刀具偏移	快速进给	精镗
G80	—	—	—	取消固定循环
G81	切削进给	—	快速进给	钻、点钻
G82	切削进给	暂停	快速进给	锪孔、镗阶梯孔
G83	间歇进给	—	快速进给	深孔排屑钻
G84	切削进给	暂停主轴反转	切削进给	攻右螺纹
G85	切削进给	—	切削进给	精镗

续表

G 代 码	开孔动作（-Z 方向）	孔 底 动 作	退刀动作（+Z 方向）	用 途
G86	切削进给	主轴停	快速进给	镗孔
G87	切削进给	刀具偏移主轴正转	快速进给	反镗
G88	切削进给	暂停主轴停	手动操作快速返回	镗孔
G89	切削进给	暂停	切削进给	精镗阶梯孔

2. 固定循环的动作组成

固定循环一般由下述 6 个动作组成。

（1）X 轴和 Y 轴的定位：使刀具快速定位到孔加工的位置。

（2）快速移动到 R 点：刀具自初始点快速进给到 R 点。

（3）孔加工：以切削进给的方式执行孔加工的动作。

（4）在孔底的动作：包括暂停、主轴准停、刀具位移等动作。

（5）返回到 R 点：继续孔的加工，应安全移动刀具时返回 R 点。

（6）返回到初始点：孔加工完成后一般应返回初始点。

图 4-8 给出了固定循环的动作，图中用虚线表示的是快速进给，用实线表示的是切削进给。

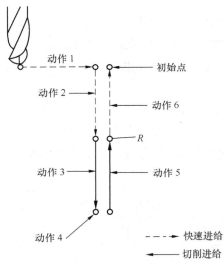

图4-8 固定循环的动作组成

固定循环只能使用在 XY 平面上 2 坐标仅作孔加工的进给。上述动作（3）的进给率由 F 决定，动作（5）的进给率按固定循环规定决定。

在固定循环中，刀具长度补偿（G43/G44/G49）有效，它们在上述动作（2）中执行。

3. 固定循环的代码组成

规定一个固定循环动作由 3 种方式决定，它们分别由 G 代码指定。

（1）数据形式代码：G90 绝对值方式；G91 增量值方式，如图 4-9 所示。

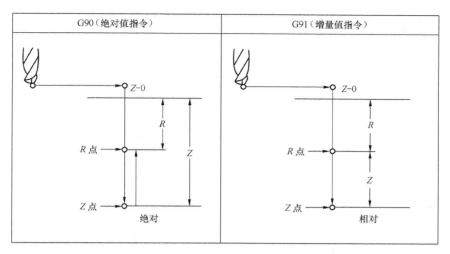

图4-9　G90和G91的坐标计算

（2）返回点平面代码：G98 初始点平面；G99 R 点平面。当刀具到达孔底后，根据 G98 和 G99 的不同，可以返回到初始点平面或 R 点平面，如图 4-10 所示。

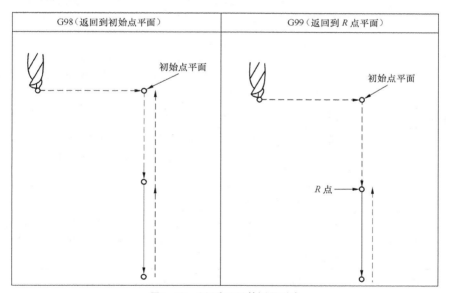

图4-10　G98和G99的返回形式

其中，初始点平面是开始固定循环状态前刀具所处的沿 z 轴方向的绝对位置。R 点平面又称安全平面，是固定循环中由快进转工进时沿 z 轴方向的位置，一般定在工件表面之上一定距离，防止刀具撞到工件，并保证有足够距离完成加速过程。

（3）孔加工方式代码：G73～G89。在使用固定循环编程时，一定要在前面程序段中指定 M03 或 M04，使主轴启动。

4. 固定循环指令组的书写格式

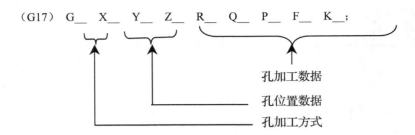

其中，孔位置数据和孔加工数据的基本含义如表4-2所示。

表4-2　　　　　　　　　　孔位置数据和孔加工数据的基本含义

指 定 内 容	参数字	说　　明
孔加工方式	G__	请参照表4-1
孔位置数据	X，Y	用绝对值或增量值指定孔的位置，与G00定位相同
孔加工数据	Z	在绝对值方式时，是指孔底的Z坐标值，如图4-9（a）所示；在增量值方式时，是指R点到孔底的距离，如图4-9（b）所示。进给速度在动作（3）中是用F代码指定的速度，在动作（5）中根据孔加工方式不同，为快速进给或者用F代码指令的速度
	R	在绝对值方式时，是指R点的Z坐标值，如图4-9（a）所示；在增量值方式时，是指初始点平面到R点的距离，如图4-9（b）所示。进给速度在动作（2）和动作（6）中全都是快速进给
	Q	指定G73、G83中每次切入量或者G76、G87中平移量（增量值）
	P	指定在孔底的暂停时间。固定循环指令都可以带一个参数P_，在P_的参数值中指定刀具到达Z平面后，执行暂停操作的时间。P_的参数值为4位整数，单位为毫秒
	F	指定切削进给速度
	K	在K_的参数值中指定重复次数，K仅在被指定的程序段内有效。可省略不写，默认为一次。最大钻孔次数受系统参数限定，当指定负值时，按其绝对值进行执行，为零时，不执行钻孔动作，只改变模态

注：① 不能单段（单独）指定钻孔指令G__，这样系统报警，而且也没有意义。

　　② 一旦指定了孔加工方式，一直到指定取消固定循环的G代码之前都保持有效，所以连续进行同样的孔加工时，不需要每个程序都指定。

　　③ 取消固定循环的G代码，有G80及01组的G代码。

　　④ 加工数据，一旦在固定循环中被指定，便一直保持到取消固定循环为止，因此在固定循环开始时，把必要的孔加工数据全部指定出来，在其后的固定循环中只需指定变更的数据。

　　⑤ 缩放、极坐标及坐标旋转方式下，不可进行固定循环，否则报错；在进行固定循环加工前，一定要撤销刀具半径补偿，否则，系统将出现不正确走刀现象。

5. 常用的固定循环方式

（1）钻孔循环 G81

指令格式：G81 X_Y_Z_R_F_K_

该循环用于一般的钻孔加工或打中心孔。孔加工动作如图 4-11 所示，钻头先快速定位至 X、Y 所指定的坐标位置，再快速定位至 R 点，接着以 F 所指定的进给速度向下钻削至 Z 所指定的孔底位置，最后快速退刀至 R 点或初始点，完成循环。

钻孔循环指令G81

G81指令功能演示

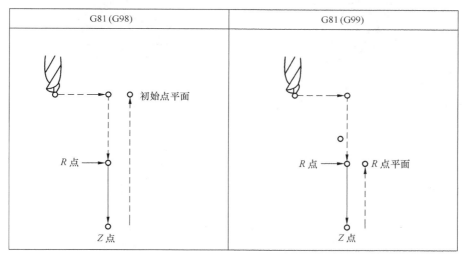

图4-11　G81循环

（2）钻孔、锪孔循环 G82

指令格式：G82 X_Y_Z_R_P_F_K_

该循环一般用于扩孔和沉头孔加工。孔加工动作如图 4-12 所示，G82 与 G81 比较，唯一的不同之处是 G82 在孔底有暂停动作，即当钻头加工到孔底位置时，刀具不做进给运动，并保持旋转状态，以提高孔底的精度及孔的光洁度。

（3）固定循环取消 G80

指令格式：G80

G80 用于取消所有的固定循环，执行正常的操作，R 点和 Z 点也被取消，其他钻孔数据也被取消。

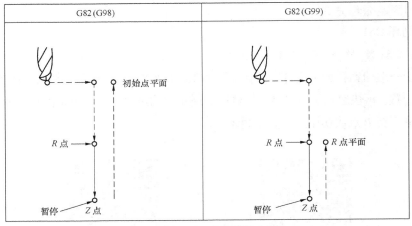

图4-12 G82循环

带暂停的钻孔循环指令G82

G82指令功能演示

【例4-1】 使用 G81 和 G82 循环指令加工如图 4-13 所示的各孔。

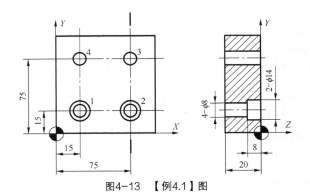

图4-13 【例4.1】图

程序如下。

```
O4001;
N010 G91 G28 Z0;                            Z向自动返回参考点
N020 T1 M06;                                换1号ϕ8钻头
N030 G54 G90 G00 X0 Y0;                     定位于 G54 原点上方
N040 S800 M03;                              主轴旋转
N050 G43 H01 Z50.0;                         长度补偿且定位于安全高度，即初始位置平面
N060 G99 G81 X15.0 Y15.0 Z-25.0 R2.0 F100;  定位，钻孔1，然后返回到R点
N070 X75.0;                                 定位，钻孔2，然后返回到R点
N080 Y75.0;                                 定位，钻孔3，然后返回到R点
N090 G98 X15.0;                             定位，钻孔4，然后返回到初始位置平面
```

```
N100 G80 M05;                                   取消固定循环且主轴停转
N110 G91 G28 Z0;                                自动返回参考点
N120 T2 M06;                                    换2号φ14锪孔刀
N130 G54 G90 G00 X0 Y0;                         定位于G54原点上方
N140 S600 M03;                                  主轴旋转
N150 G43 H02 Z50.0;                             长度补偿且定位于初始位置平面
N160 G99 G8 2X15.0 Y15.0 Z-8.0 R2.0 P1000 F120; 定位，扩孔1，然后返回到R点
N170 G98 Y75.0;                                 定位，扩孔2，然后返回到初始位置平面
N180 G80;                                       取消固定循环且主轴停转
N190 M30;                                       程序结束
```

（4）高速深孔往复排屑循环G73

指令格式：G73 X_Y_Z_R_Q_F_K_

该循环用于深孔加工。孔加工动作如图4-14所示，钻头先快速定位至X、Y所指定的坐标位置，再快速定位至R点，接着以F所指定的进给速度向下钻削至Q所指定的距离（Q必须为正值，用增量值表示），再快速回退d距离（d是CNC系统内部参数设定的）。依此方式进刀若干个Q，最后一次进刀量为剩余量（小于或等于q），到达Z所指的孔底位置。G73指令是在钻孔时间断进给，有利于断屑、排屑，冷却、润滑效果佳。

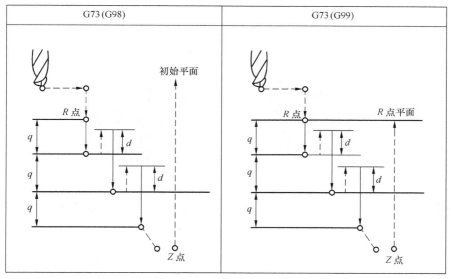

图4-14　G73循环

高速深孔钻循环指令G73

G73指令加工演示

（5）啄式深孔钻循环 G83

指令格式：G83 X_ Y_ Z_ R_ Q_ F_ K_

该循环用于较深孔加工。孔加工动作如图 4-15 所示，与 G73 略有不同的是，每次刀具间歇进给后回退至 R 点平面，利于断屑和充分冷却，这样对深孔钻削时排屑有利。其中 d（d 由 CNC 系统内部参数设定）是指 R 点向下快速定位于距离前一切削深度上方 d 的位置。

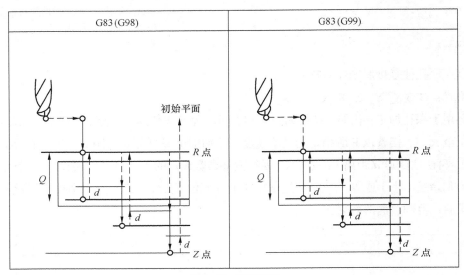

图4-15 G83循环

深孔钻削循环指令G83

G83指令加工演示

【例 4-2】 如图 4-16 所示的孔，使用 G73 循环指令钻孔 1，使用 G83 循环指令钻孔 2。

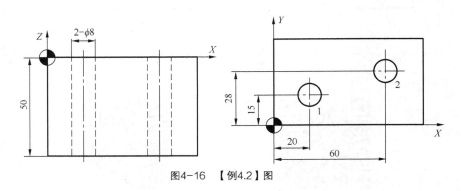

图4-16 【例4.2】图

程序如下。

```
O4002;
N010 G91 G28 Z0;                              Z 向自动返回参考点
N020 T1 M06;                                  换 1 号 φ8 钻头
N030 G54 G90 G00 X0 Y0;                        定位于 G54 原点上
N040 S800 M03;                                 主轴旋转
N050 G43 H01 Z50.0;                            长度补偿且定位于安全高度，即初始位置平面
N060 G99 G73 X20.0 Y15.0 Z-55.0 R2.0 Q5.0 F60;  定位，钻孔 1，然后返回到 R 点
N070 G98 G83 X60.0 Y28.0;                      定位，钻孔 2，然后返回到初始位置平面
N080 G80;                                      取消固定循环
N090 M30;                                      程序结束
```

（6）攻右旋螺纹循环 G84。

指令格式：G84 X_ Y_ Z_ R_ P_ F_ K_

该循环用于攻右旋螺纹。孔加工动作如图 4-17 所示，主轴先正转，然后钻头先快速定位至 X、Y 所指定的坐标位置，再快速定位至 R 点，接着以 F 所指定的进给速度攻螺纹至 Z 所指定的孔底位置后，主轴反转，同时朝着 Z 轴正方向退回至 R 点，退至 R 点后主轴恢复原来的正转。

进给速度 F（mm/min）=螺纹导程 P（mm/r）× 主轴转速 S（r/min）

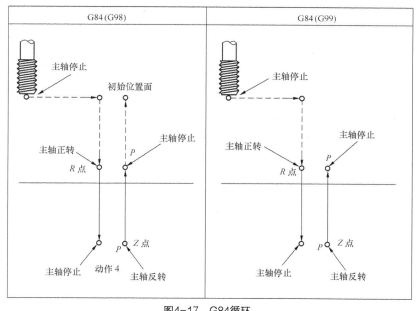

图4-17　G84循环

攻丝循环指令G84

G84指令加工演示

（7）攻左旋螺纹循环 G74

指令格式：G74 X_ Y_ Z_ R_ P_ F_ K_

该循环用于攻左旋螺纹。孔加工动作如图 4-18 所示。G74 与 G84 的不同之处在于，两者主轴旋转方向相反，相同之处在于其余动作相同，且在指令执行中，进给速度调整旋钮无效，即使按下进给保持键，

攻左旋螺纹循环指令G74

循环在回复动作结束之前也不会停止。

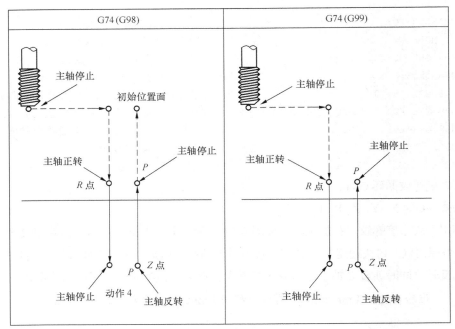

图4-18 G74循环

上述 G84 和 G74 可以在标准方式或刚性攻丝方式中执行。

在标准方式中，为执行攻丝，使用辅助功能 M03 主轴正转、M04 主轴反转、M05 主轴停转，使主轴旋转、停止，并沿着攻丝轴移动。在刚性攻丝方式中，用主轴电机控制攻丝过程，主轴电机的工作和伺服电机一样，由攻丝轴和主轴之间的插补来执行攻丝。以刚性方式执行攻丝时，主轴每转一周沿攻丝轴产生一定的进给螺纹导程，即使在加、减速期间，这个操作也不变化，可实现高速、高精度攻丝。刚性方式不用标准攻丝方式中使用的浮动丝锥卡头，这样可得到较快和较精确的攻丝。

用下列任何一种方法均可以指定刚性方式。

① 在攻丝指令段之前指定 M29 S*****。

② 在包含攻丝指令的程序段中指定 M29 S*****。

③ 指定 G84 做刚性攻丝，指令参数 NO.5200 # 0（G84）设为 1。

若 Z 轴进给速度为 300 mm/min，主轴速度为 200 r/min，螺纹导程为 1.5 mm。

每分进给的程序如下。

G94;	指定每分进给指令
M29 S300;	指定刚性方式
G84 X50.0 Y50.0 Z-20.0 R10.0 F300;	刚性攻丝

每转进给的程序如下。

G95;	指定每转进给指令
M29 S300;	指定刚性方式
G84 X50.0 Y50.0 Z-20.0 R10.0 F1.5;	刚性攻丝

（8）精镗循环 G76

指令格式：G76 X_Y_Z_R_Q_P_F_K_

该循环适用于孔的精镗。当到达孔底时，主轴停止，切削刀具离开工件的被加工表面并返回。精镗循环能防止出现退刀时的退刀痕，避免因此影响加工表面的光洁度，同时避免刀具的损坏。

孔加工动作如图 4-19 所示，镗刀先快速定位至 X、Y 所指定的坐标位置，再快速定位至 R 点，接着以 F 所指定的进给速度向下镗削至 Z 所指定的孔底位置，当刀具到达孔底时，主轴停止在固定的回转位置上，并且刀具沿刀尖的相反方向移动退刀，保证加工面不被破坏，实现精密而有效的镗削加工。参数 Q 指定了退刀的距离且通过系统参数指定退刀方向，Q 值必须是正值，即使用负值，符号也按正值处理。当镗刀快速退刀至 R 点或初始点时，刀具中心回位，且主轴恢复转动。

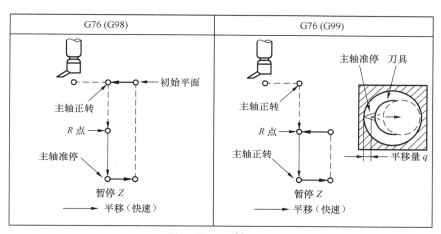

精镗孔循环指令G76

G76指令加工演示

图4-19　G76循环

【例 4-3】　加工图 4-20 所示的铝合金各孔，其中孔 1、2 用标准方式攻丝，而孔 3 用刚性攻丝方式加工，孔 4 采用精镗加工。

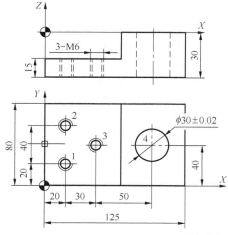

刀号	刀具	主轴转速/r·min⁻¹	进给量/mm·r⁻¹
T01	φ5 钻头	1 200	150
T02	φ29 钻头	500	100
T03	M6×1 丝锥	100	100
T04	可调式镗孔刀	1 800	100

图4-20　【例4.3】图

程序如下。

```
O4003;
N010 G91 G28 Z0;                              Z向自动返回参考点
N020 T1 M06;                                  换1号φ5钻头
N030 G54 G90 G00 X0 Y0;                       定位于G54原点上
N040 S1200 M03;                               主轴旋转
N050 G43 H01 Z50.0;                           1号刀长度补偿且定位于初始平面
N060 G99 G81 X20.0 Y20.0 Z-35.0 R-10.0 F150;  定位, 钻孔1, 然后返回到R点
N070 Y60.0;                                   定位, 钻孔2, 然后返回到R点
N080 G98 X50.0 Y40.0;                         定位, 钻孔3, 然后返回到初始平面
N090 G83 X100.0 Y40.0 Z-35.0 R5.0;            定位, 钻孔4, 然后返回到初始平面
N100 G80 M05;                                 取消固定循环且主轴停转
N110 G91G28 Z0;                               Z向自动返回参考点
N120 T2 M06;                                  换2号φ29钻头
N130 G54 G90 G00 X0 Y0;                       定位于G54原点上
N140 S500 M03;                                主轴旋转
N150 G43 H02 Z50.0;                           2号刀长度补偿且定位于初始平面
N160 G81 X100.0 Y40.0 Z-35.0 R5.0 F100;       定位, 钻孔4, 然后返回到初始平面
N170 G80 M05;                                 取消固定循环且主轴停转
N180 G91 G28 Z0;                              Z向自动返回参考点
N190 T3 M06;                                  换3号M6丝锥
N200 G54 G90 G00 X0 Y0;                       定位于G54原点上
N210 S100 M03;                                主轴旋转
N220 G43 H03 Z50.0;                           3号刀长度补偿且定位于初始位置平面
N230 G99 G84 X20.0 Y20.0 Z-35.0 R-10.0 F100;  定位, 攻螺纹1, 然后返回到R点
N240 Y60.0;                                   定位, 攻螺纹2, 然后返回到R点
N250 M29 S100                                 刚性攻丝
N260 G98 G84 X50.0 Y40.0;                     定位, 刚性攻螺纹3, 然后返回到初始平面
N270 G80 M05;                                 取消固定循环且主轴停转
N280 G91 G28 Z0;                              取消固定循环且主轴停转
N290 T4 M06;                                  换4号可调式镗刀
N300 G54 G90 G00 X0 Y0;                       定位于G54原点上
N310 S100 M03;                                主轴旋转
N320 G43 H04 Z50.0;                           4号刀长度补偿且定位于初始位置平面
N330 G76 X100.0 Y40.0 Z-35.0 R5.0 Q1.0 F100;  定位, 镗孔4, 返回到初始平面
N340 G80;                                     取消固定循环
N350 G00 Z200.0;                              提刀至Z200
N360 M30;                                     程序结束
```

（9）镗孔循环G85

指令格式：G85 X_ Y_ Z_ R_ F_ K_

该循环适用于孔的精镗或铰孔。孔加工动作如图 4-21 所示，指令的格式与 G81 完全相同。刀具是以切削进给的方式加工到孔底，然后又以切削进给的方式返回 R 点平面，故此指令适宜精镗孔或铰孔。

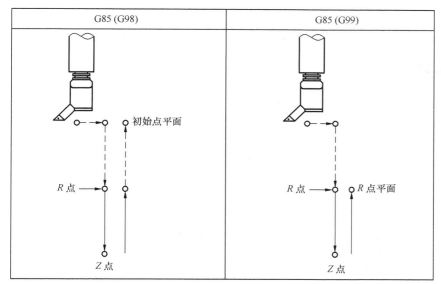

镗孔循环指令G85

G85指令加工演示

图4-21　G85循环

（10）镗孔循环 G86

指令格式：G86 X_ Y_ Z_ R_ F_ K_

该循环指令用于镗孔加工循环（孔底不需要暂停动作）。孔加工动作如图 4-22 所示，指令的格式与 G81 完全相同，但加工到孔底后主轴停止，返回到 R 点平面或初始平面后，主轴再重新启动。

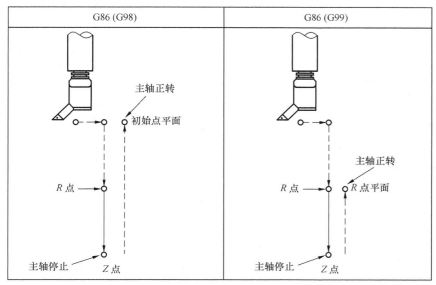

镗孔循环指令G86

G86指令加工演示

图4-22　G86循环

（11）反镗孔循环 G87

指令格式：G87 X_ Y_ Z_ R_ Q_ F_ K_

该循环执行反向精密镗孔，孔加工动作如图 4-23 所示，镗刀沿着 X 和 Y 轴定位以后，主轴在

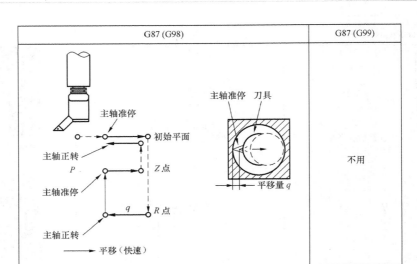

图4-23 G87循环

固定的旋转位置上停止旋转，沿刀尖的相反方向按 Q 值给定量移动，并在孔底 R 点定位快速移动，然后刀具在刀尖的方向上按原偏移量（Q 值）返回，并且主轴正转沿 Z 轴的正向镗孔直到 Z 点，在 Z 点主轴再次停在固定的旋转位置，刀具在刀尖的相反方向移动，然后刀具返回到初始位置，刀具在刀尖的方向上偏移主轴正转，执行下个程序段的加工。

当刀具到达孔底时，主轴停止在固定的回转位置上，并且刀具沿刀尖的相反方向移动退刀。这样才能保证加工面不被破坏，实现精密而有效的镗削加工。

【例4-4】 加工如图 4-24 所示的铝合金各孔，其中孔 1 要求铰孔加工，孔 2 要求锪孔加工，而孔 3 要求镗孔和背镗孔加工。

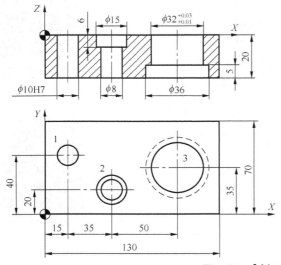

刀号	刀具	主轴转速 （r/min）	进给量 （mm/r）
T01	A3 中心钻	1 500	125
T02	$\phi8$ 钻头	1 000	120
T03	$\phi98$ 钻头	800	100
T04	$\phi10H7$ 铰刀	300	80
T05	$\phi15$ 阶梯 铣刀	400	80
T06	$\phi30$ 钻头	200	50
T07	可调式 镗孔刀	800	30
T08	可调式 背镗孔刀	500	30

图4-24 【例4-4】图

程序如下。

O4004;

```
N010 G91 G28 Z0;                              Z 向自动返回参考点
N020 T1 M06;                                  换 1 号 A3 中心钻
N030 G54 G90 G00 X0 Y0;                       定位于 G54 原点上方
N040 S1500 M03;                               主轴旋转
N050 G43 H01 Z50.0;                           1 号刀长度补偿且定位于初始平面
N060 G99 G81 X15.0 Y40.0 Z-6.0 R5.0 F125;     定位,点中心孔 1,然后返回到 R 点
N070 X50.0 Y20.0;                             定位,点中心孔 2,然后返回到 R 点
N080 G98 X100.0 Y35.0;                        定位,点中心孔 3,然后返回到初始平面
N090 G80 M05;                                 取消固定循环且主轴停转
N100 G91 G28 Z0;                              Z 向自动返回参考点
N110 T2 M06;                                  换 2 号 φ8 钻头
N120 G54 G90 G00 X0 Y0;                       定位于 G54 原点上
N130 S1000 M03;                               主轴旋转
N140 G43 H02 Z50.0;                           2 号刀长度补偿且定位于初始平面
N150 G81 X50.0 Y20.0 Z-25.0 R5.0 F120;        定位,钻孔 2,然后返回到初始平面
N160 G80 M05;                                 取消固定循环且主轴停转
N170 G91 G28 Z0;                              Z 向自动返回参考点
N180 T3 M06;                                  换 3 号 φ9.8 钻头
N190 G54 G90 G00 X0 Y0;                       定位于 G54 原点上
N200 S800 M03;                                主轴旋转
N210 G43 H03 Z50.0;                           3 号刀长度补偿且定位于初始平面
N220 G81 X15.0 Y40.0 Z-25.0 R5.0 F100;        定位,钻孔 1 的底孔,返回到初始平面
N230 G80 M05;                                 取消固定循环且主轴停转
N240 G91 G28 Z0;                              Z 向自动返回参考点
N250 T4 M06;                                  换 4 号 φ10H7 铰刀
N260 G54 G90 G00 X0 Y0;                       定位于 G54 原点上
N270 S300 M03;                                主轴旋转
N280 G43 H04 Z50.0;                           4 号刀长度补偿且定位于初始平面
N290 G85 X15.0 Y40.0 Z-25.0 R5.0 F80;         定位,铰孔 1,返回到初始位置平面
N300 G80;                                     取消固定循环
N310 T5 M06;                                  换 5 号 φ15 阶梯铣刀
N320 G54 G90 G00 X0 Y0;                       定位于 G54 原点上
N330 S400 M03;                                主轴旋转
N340 G43 H05 Z50.0;                           5 号刀长度补偿且定位于初始平面
N350 G82 X50.0 Y20.0 Z-6.0 R5.0 P2000 F80;    定位,锪孔 2,然后返回到初始平面
N360 G80 M05;                                 取消固定循环且主轴停转
N370 G91 G28 Z0;                              Z 向自动返回参考点
N380 T6 M06;                                  换 6 号 φ30 钻头
N390 G54 G90 G00 X0 Y0;                       定位于 G54 原点上
N400 S200 M03;                                主轴旋转
N410 G43 H06 Z50.0;                           6 号刀长度补偿且定位于初始平面
N420 G81 X100.0 Y35.0 Z-25.0 R5.0 F50;        定位,钻孔 3,然后返回到初始平面
N430 G80 M05;                                 取消固定循环且主轴停转
N440 G91 G28 Z0;                              Z 向自动返回参考点
```

```
N450 T7 M06;                                    换 7 号可调式镗孔刀
N460 G54 G90 G00 X0 Y0;                          定位于 G54 原点上
N470 S800 M03;                                   主轴旋转
N480 G43 H07 Z50.0;                              7 号刀长度补偿且定位于初始平面
N490 G86 X50.0 Y35.0 Z-22.0 R5.0 F30;            定位，镗孔 3，然后返回到初始平面
N500 G80 M05;                                    取消固定循环且主轴停转
N510 G91 G28 Z0;                                 Z 向自动返回参考点
N520 T8 M06;                                     换 8 号可调式镗孔刀
N530 G54 G90 G00 X0 Y0;                          位于 G54 原点上
N540 S500 M03;                                   主轴旋转
N550 G43 H08 Z50.0;                              8 号刀长度补偿且定位于初始平面
N560 G87 X100.0 Y35.0 Z-15.0 R-25.0 Q2000 F30;   定位，背镗孔 3，然后返回到初始平面
N570 G80 M05;                                    取消固定循环且主轴停转
N580 G91 G28 Z0;                                 Z 向自动返回参考点
N590 G00 Z200.0;                                 提刀至 Z200
N600 M30;                                        程序结束
```

（12）同类孔重复多次加工。在固定循环指令最后，用 K 地址指定重复次数。在增量方式（G91）中，如果有孔间距相同的若干个相同孔，采用重复次数来编程是很方便的。

采用重复次数来编程时，要采用 G91、G99 方式。例如，执行程序段"G91 G99 G81 X50.0 Z-25.0 R-10.0 K6 F100"时，其运动轨迹如图 4-25 所示。

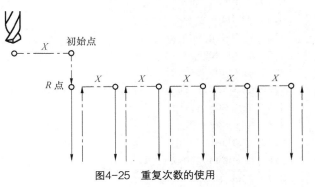

图4-25　重复次数的使用

如果是在绝对值方式中，则不能钻出 6 个孔，仅仅在第一个孔处往复钻 6 次，结果还是一个孔。

【例 4-5】　采用重复固定循环方式加工如图 4-26 所示的各孔。

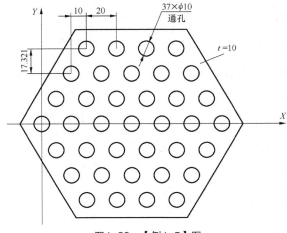

图4-26　【例4-5】图

程序如下。

```
O4010;
N010 G91 G28 Z0;                              Z向自动返回参考点
N020 T1 M06;                                  换 1 号 φ10 钻头
N030 G54 G90 G00 X0 Y0;                        定位于 G54 原点上方
N030 S800 M03;                                主轴旋转
N040 G43 H01 Z20.0;                           1 号刀长度补偿且定位于初始平面
N050 G00 X10.0 Y51.963;                        快速定位于循环起始点 1
N060 G91 G99 G81 X20.0 Z-18.0 R-17.0 K4 F40;  从左到右依次加工第 1 行 4 个孔
N070 X10.0 Y-17.321;                          加工第 2 行右边第 1 个孔
N080 X-20.0 K4;                               从右往左依次加工第 2 行其余 4 个孔
N090 X-10.0 Y-17.321;                         加工第 3 行左边第 1 个孔
N100 X20.0 K5;                                从左往右依次加工第 3 行其余 5 个孔
N110 X10.0 Y-17.321;                          加工第 4 行右边第 1 个孔
N120 X-20.0 K6;                               从右往左依次加工第 4 行其余 6 个孔
N130 X10.0 Y-17.321;                          加工第 5 行左边第 1 个孔
N140 X20.0 K5;                                从左往右依次加工第 5 行其余 5 个孔
N150 X-10.0 Y-17.321;                         加工第 6 行右边第 1 个孔
N160 X-20.0 K4;                               从右往左依次加工第 6 行其余 4 个孔
N170 X10.0 Y-17.321;                          加工第 7 行左边第 1 个孔
N180 X20.0 K3;                                从左往右依次加工第 7 行其余 3 个孔
N190 G80;                                     取消固定循环
N200 G00 Z200.0;                              提刀至 Z200
N210 M30;                                     程序结束
```

　　当使用 G74 或 G84 时，主轴回到 R 点或初始点时要反转，需一定时间，此时如果用 K 来进行多孔操作，就要估计主轴的启动时间。如果时间不足，则不应使用 K 地址，而应对每一个孔给出一个程序段，并且在每段中增加 G04 指令来保证主轴的启动时间。

4.2.2　用户宏程序

　　在一般的程序中，程序字为常数，只能描述固定的几何形状，缺乏灵活性和适用性。若能用改变参数的方法使同一程序能加工形状相同但尺寸不同的零件，加工就会非常方便，也提高了可靠性。

　　用户宏程序作为数控设备的一项重要功能，由于允许使用变量算术和逻辑运算以及各种条件转移等命令，使得在编制一些加工程序时与普通方法相比显得方便和简单。用户宏程序可以用变量代替具体数值，因而在加工同一类工件时，只需将实际的值赋予变量即可，而不需对每一个零件都编一个程序。用户宏程序应用特点如下。

　　（1）相类似的工件只需修改相应的参数量即可满足加工要求，不易出错。

　　（2）程序通用性强，能达到举一反三、事半功倍的效果。

　　（3）程序简单，易于修改、分析与调整。

1. 变量

在普通的零件加工程序中，指定地址码并直接用数字值表示移动的距离，如 G01 X100.0 F60。而在宏程序中，可以使用变量来代替地址后面的数值，在程序中或 MDI 方式下对其进行赋值。变量的使用可以使宏程序具有通用性，在宏程序中可以使用多个变量，彼此之间用变量号码进行识别。

（1）变量的形式。变量是由变量符号"#"和后面的变量号组成的如 #i（I = 1,2,3,…）=100，也可由表达式来表示变量，如 #［#1 + #2-60］。

（2）变量的使用。

① 在程序中使用变量值时，应指定后跟变量号的地址。当用表达式指定变量时，必须把表达式放在括号中。

例如：

Z # 30　若 # 30=20.0，则表示 Z20.0。

F # 11　若 # 11=100.0，则表示 F100。

② 改变引用变量的值的符号，要把负号（-）放在 # 的前面。如：

例如：

G00 X- # 11。

G01 X-［# 11 + # 22］F # 3

③ 当引用未定义的变量时，变量及地址都被忽略。

例如：当变量 # 11 的值是 0，并且变量 # 22 的值是空时，G00 X # 11 Y # 22 的执行结果为 GOO X0。

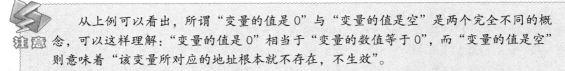

从上例可以看出，所谓"变量的值是 0"与"变量的值是空"是两个完全不同的概念，可以这样理解："变量的值是 0"相当于"变量的数值等于 0"，而"变量的值是空"则意味着"该变量所对应的地址根本就不存在，不生效"。

④ 不能用变量代表的地址符有程序号 O、顺序号 N、任选程序段跳转号/。例如，以下情况不能使用变量。

O # 1；　　/O # 2 G00 X100.0;　　N # 3 Y200.0

另外，使用 ISO 代码编程时，可用"#"代码表示变量，若用 EIA 代码，则应用"&"代码代替"#"代码，因为 EIA 代码中没有"#"代码。

（3）变量的赋值。

① 直接赋值。赋值是指将一个数据赋予一个变量。例如，# 1=10，则表示 # 1 的值是 10.0，其中"# 1"代表变量，"#"是变量符号（注意：根据数控系统的不同，其表示方法可能有差别），10 就是给变量 # 1 赋的值。这里的"="是赋值符号，起语句定义作用。

赋值的规律如下。

- 赋值号"="两边内容不能随意互换，左边只能是变量，右边可以是代表式、数值或变量。

- 一个赋值语句只能给一个变量赋值，整数值的小数点可以省略。

- 可以多次给一个变量赋值，新变量值将取代原变量值（即最后赋的值生效）。

赋值语句具有运算功能，它的一般形式为：变量 = 表达式。

例如，#1 = #1 + 1，#6 = #24 + #4*COS[#5]。

- 赋值表达式的运算顺序与数学运算顺序相同。
- 辅助功能（M 代码）的变量有最大值限制，如将 M30 赋值为 300 显然是不合理的。

② 引数赋值。宏程序体以子程序的方式出现，所用的变量可在宏调用时在主程序中赋值。

例如：G65 P2001 X100.0 Y20.0 F20.0;。

其中 X、Y、F 对应于宏程序中的变量号，变量的具体数值由引数后的数值决定。引数与宏程序体中变量的对应关系有两种，两种方法可以混用，其中 G、L、N、O、P 不能作为引数为变量赋值。

变量赋值方法 I、II 如表 4-3 和表 4-4 所示。

表 4-3　　　　　　　　　　　　变量赋值方法 I

地　　址	变 量 号	地　　址	变 量 号	地　　址	变 量 号
A	#1	I	#4	T	#20
B	#2	J	#5	U	#21
C	#3	K	#6	V	#22
D	#7	M	#13	W	#23
E	#8	Q	#17	X	#24
F	#9	R	#18	Y	#25
H	#11	S	#19	Z	#26

表 4-4　　　　　　　　　　　　变量赋值方法 II

地　　址	变 量 号	地　　址	变 量 号	地　　址	变 量 号
A	#1	K3	#12	J7	#23
B	#2	I4	#13	K7	#24
C	#3	J4	#14	I8	#25
I1	#4	K4	#15	J8	#26
J1	#5	I5	#16	K8	#27
K1	#6	J5	#17	I9	#28
I2	#7	K5	#18	J9	#29
J2	#8	I6	#19	K9	#30
K2	#9	J6	#20	I10	#31
I3	#10	K6	#21	J10	#32
J3	#11	I7	#22	K10	#33

变量赋值方法 I 举例如下。

G65 P2001 A100.0 X20.0 F20.0;

　　　　　　　　# 1　　　# 24　　　# 9

变量赋值方法 II 举例如下。

G65 P2002 A10.0 I5.0　J0　K20.0 I0 J30 K9;

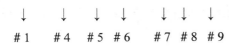

　　　　　# 1　　# 4　# 5 # 6　　# 7 # 8　# 9

（4）变量的种类。变量从功能上主要可归纳为两种，即系统变量和用户变量。

① 系统变量（系统占用部分）用于系统内部运算时各种数据的存储；

② 用户变量包括局部变量和公共变量，用户可以单独使用。变量类型如表 4-5 所示。

表 4-5　　　　　　　　　　　　　　变量类型

变 量 名		类型	功　能
# 0		空变量	该变量总是空，没有值能赋予该变量
用户变量	# 1～# 33	局部变量	局部变量只能在宏程序中存储数据，如运算结果。断电时，局部变量清除（初始化为空） 可以在程序中对其赋值
	# 100～# 199 # 500～# 999	公共变量	公共变量在不同的宏程序中的意义相同（即公共变量对于主程序和从这些主程序调用的每个宏程序来说是公用的） 断电时，# 100～# 199 清除（初始化为空），通电时复位到"0"； 而# 500～# 999 数据，即使在断电时也不清除
# 1 000 以上		系统变量	系统变量用于读和写 CNC 运行时各种数据变化，如刀具当前位置和补偿值等

（5）算术与逻辑运算。

① 运算类型宏程序具有赋值、算术运算、逻辑运算、函数运算等功能，如表 4-6 所示。

② 混合运算时的运算顺序上述运算和函数可以混合运算，涉及运算的优先级时，其运算顺序与数学上的定义基本一致，优先级的顺序从高到低依次如下。

函数运算

↓

乘法和除法运算（ * 、/、AND ）

↓

加法和减法运算（ + 、− 、OR、XOR ）

例如：

#1=#2+#3*SIN[#4]

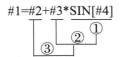

③ 括号嵌套　用 "[ ]" 可以改变运算顺序，最里层的 [ ] 优先运算。括号 [ ] 最多可以嵌套 5 级（包括函数内部使用的括号）。

例如：

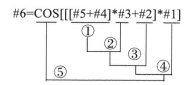

表 4-6　　　　　　　　　　　　　变量的各种运算

功　　能		格　　式	具 体 实 例
定义、置换		#i=#j	#20=500　　#102=#10
算术运算	加法	#i=#j+#k	#3=#10+#105
	减法	#i=#j－#k	#9=#3−100
	乘法	#i=#j*#k	#120=#1*#24　　#20=#6*360
	除法	#i=#j/#k	#105=#8/#7　　#80=#21/4
	正弦（度）	#i=SIN[#j]	#10=SIN[#3]
	反正弦	#i=ASIN[#j]	#146=ASIN[#2]
	余弦（度）	#i=COS[#j]	#132=COS[#30]
	反余弦	#i=ACOS[#j]	#18=ACOS[#24]
	正切（度）	#i=TAN[#j]	#30=TAN[#21]
	反正切	#i=ATAN[#j]/[#k]	#146=ATAN[#1]/[2]
	平方根	#i=SQRT[#j]	#136=SQRT[#12]
	绝对值	#i=ABS[#j]	#5=ABS[#102]
	四舍五入整数化	#i=ROUND[#j]	#112=ROUND[#23]
	指数函数	#i=EXP[#j]	#7=EXP[#31]
	（自然）对数	#i=LN[#j]	#4=LN[#200]
	上取整（舍去）	#i=FIX[#j]	#105=FIX[#109]
	下取整（进位）	#i=FUP[#j]	#104=FUP[#33]
逻辑运算	与	#i AND #j	#126=#10AND#11
	或	#i OR #j	#22=#5OR#18
	异或	#i XOR #j	#12=#15XOR25
从 BCD 转为 BIN		#i=BIN[#j]	用于与 PMC 的信号交换
从 BIN 转为 BCD		#i=BCD[#j]	

2. 转移与循环

在程序中，使用 GOTO 语句和 IF 语句可以改变程序的流向。有以下 3 种转移和循环操作可供使用。

$$
转移和循环
\begin{cases}
GOTO 语句 & \rightarrow 无条件转移 \\
IF 语句 & \rightarrow 条件转移，格式为：IF \cdots THEN \cdots \\
WHILE 语句 & \rightarrow 当\cdots 时循环
\end{cases}
$$

（1）无条件转移（GOTO 语句）。转移（跳转）到标有顺序号 n（即俗称的行号）的程序段。当指定 1～99999 以外的顺序号时，系统出现报警。其格式如下。

GOTO n; n 为顺序号（1～99999）

例如：GOTO 100，即转移至第 100 行。

（2）条件转移（IF 语句）。

① IF[<条件表达式>]　GOTO n

表示如果指定的条件表达式满足，则转移（跳转）到标有顺序号 n 的程序段；如果不满足指定的条件表达式，则顺序执行下一个程序段，执行流程如图 4-27 所示。

图4-27　IF … GOTO … 执行流程

② IF[<条件表达式>]THEN

如果指定的条件表达式满足，则执行预先指定的宏程序语句，而且只执行一个宏程序语句。

例如：IF [＃1 EQ ＃2] THEN ＃3=10;如果＃1 和＃2 的值相同，10 赋值给＃3。

说明：● 条件表达式必须包括运算符。运算符插在两个变量中间或变量和常量中间，并且用"[ ]"封闭。

● 运算符由两个字母组成，用于两个值的比较，以决定它们是相等还是一个值小于或大于另一个值，如表 4-7 所示。

表 4-7　　　　　　　　　　　　运算符

运　算　符	含　义	英 文 注 释
EQ	等于（=）	Equal
NE	不等于（≠）	Not Equal
GT	大于（>）	Great Than
GE	大于或等于（≥）	Great than or Equal
LT	小于（<）	Less Than
LE	小于或等于（≤）	Less than or Equal

【例4-6】　下面的程序为用 IF 语句计算数值 1～10 的累加总和。

程序如下。

```
O4006;
#1=0;                      存储和赋变量的初值
#2=1;                      被加数变量的初值
N10 IF[#2 GT 10]GOTO 20;   当被加数大于10时转移到N20
```

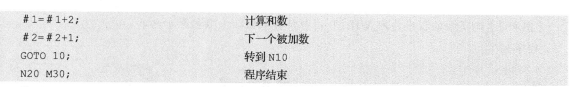

#1=#1+2;	计算和数
#2=#2+1;	下一个被加数
GOTO 10;	转到 N10
N20 M30;	程序结束

③ 循环（WHILE 语句）：在 WHILE 后指定一个条件表达式，当指定条件满足时，则执行从 DO 到 END 之间的程序；否则，转到 END 后的程序段，执行流程如图 4-28 所示。

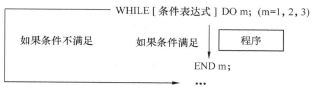

图4-28　WHILE语句执行流程

说明：

● 标号。DO 后的号和 END 后的号是指定程序执行范围的标号，标号值为 1，2，3，若用其他数值，系统会出现报警。

● 嵌套。在 DO～END 循环中的标号 1～3 可根据需要多次使用。但当程序有交叉重复，循环 DO 范围出现重叠时，系统会出现报警。嵌套主要有 5 种情况，如图 4-29～图 4-32 所示。

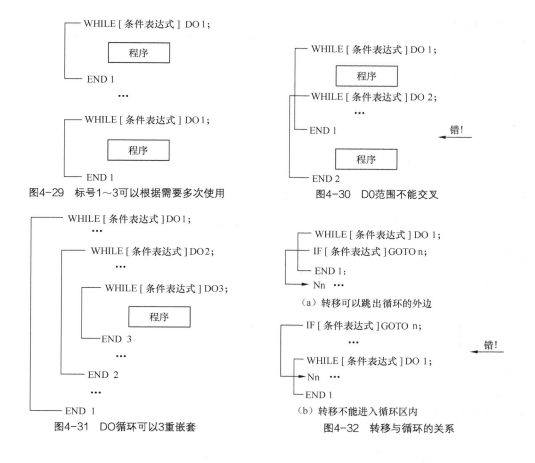

图4-29　标号1～3可以根据需要多次使用

图4-30　DO范围不能交叉

图4-31　DO循环可以3重嵌套

图4-32　转移与循环的关系

【例 4-7】 下面的程序为用 WHILE 语句计算数值 1～10 的累加总和。

程序如下。

```
O4007;
#1=0;                          存储和赋变量的初值
#2=1;                          被加数变量的初值
WHILE [#2 LE 10] DO 1;         当被加数大于 10 时退出循环
#1=#1+#2;                      计算和数
#2=#2+#1;                      下一个被加数
END1;                          转到标号 1
M30;                           程序结束
```

4.2.3 宏程序的调用

宏指令既可以在主程序体中使用，也可以被当成子程序来调用。

1. 放在主程序体中

```
……
N50 #100=30.0
N60 #101=20.0
N70 G01 X#100  Y#101 F500
……
```

2. 被当成子程序来调用

当指定 G65 时，以地址 P 指定的用户宏程序被调用，数据自变量能传递到用户宏程序体中，如图 4-33 所示。

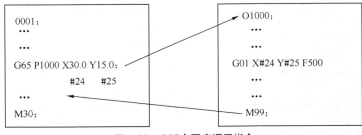

图4-33 G65宏程序调用指令

格式：

引数及引数指定值
重复次数（1～9999 次）
宏程序号

说明：

① G65 必须放在该句首。

② 省略 L 值时认为 L 等于 1。

③ 一个引数是一个字母，对应于宏程序中变量的地址（见变量赋值方法 I 和 II 表），引数后的数值赋予宏程序中与引数对应的变量。

④ 同一语句中可以有多个引数，若变量赋值 I 和 II 混合赋值，则较后赋值的变量类型有效。例如，G65 P1000 A1.0 B2.0 I −3.0 I4.0 D5.0；其中 I4.0 和 D5.0 都给变量 #7 赋值，但后者 D5.0 有效。

【例4-8】 以角度步长 1、初始角度 0、终止角度 360° 加工如图 4-34 所示的深度为 −2.0 mm 的椭圆。

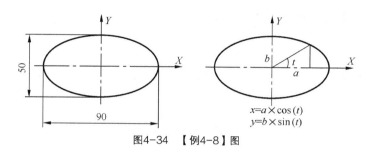

$$x = a \times \cos(t)$$
$$y = b \times \sin(t)$$

图4-34 【例4-8】图

方法 1 程序如下。

```
O4008;
N010 #100=0;                             赋变量 #100 初始值
N020 G54 G90 G00 X65.0 Y0 Z100.0;         定位于（65，0，100）上方
N030 S1000 M03;                           主轴旋转
N040 G01 Z-2.0 F1000;                     下刀至切深
N050 #112=45*COS [#100];                  计算 x 坐标值
N060 #113=25*SIN [#100];                  计算 Y 坐标值
N070 G01 G42 X#112 Y#113 D02 F500;        运行一个步长
N080 #100=#100+1;                         变量 #100 增加一个角度步长
N090 IF [#100 LE 360 ] GOTO50;            条件判断 #100 是否小于等于 360，满足则返回 50
N100 G01 G40 X65.0 Y0;                    取消刀具补偿，回到（65，0）
N110 G90 G00 Z100.0 M05;                  快速抬刀至安全高度
N120 M30;                                 程序结束
```

方法 2 程序如下。

```
O4008;
N010 G54 G90 G00 X0 Y0 Z100.0;            定位于 G54 上方的安全高度
N020 S1000 M03;                           主轴旋转
N030 G65 P2000 A45.0 B25.0 C1.0 I0 J360.0 K-2.0;   调用宏程序，对应的变量赋值
      ↓    ↓    ↓    ↓  ↓    ↓
     #1   #2   #3  #4  #5   #6
N040 G00 Z100.0 M05;                      快速抬刀至安全高度
N050 M30;                                 程序结束
O2000;                                    宏程序
N010 G90 G00 X[#1+20] Y0 Z100.0;          定位于（65，0，100）上方
N020 G01 Z#6 F1000;                       下刀至切深
N030 #100 = #1*COS[#4];                   计算 x 坐标值
```

```
N040 #101= #2*SIN [#4];                      计算Y坐标值
N050 G01 G42 X#100 Y#101 D02 F500.0 ;        运行一个步长
N060 #4 = #4+#3;                             变量#4增加一个角度步长
N070 IF [#4 LE #5] GOTO 30;                  条件判断#4是否小于等于360，满足则返回30行
N080 G01 G40 X[#1+20] Y0;                    取消刀具补偿，回到（65，0）
N090 G90 G00 Z100.0;                         快速抬刀至安全高度
N100 M99;                                    子程序结束
```

4.2.4　宏程序加工实例

1.　圆周孔加工实例

【例4-9】　编制图4-35所示的圆周均部孔的宏程序，其工序步骤如表4-8所示。

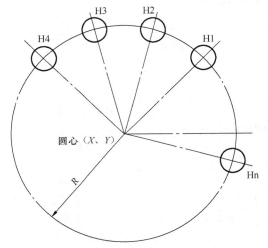

图4-35　宏程序圆周孔加工实例

表4-8　　　　　　　　　　　宏程序孔加工工序步骤

机床：加工中心 FANUC 0i MC				加工数据表			
工序	加工内容	刀具	刀具类型	主轴转速 /r·min^{-1}	进给速度 /mm·min^{-1}	刀具半径补偿	刀具长度补偿
1	钻孔	T1	φ10 钻头	800	100	无	无

程序如下。

```
O4009;
N010 #1=20;          第1个孔的角度
N020 #2=30;          各孔间的角度间隔
N030 #4=80;          均布的半径R
N040 #9=100;         切削进给速率
N050 #11=12;         均布孔个数
N060 #18=10;         R面高度
N070 #24=120;        圆心X坐标值
```

```
N080 #25=75;                          圆心 Y 坐标值
N090 #26=-15;                         孔深
N100 G54 G90 G00 X0 Y0 Z50.0;         程序开始，定位于 G54 原点上方的安全高度
N110 S800 M03;                        主轴正转
N120 #3=1;                            钻孔个数赋初值 1
N130 WHILE[#3 LE #11] DO1;            循环判断#3，若#3≤#11，循环 1 继续
N140 #5=#1+[#3-1]*#2;                 第#3 个孔对应的角度
N150 #6=#24+#4*COS[#5];               第#3 个孔中心的 x 坐标值
N160 #7=#25+#4*SIN[#5];               第#3 个孔中心的 Y 坐标值
N170 G98 G81 X#6 Y#7 Z#26 R#18 F#9;   加工第#3 个孔
N180 #3=#3+1;                         孔的个数递增 1
N190 END1;                            循环 1 结束
N200 G80;                             取消固定循环
N210 M30;                             主程序结束
```

2. 倒圆角加工实例

【例 4-10】　编制图 4-36 所示的凸模板零件的加工程序，材料为 45 钢，其工序步骤如表 4-9 所示。

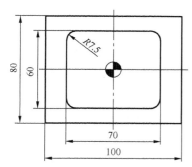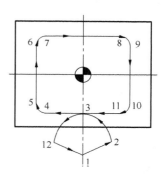

图4-36　凸模板及加工刀具路径

表 4-9　　　　　　　　　凸模零件加工工序步骤

机床：加工中心 FANUC 0i MC				加工数据表			
工序	加工内容	刀具	刀具类型	主轴转速 /r·min⁻¹	进给速度 /mm·min⁻¹	刀具半径补偿	刀具长度补偿
1	铣外形轮廓	T1	ϕ16 立铣刀	600	150	D01=10	H01
2	R3 圆角加工	T2	R4 球头刀	2000	1000	变化的 D02	H02

程序如下。

```
O4010;
N010 G91 G28 Z0;                      Z轴自动回零
N020 T1 M06;                          换 1 号 φ20 立铣刀
N030 G54 G90 G00 X0 Y-60.0;           刀具位于（0，-60）正上方
N040 M600 M03;                        主轴正转
N050 G43 Z50.0 H01 M08;               刀具位于工件上表面 50.0 mm 处，切削液开启
```

```
N060 G00 Z5.0;                          快速下刀至工件表面 5 mm 处
N070 G01 Z-4.0 F150;                    下刀至切深 Z-4.0
N080 D01 M98 P2;                        调用轮廓加工子程序
N090 G01 Z-8.0 F150;                    下刀至切深 Z-8.0
N100 D01 M98 P2;                        调用轮廓加工子程序
N105 G00 Z5.0 M09;                      快速提刀至工件表面，冷却液关闭
N110 G00 Z50.0 M05;                     快速提刀至安全高度，主轴停转
N120 G91 G28 Z0;                        Z 轴自动回零
N130 T02 M06;                           换 2 号 R4 球头刀
N140 G54 G90 G00 X0 Y-60.0;             刀具位于（0，-60）正上方
N150 S2000 M03;                         主轴正转
N160 G43 Z50.0 H02 M08;                 刀具位于工件上表面 50.0 mm 处，切削液开
N170 G00 Z5.0;                          快速下刀至工件表面 5 mm 处
N180 #1=4;                              球头刀半径
N190 #2=3;                              倒角半径
N200 #3=90;                             角度变量，从顶部开始加工
N210 WHILE[#3 GE 0] DO1;                循环判断#3，若#3≥0，则循环 1 继续
N220 #4=[#1+#2]*COS[#3] -#2;            计算半径补偿值 D02=#4
N230 #5=[#1+#2]*SIN[#3] - [#1+#2];      计算刀具 Z 坐标
N240 #13002=#4;                         D02=#4
N250 G01 Z#5 F1000;                     Z 向运动
N270 D02 M98 P2;                        调用轮廓加工子程序
N280 #3=#3-1;                           角度减 1
N290 END1;                              循环 1 结束
N300 G01 Z5.0 M09;                      快速提刀至工件表面，冷却液关闭
N310 G00 Z50.0 M05;                     快速提刀至安全高度，主轴停转
N320 M30;                               主程序结束

O2;                                     轮廓加工子程序
N010 G41 G01 X20.0 Y-50.0;              2，并建立刀具半径补偿
N020 G03 X0 Y-30.0 R20.0;               3
N030 G01 X-27.5 Y-30.0;                 4
N040 G02 X-35.0 Y-22.5 R7.5;            5
N050 G01 X-35.0 Y22.5;                  6
N060 G02 X-27.5 Y30.0 R7.5;             7
N070 G01 X27.5 Y30.0;                   8
N080 G02 X35.0 Y22.5 R7.5;             9
N090 G01 X35.0 Y-22.5;                  10
N100 G02 X27.5 Y-30.0 R7.5;             11
N110 G01 X0 Y-30.0;                     3
N120 G03 X-20.0 Y-50.0 R20.0;          12
N130 G40 G01 X0 Y-60.0;                 1，并取消刀具半径补偿
N140 M99;                               子程序结束
```

3. 球面加工实例

【**例** 4-11】　如图 4-37 所示，将一圆柱体用立铣刀进行球面加工，其工序步骤如表 4-10 所示。

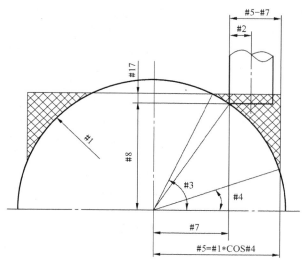

图4-37　球面加工图

表 4-10　　　　　　　　　　　　　　球面加工工序步骤

机床：加工中心 FANUC 0i MC				加工数据表			
工序	加工内容	刀具	刀具类型	主轴转速 /r·min⁻¹	进给速度 /mm·min⁻¹	刀具半径补偿	刀具长度补偿
1	球面加工	T1	立铣刀	2 000	1 000	无	无

程序如下。

```
O4011;
N010 G54 G90 G00 X0 Y0 Z50.0;                定位于 G54 原点上方的安全高度
N020 S2000 M03;                              主轴正转
N030 G65 P3000 X50.0 Y-20.0 Z-10.0 A20 B30 C90 I0 Q1;   调用宏程序 O3000
N040 M30;                                    程序结束
```

自变量赋值说明：

#1=（A）	（外）球面的圆弧半径 Radius
#2=（B）	立铣刀半径 radius
#3=（C）	（外）球面起始角度（start angle），#3≤90°
#4=（I）	（外）球面终止角度（end angle），#4≥0°
#17=（Q）	Z 坐标每次递减量（每层切深即层间距 q）
#24=（X）	球心在工件坐标系 G54 中的 X 坐标
#25=（Y）	球心在工件坐标系 G54 中的 Y 坐标
#26=（Z）	球心在工件坐标系 G54 中的 Z 坐标

```
O3000;                                       宏程序
N010 G52 X#24 Y#25 Z#26;                     在球面中心（X，Y，Z）处建立局部坐标系
N020 G00 X0 Y0 Z[#1+30.0];                   定位至球面中心上方安全高度
```

```
N030 #5=#1* COS[#4];          终止高度上接触点的 X 坐标值（即毛坯半径）
N040 #6=1.6* V2;              步距设为刀具直径的 80%
N050 #8=#1* SIN[#3];          任意高度上刀尖的 Z 坐标值设为自变量，赋初始值
N060 #9=#1* SIN[#4];          终止高度上刀尖的 Z 坐标值
N070 WHILE[#8 GT#9] DO1;      如果#8＞#9，循环 1 继续
N080 X[#5+#2+1.0] Y0;         （每层）G00 快速移动到毛坯外侧
N090 Z[#8+1.0];              G00 下降至 Z#8 以上 1.0 处
N100 #18=#8-#17;             当前加工深度（切削到材料时）对应的 Z 坐标
N110 G01 Z#18 F150;          G01 下降至当前加工深度（切削到材料时）
N120 #7= SQRT[#1*#1-#18*#18]; 任意高度上刀具与球面接触点的 X 坐标值
N130 #10=#5-#7;             任意高度上被去除部分的宽度（绝对值）
N140 #11= FIX[#10/#6];        每层被去除宽度除以步距并取整，重置为初始值
N150 WHILE[#11 GT 0] DO2;     如#11≥0（即还未走到最内一圈），则循环 2 继续
N160 #12=#7+#11*#6+#2;        每层（刀具中心）在 X 方向上移动的 X 坐标目标值
N170 G01 X#12 Y0 F1000;       以 G01 移动至第 1 目标点
N180 G02 I-#12;             顺时针走整圈
N190 #11=#11-1;             自变量#11（每层走刀圈数）依次递减至 0
N200 END2                  循环 2 结束（最内一圈已走完）
N210 G00 Z[#1+30.0];        G00 提刀至安全高度
N220 #8=#8-#17;             Z 坐标自变量#8 递减至#17
N230 END1;                 循环 1 结束
N240 G00 Z[#1+30.0];        G00 提刀至安全高度
N250 G52 X0 Y0 Z0;          取消局部坐标系
N260 M99;                  宏程序结束返回
```

若#3=90°，#4=0°，则对应于半球加工。

FANUC 0i 系统加工中心的操作

FANUC 0i 系统加工中心与数控铣床的 CRT/MDI 操作面板和机床控制面板基本相同，且机床的操作步骤大体相同，在此不再重复说明，详见数控铣床的相关内容。

1. 刀库中刀柄的装入与取出操作

加工中心和数控铣床最本质的区别在于，加工中心具有自动交换刀具的功能，而在数控铣床上却不能自动换刀。加工中心运行时，刀库自动换刀并装入刀具，所以在运行程序前，要把装好刀具的刀柄装入刀库。在更换刀具或不需要某把刀时，要把刀柄从刀库中取出。例如，ϕ10 mm 立铣刀为 1 号刀，ϕ12 mm 键槽刀为 3 号刀，其操作过程如下。

① 按 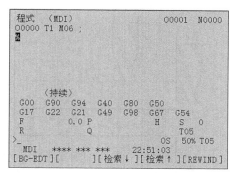 和 键，进入 MDI 模式，输入 T1 M06，如图 4-38 所示。然后按循环启动键 ，立即执行输入的程序段（为避免误动作，尽量不要使用单段运行）。

② 待加工中心换刀动作（实际上是在刀库 1 号位空抓一下后返回）全部结束后，切换至 手轮或 手动模式下，左手握住刀柄，注意缺口方向，将刀柄轻轻地推入主轴孔，同时右手再按机床操作面板上的紧刀键 或主轴立柱上的松/紧刀按钮 ，此时把 1 号刀具的刀柄装入主轴。

③ 再进入 MDI 模式，输入 T3 M06 后按 循环启动键执行程序。此时，1 号刀装入刀库，在 3 号刀位空抓一下。

图4-38　换刀指令输入

④ 切换至 手轮或 手动模式下，左手握住刀柄，注意缺口方向，将刀柄轻轻地推入主轴孔，同时右手再按机床操作面板上的紧刀键 或主轴立柱上的松/紧刀按钮 ，把 3 号刀具的刀柄装入主轴。

取出刀库中的刀具时，只需在 MDI 方式下执行要换下刀具的"T×M06"指令，待刀柄装入主轴、刀库退回等一系列动作全部结束后，切换至 手轮或 手动模式下，按机床操作面板上的松刀键 或主轴立柱上的松/紧刀按钮 ，取下刀柄。

2. 对刀操作

（1）用铣刀直接对刀。用铣刀直接对刀，就是在工件已装夹完成并在主轴装入刀具后，通过手轮脉冲发生器操作移动工作台及主轴，使旋转的刀具与工件的前（后）、左（右）侧面及工件的上表面在如图 4-39 所示的 1～5 这 5 个位置做极微量的接触切削（产生切屑或摩擦声），分别记下刀具在作极微量切削时所处的机床（机械）坐标值，对这些坐标值做一定的数值处理后就可以设定工件坐标系了。

操作过程如下（针对图 4-39 中的位置 1）。

① 工件装夹并校正平后夹紧。

② 在主轴上装入已装好刀具的刀柄。

③ 按 和 键，进入 MDI 模式，在数据输入行输入"S500 M03"，按 键确定后，按循环启动键 ，再按下 复位键，使主轴停转。

④ 按 键，选择相应的轴和倍率，摇动手轮脉冲发生器，使刀具从如图 4-40 所示的 A 位置移动至 D 位置。当刀具接近工件侧面时，用手转动主轴使刀具的刀刃与工件侧面相对，感觉刀刃很接近工件时，启动主轴，使主轴转动，倍率选择 ×10 或 ×1。此时应一格一格地转动手摇脉冲发生器，注意观察有无切屑（一旦发现有切屑应马上停止脉冲进给）或注意听声音（刀具与工件微量接触时一般会发出"嚓""嚓"的响声，一旦听到声音应马上停止脉冲进给），即到达 D 的位置。

⑤ 选择 Z 轴（避免在后面的操作中不小心碰到脉冲发生器而出现意外），按 进入坐标显示的页面，记下此时 X 轴的机床坐标或把 X 的相对坐标清零。

⑥ 转动手轮脉冲发生器（倍率重新选择为×100），使主轴上升如图4-40中的④；移动到一定高度后，选择 X 轴，使主轴水平移动，如图4-40中的⑤，再使主轴停止转动。

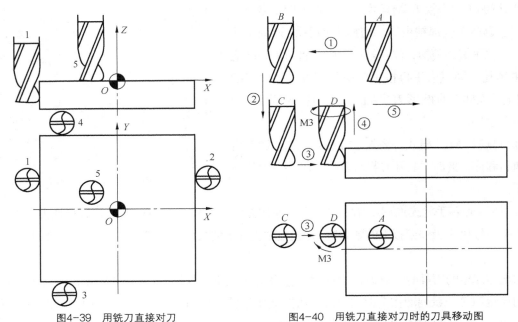

图4-39　用铣刀直接对刀　　　　图4-40　用铣刀直接对刀时的刀具移动图

同理，可进行图4-39中2、3、4三个位置的操作。

在用刀具进行 Z 轴对刀时，刀具应处于工件欲切除部位的上方如图4-40中的位置 A，按 键启动主轴，转动手轮脉冲发生器，使主轴下降，待刀具接近工件表面时，先选小倍率，一格一格地转动手摇脉冲发生器，当发现有切屑或观察到工件表面被切出一个圆圈时（也可以在刀具正下方的工件上贴一小片浸了切削液或油的薄纸片，纸片厚度可以用千分尺测量，当刀具把纸片转飞时），停止手摇脉冲发生器的进给，记下此时的 Z 轴机床坐标值（用薄纸片时应在此坐标值的基础上减去纸片厚度）。反向转动手摇脉冲发生器，待确认主轴是上升时，选择大倍率继续使主轴上升。

用铣刀直接对刀时，由于每个操作者对微量切削的感觉程度不同，所以对刀精度并不高。这种方法主要应用在要求不高或没有寻边器的场合。

（2）用寻边器对刀。用寻边器对刀只能确定 X、Y 方向的机床坐标值，而 Z 方向只能通过刀具或刀具与 Z 轴设定器配合来确定。图4-41所示为使用光电式寻边器在1～4这4个位置确定 X、Y 方向的机床坐标值，在位置5用刀具确定 Z 方向的机床坐标值。图4-42所示为使用偏心式寻边器在1～4这四个位置确定 X、Y 方向的机床坐标值，在位置5用刀具确定 Z 方向的机床坐标值。

使用光电式寻边器时（主轴做50～100 r/min 的转动），当寻边器的 Sϕ10球头与工件侧面的距离较小时，手摇脉冲发生器的倍率旋钮应选择×10或×1，且一个脉冲一个脉冲地移动，到出现发光或蜂鸣时应停止移动，此时光电寻边器与工件刚好接触，其移动顺序如图4-41所示。记录下当前位置的机床坐标值或将相对坐标清零。退出时应注意光电式寻边器的移动方向，如果移动方向发生错误则会损坏寻边器，导致寻边器歪斜而无法继续使用。一般可以先沿+Z 轴移动，退离工件后再做 X、

Y 方向的移动。使用光电式寻边器对刀时，在装夹过程中就必须把工件的各个面擦干净，不能影响其导电性。

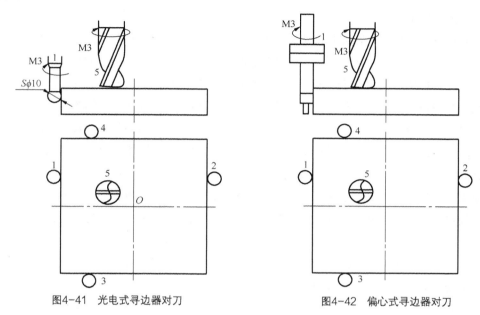

図4-41　光电式寻边器对刀　　　　　　図4-42　偏心式寻边器对刀

使用偏心式寻边器对刀的过程如图 4-43 所示。图 4-43（a）所示为偏心式寻边器装入主轴时，主轴没有旋转；图 4-43（b）所示为主轴的转速为 200～300 r/min，寻边器的下半部分在弹簧的带动下一起旋转，在没有到达准确位置时出现虚像；图 4-43（c）所示为移动到准确位置后上下重合，此时应记录下当前位置的机床坐标值或将相对坐标清零；图 4-43（d）所示为移动过头后的情况，下半部分没有出现虚像。初学者最好使用偏心式寻边器对刀，因为移动方向发生错误不会损坏寻边器。另外，观察偏心式寻边器的影像时，不能只在一个方向观察，应在互相垂直的两个方向进行。

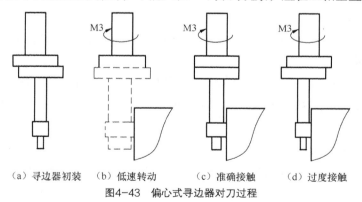

（a）寻边器初装　（b）低速转动　（c）准确接触　（d）过度接触

図4-43　偏心式寻边器对刀过程

3. 工件坐标系原点 $Z0$ 的设定、刀具长度补偿的设置

（1）工件坐标系原点 $Z0$ 的设定　在加工中心设定工件坐标系原点 $Z0$ 时一般采用以下两种方法：

① 有基准刀。将工件坐标系原点 $Z0$ 设定在工件的上表面（设置 G54 时，Z 后面为基准刀的 Z 值）。

选择一把刀为基准刀具，每把刀通过刀具长度补偿的方法使其均以工件上表面为编程时的工件坐标系原点 Z0。

具体操作步骤如下。

直接用刀具进行操作。旋转刀具，移动 Z 轴，使刀具接近工件上表面（应在工件欲被切除的部位）。当刀具刀刃在工件表面切出一个圆圈或把粘在工件表面（浸有切削液）的薄纸片转飞时，记录当前的 Z 轴机床坐标值（使用薄纸片时，应将当前的机床坐标减去 0.01～0.02 mm）。

对于此种方法，除基准刀具外，在使用其他刀具时都必须有刀具长度补偿指令，设置时把基准刀具的 Z 轴机床坐标值设置到 G54 或其他工件坐标系的设置位置。如果基准刀具在切削过程中被折断，则重新换刀后仍以上面的方法进行操作，得到新的 Z 轴机床坐标值，用此 Z 值减去工件坐标系原点 G54 等设置处的机床坐标值，并把减得的值设置到基准刀具的长度补偿中。

也可使用 Z 向对刀器，如图 3-30（c）、（d）所示。把 Z 向对刀器放置在工件的水平表面上，主轴上装入已装夹好刀具的刀柄，移动 X、Y 轴，使刀具尽可能处在 Z 向对刀器中心的上方；移动 Z 轴，用刀具（主轴禁止转动）压下 Z 向对刀器圆柱台，使指针指到调整好的 "0" 位或指示灯处于亮与不亮之间；记录当前的 Z 轴机床坐标值，并减去 Z 向对刀器的标准高度。将减得的值设置到 G54 或其他工件坐标系的设置位置即可。

② 刀刀独立。将工件坐标系原点 Z0 设定在机床坐标系的 Z0 处（设置 G54 时，Z 后面为 0）。

（2）刀具长度补偿的设置。对应工件坐标系原点 Z0 的设定方法，刀具长度补偿的设置方法同样有两种。针对第一种情况，在设置基准刀的长度补偿时 H 值应为 0，其他刀具只需用记录的 Z 轴机床坐标值减去基准刀具的 Z 轴机床坐标值，把减得的值（有正、负，设置时一律带符号输入，调用长度补偿时一律用 G43）设置到相应刀具的 H 处；对于第二种情况，只需把上面记录的 Z 轴机床坐标值都减去 50，然后把计算得到的值（全部为负）设置到刀具相应的 H 处。

具体操作为：在任何方式下按 OFFSET SETTING 或按［补正］进入刀具补偿存储器页面，利用 ← → ↑ ↓ 四个箭头可以把光标移动到所有设置的刀具 "番号" 与 "形状（H）" 相交的位置，输入要设置的值，并按［INPUT］或［输入］，设置完毕。如果按［+输入］则将把当前值与存储器中已有的值叠加。

4. 程序的传输

数控程序可以通过记事本或写字板等编辑软件输入并保存为文本格式文件，传输步骤如下。

（1）用数据线连接数控机床的 RS-232 接口和计算机。一定要关机连接，否则可能烧坏数控系统。

（2）正常启动数控机床和计算机。

（3）数控机床做好准备接受状态，先按下 ⊠ 键，再按 PROG 键，再按［操作］软键，按 ▶ 软键，然后按下［READ］软键，接下来输入导入的程序名，如 "O1212"（不能和机床已有的程序名相同），最后按［EXEC］软键。机床 CRT 界面中显示 "标头 SKP"，如图 4-44 所示，数控机床处于等待接受状态。

（4）打开计算机中已装好的数控程序传输工具，如图 4-45 所示。设置相应的参数，如波特率、停止位、数据位、奇偶校验、传输接口等，必须设置得和数控机床参数一样才能传输。

（5）设置好参数后，单击如图 4-45 所示的传输工具上的 [Send]，会弹出对话框，要求选择发送的数控程序，找到后单击 [确定] 按钮，程序正常传输。

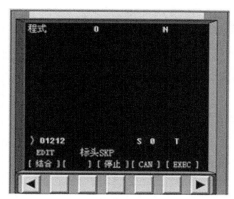

图4-44　机床接受状态

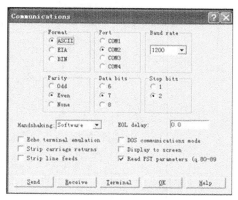

图4-45　传输工具参数设置

加工中心编程实例

对于铣削加工，编程人员除了考虑工件坐标系原点的位置外，还应考虑起刀点和退刀点的位置。起刀点和退刀点必须距离加工零件上表面一个安全高度，保证在停止状态时刀具不与加工零件和夹具发生碰撞。下刀运动过程中最好不用（G00）快速运动，而要用（G01）直线插补运动。

对于铣削加工，编程人员还应充分考虑刀具的切入和切出方式。刀具的切入方式不仅影响加工质量，同时直接关系到加工的安全。对于二维轮廓加工，一般要求从侧向进刀或沿切线方向进刀，尽量避免垂直进刀；切出方式也应从侧向或切向退刀。刀具从安全面高度下降到切削高度时，应离开工件毛坯边缘 5～10 mm，以免发生危险。

对于型腔的粗铣加工，一般应用键槽铣刀事先钻一个工艺孔至型腔底面（留一定精加工余量），然后进行扩孔，以便所使用的立铣刀能从工艺孔进刀进行型腔粗加工。型腔粗加工一般采用从中心向四周扩展的方式。

【例 4-12】　按照技术要求，完成如图 4-46 所示腔体零件的加工。

（1）零件图分析。图 4-46 所示的腔体零件由直槽、斜槽、内含两圆台岛屿 2-φ50 的型腔以及 9 个孔组成，其中，直槽、斜槽、型腔的尺寸精度和表面质量要求较高，直槽侧面与工件侧面有垂直度要求，两岛屿轴线与工件中心有对称度要求，通过一次装夹加工可以保证。毛坯是经过预先铣削加工过的硬铝块，尺寸为 170 mm × 154 mm × 24 mm。

（2）工艺分析。

① 装夹方案的确定：本例中毛坯规则，底部用 4 个 50 mm × 50 mm × 50 mm 的等高块定位，4 个角用压板压紧，避免与刀具干涉即可。

② 刀具的选择：本例选择了 8 种刀具，具体型号及规格如表 4-11 所示。

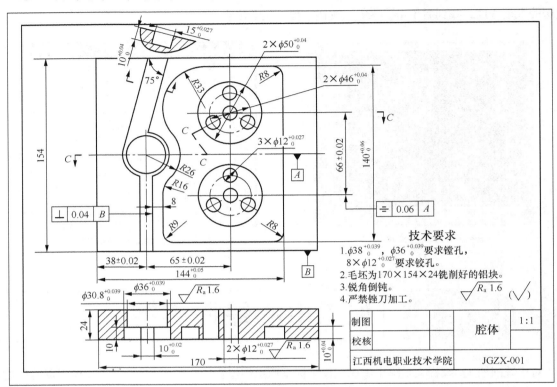

图4-46　【例4-12】图

表 4-11　　　　　　　　　　　　工序刀具的切削参数

机床型号 VMC750					加 工 数 据			刀具补偿号	
序号	加 工 工 步	刀具号	刀具类型	刀具规格	主轴转速 /r·min^{-1}	进给速度 /mm·min^{-1}		Fanuc	
								半径	长度
1	执行 O5027 程序钻中心孔	T1	中心钻	A3	800	100			H1
2	钻 ϕ11.8 孔	T2	钻头	ϕ11.8	800	100			H2
3	铰孔	T5	铰刀	ϕ12H7	300	100			H5
4	粗铣直槽	T6	键槽铣刀	ϕ6	800	200		D6	H6
5	粗加工斜槽及型腔	T7	键槽铣刀	ϕ10	600	80		D7	H7
6	精加工直槽、斜槽及型腔	T8	立铣刀	ϕ8	1 000	100		D8	H8
7	执行 O5028 程序钻中心孔	T1	中心钻	A3	1 000	100			H1
8	钻 ϕ11.8 孔	T2	钻头	ϕ11.8	500	100			H2
9	钻 ϕ34 孔	T3	钻头	ϕ34	250	50			H3
10	镗孔	T4	精镗刀	ϕ35.5～ϕ40	800	50			H4
11	去毛刺及残料清角								

③ 加工路线的确定

如图 4-47 所示，其工序过程如表 4-11 所示。

（3）确定工件坐标系原点。根据工艺基准与设计基准统一的原则，工件坐标系原点设于零件上表面与φ36孔的轴线相交处，且节点坐标如图 4-47 所示。

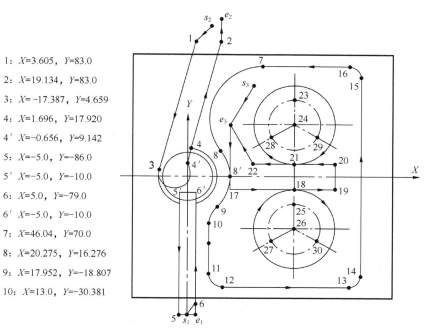

1：X=3.605，Y=83.0

2：X=19.134，Y=83.0

3：X=-17.387，Y=4.659

4：X=1.696，Y=17.920

4′X=-0.656，Y=9.142

5：X=-5.0，Y=-86.0

5′X=-5.0，Y=-10.0

6：X=5.0，Y=-79.0

6′X=-5.0，Y=-10.0

7：X=46.04，Y=70.0

8：X=20.275，Y=16.276

9：X=17.952，Y=-18.807

10：X=13.0，Y=-30.381

图4-47　【例4-12】加工路线及节点

（4）零件的加工程序如下。

程序	注释
O4012;	
N010 G91 G28 Z0;	z轴自动回零
N020 T1;	1号刀就换刀位
N030 M06 T02;	将1号刀装上主轴，2号刀就换刀位
N040 G54 G90 G00 X0 Y0;	刀具位于G54原点正上方
N050 S800 M03;	主轴正转
N060 G43 H1 Z50.0 M08;	刀具位于工件上表面50.0 mm处，切削液开启
N070 G99 G81 X65.0 Y49.0 Z-5.0 R5.0 F100;	点23处打中心孔
N080 X65.0 Y33.0;	点24处打中心孔
N090 X65.0 Y-17.0;	点25处打中心孔
N100 X65.0 Y-33.0;	点26处打中心孔
N110 X51.144 Y-41.0;	点27处打中心孔
N120 X51.144 Y25.0;	点28处打中心孔
N130 X78.856 Y25.0;	点29处打中心孔
N140 X78.856 Y-41.0;	点30处打中心孔
N150 G80 G00 Z50.0 M09;	取消固定循环并提刀至安全高度，冷却液关闭
N160 G91 G28 Z0 M05;	z轴自动回零，主轴停转
N170 M06 T05;	将2号刀装上主轴，5号刀就换刀位

```
N180 G90 G54 G00 X0 Y0;                              刀具位于 G54 原点正上方
N190 S800 M03;                                       主轴正转
N200 G43 H2 Z50.0 M08;                               刀具位于工件上表面 50.0 mm 处，切削液开启
N210 G99 G83 X65.0 Y49.0 Z-32.0 R5.0 Q8.0 F100;      23 钻孔
N220 X65.0 Y33.0;                                    24 钻孔
N230 X65.0 Y-17.0;                                   25 钻孔
N240 X65.0 Y-33.0;                                   26 钻孔
N250 X51.144 Y-41.0;                                 27 钻孔
N260 X51.144 Y25.0;                                  28 钻孔
N270 X78.856 Y25.0;                                  29 钻孔
N280 X78.856 Y-41.0;                                 30 钻孔
N290 G80 G00 Z50.0 M09;                              取消固定循环并提刀至安全高度，冷却液关
N300 G91 G28 Z0 M05;                                 z 轴自动回零，主轴停转
N310 M06 T06;                                        将 5 号刀装上主轴，6 号刀就换刀位
N320 G90 G54 G00 X0 Y0;                              刀具位于 G54 原点正上方
N330 S300 M03;                                       主轴正转
N340 G43 H5 Z50.0 M08;                               刀具位于工件上表面 50.0 mm 处，切削液开启
N350 G99 G81 X65.0 Y49.0 Z-31.0 R10.0 F100;          23 铰孔
N360 X65.0 Y33.0;                                    24 铰孔
N370 X65.0 Y-17.0;                                   25 铰孔
N380 X65.0 Y-33.0;                                   26 铰孔
N390 X51.144 Y-41.0;                                 27 铰孔
N400 X51.144 Y25.0;                                  28 铰孔
N410 X78.856 Y25.0;                                  29 铰孔
N420 X78.856 Y-41.0;                                 30 铰孔
N430 G80 G00 Z50.0 M09;                              取消固定循环并提刀至安全高度，冷却液关闭
N440 G91 G28 Z0 M05;                                 z 轴自动回零，主轴停转
N450 M06 T07;                                        将 6 号刀装上主轴，7 号刀就换刀位
N460 G90 G54 G00 X0 Y0;                              刀具位于 G54 原点正上方
N470 S800 M03;                                       主轴正转
N480 G43 H6 Z50.0 M08;                               刀具位于工件上表面 50.0 mm 处，切削液开启
N490 G00 X0 Y-86.0;                                  快速点定位至（0，-86）
N500 G00 Z-6.0;                                      下刀至 Z-6.0
N510 G01 X0 Y-10.0 F200;                             沿直槽中心线第 1 次铣至（0，-10）
N520 G00 Z10.0;                                      快速提刀至 Z10.0
N530 X0 Y-86.0;                                      又快速点定位至（0，-86）
N540 Z-9.8;                                          下刀至 Z-9.8
N545 G01 X0 Y-10.0 F200;                             沿直槽中心线第 2 次铣至（0，-10）
N550 G00 Z10.0;                                      快速提刀至 Z10.0
N560 X-3.0 Y-86.0;                                   快速点定位至 $S_1$
N570 G01 Z-9.8 F80;                                  工进下刀至 Z-9.8
N580 D6;                                             D6=3.5 mm
N590 M98 P2001;                                      调用加工直槽子程序
N600 G00 Z50.0 M09;                                  快速提刀至安全高度，冷却液关闭
```

N605 G91 G28 Z0 M05;	z 轴自动回零, 主轴停转
N610 M06 T08;	将 7 号刀装上主轴, 8 号刀就换刀位
N620 G90 G54 G00 X0 Y0;	刀具位于 G54 原点正上方
N630 S600 M03;	主轴正转
N640 G43 H7 Z50.0 M08;	刀具位于工件上表面 50.0 mm 处, 切削液开启
N650 G00 X12.0 Y86.0;	快速点定位至 s_2
N660 Z-9.8;	下刀至 Z-9.8
N670 D7;	D7=5.5 mm
N680 M98 P2002;	调用加工斜槽子程序
N690 G00 Z50.0;	快速提刀至 Z50.0
N700 G00 X40.0 Y58.0;	快速点定位至（40, 58）
N710 G00 Z10.0;	快速趋近工件表面 Z10.0
N720 G01 Z-9.8 F100;	工进下刀至 Z-9.8
N730 D7;	D7=5.0 mm
N740 M98 P2003;	调用加工内腔子程序
N750 G00 Z50.0 M09;	快速提刀至安全高度, 冷却液关闭
N760 G91 G28 Z0 M05;	z 轴自动回零, 主轴停转
N770 M06;	将 8 号刀装上主轴
N780 G90 G54 G00 X0 Y0;	刀具位于 G54 原点正上方
N790 S1000 M03;	主轴正转
N800 G43 H8 Z50.0 M08;	刀具位于工件上表面 50.0 mm 处, 切削液开启
N810 G00 X-3.0 Y-86.0;	快速点定位至 s_1
N820 G00 Z-10.0;	下刀至切深 Z-10.0
N830 D8;	D7=4.0 mm
N840 M98 P2001;	调用直槽子程序精加工
N850 G00 Z50.0;	快速提刀至 Z50.0
N860 G00 X12.0 Y86.0;	快速点定位至 s_2
N870 G00 Z-10.0;	下刀至切深 Z-10.0
N880 D8;	D7=4.0 mm
N890 M98 P2002;	调用斜槽子程序精加工
N900 G00 Z50.0;	快速提刀至 Z50.0
N910 G00 X40.0 Y58.0;	快速点定位至 s_3
N920 G00 Z10.0;	快速提刀至 Z10.0
N930 G01 Z-10.0 F100;	工进下刀至切深 Z-10.0
N940 D8;	D7=4.0 mm
N950 M98 P2003;	调用内腔子程序精加工
N960 G00 Z100.0 M09;	快速提刀至安全高度, 冷却液关闭
N970 M30;	主程序结束
O5028;	
N010 G91 G28 Z0;	z 轴自动回零
N020 T1;	1 号刀就换刀位
N030 M06 T2;	将 1 号刀装上主轴, 2 号刀就换刀位
N040 G54 G90 G00 X0 Y0;	刀具位于 G54 原点正上方
N050 S1000 M03;	主轴正转

```
N060 G43 H1 Z50.0 M08;                          刀具位于工件上表面 50.0 mm 处，切削液开启
N070 G00 Z5.0;                                  快速趋近工件上表面 5.0 mm
N080 G01 Z-5.0 F100;                            在原点处打中心孔
N090 G00 Z50.0 M09;                             提刀至安全高度，冷却液关闭
N100 G91 G28 Z0 M05;                            Z 轴自动回零，主轴停转
N110 M06 T03;                                   将 2 号刀装上主轴，3 号刀就换刀位
N120 G54 G90 G00 X0 Y0;                         刀具位于 G54 原点正上方
N130 S500 M03;                                  主轴正转
N140 G43 H2 Z50.0 M08;                          刀具位于工件上表面 50.0 mm 处，切削液开
N150 G99 G83 X0 Y0 Z-30.0 R10.0 Q8.0 F100;      在原点处钻φ11.8 通孔
N160 G80 G00 Z50.0 M09;                         取消固定循环并提刀至安全高度，冷却液关
N170 G91 G28 Z0 M05;                            Z 轴自动回零，主轴停转
N180 M06 T04;                                   将 3 号刀装上主轴，4 号刀就换刀位
N190 G90 G54 G00 X0 Y0;                         刀具位于 G54 原点正上方
N200 S250 M03;                                  主轴正转
N210 G43 H3 Z50.0 M08;                          刀具位于工件上表面 50.0 mm 处，切削液开启
N220 G83 X0 Y0 Z-39.0 R10.0 Q8.0 F50;           在原点处扩孔至φ34
N230 G80 G00 Z50.0 M09;                         取消固定循环并提刀至安全高度，冷却液关闭
N240 G91 G28 Z0 M05;                            Z 轴自动回零，主轴停转
N250 M06;                                       将 4 号刀装上主轴
N260 G90 G54 G00 X0 Y0;                         刀具位于 G54 原点正上方
N270 S800 M03;                                  主轴正转
N280 G43 H4 Z50.0 M08;                          刀具位于工件上表面 50.0 mm 处，切削液开启
N290 G76 X0 Y0 Z-39.0 R10.0 Q1.0 F50;           精镗孔至φ35.520 mm
N300 M00;                                       程序停止，精调刀具至φ36.02 mm
N310 G76 X0 Y0 Z-10.02 R10.0 Q1.0 F50;          精镗孔至φ36.020 mm
N300 G80 G00 Z50.0 M09;                         取消固定循环并提刀至安全高度，冷却液关闭
N310 M30;                                       主程序结束

O2001;                                          直槽子程序
N010 G41 G01 X5.0 Y-79.0 F100;                  点 6，并建立半径补偿
N020 G01 X5.0 Y-10.0;                           点 6′
N030 X-5.0 Y-10.0;                              点 5′
N040 X-5.0 Y-86.0;                              点 5
N050 G40 G01 X5.0 Y-86.0;                       点 e₁，并取消半径补偿
N060 M99;                                       子程序结束

O2002;                                          斜槽子程序
N010 G41 G01 X3.605 Y83.0 F100;                 点 1，并建立半径补偿
N020 G01 X-17.387 Y4.659;                       点 3
N030 G03 X-0.656 Y9.142 R-10.0;                 点 4′
N040 G01 X19.134 Y83.0;                         点 2
N050 G40 G01 X19.134 Y90.0;                     点 e₂，并取消半径补偿
N060 M99;                                       子程序结束
```

```
O2003;                          内腔子程序
N010 G41 G01 X26.0 Y33.0 F100;  点 e₃，并建立半径补偿
N020 G01 X26.0 Y0;              点 8'
N030 G02 X17.952 Y-18.807 R26.0;   点 9
N040 G03 X13.0 Y-30.381 R16.0;     点 10
N050 G01 X13.0 Y-61.0;          点 11
N060 G03 X22.0 Y-70.0 R9.0;     点 12
N070 G01 X98.0 Y-70.0;          点 13
N080 G03 X106.0 Y-62.0 R8.0;    点 14
N090 G01 X106.0 Y62.0;          点 15
N100 G03 X98.0 Y70.0 R8.0;      点 16
N110 G01 X46.04 Y70.0;          点 7
N120 G03 X20.275 Y16.276 R33.0;    点 8
N130 G02 X26.0 Y0 R26.0;        点 8'
N140 G01 X26.0 Y-8.0;           点 17
N150 G01 X65.0 Y-8.0;           点 18
N160 G02 X65.0 Y-8.0 I0 J-25.0;    φ50 全圆加工
N170 G01 X90.0 Y-8.0;           点 19
N180 G01 X90.0 Y8.0;            点 20
N190 G01 X65.0 Y8.0;            点 21
N200 G02 I0 J25.0;              φ50 全圆加工
N210 G01 X40.0 Y8.0;            点 22
N220 G40 G01 X26.0 Y33.0;       点 e₃，并取消半径补偿
N230 M99;                       子程序结束
```

【例 4-13】　编制图 4-48 所示的零件的加工程序，工序步骤如表 4-12 所示。

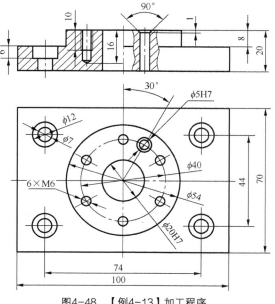

图4-48　【例4-13】加工程序

表 4-12　　　　　　　　　　　　　孔系零件加工工序步骤

机床：加工中心 FANUC 0i MC				加工数据表			
工序	加工内容	刀具	刀具类型	主轴转速 /r·min⁻¹	进给速度 /mm·min⁻¹	半径补偿	长度补偿
1	钻中心孔	T1	A3 中心钻	1 000	100		H01
2	钻孔 4×ϕ7	T2	ϕ7 麻花钻	1 200	120		H02
3	钻孔 4×ϕ12	T3	ϕ12 键槽刀	600	60		H03
4	钻螺纹 M6 底孔	T4	ϕ5 麻花钻	1 400	140		H04
5	钻孔至ϕ18（ϕ20H7）	T5	ϕ18 麻花钻	400	40		H05
6	扩孔至ϕ19.4（ϕ20H7）	T6	ϕ19.4 麻花钻	300	30		H06
7	钻孔ϕ4.8（ϕ5H7）	T7	ϕ4.8 麻花钻	1 500	150		H07
8	铰孔ϕ5H7	T8	ϕ5H7 铰刀	100	100		H08
9	倒角	T9	45° 倒角刀	1 000	200		H09
10	攻螺纹 6×M6	T10	M6 丝锥	200	200		H10
11	镗孔ϕ20H7	T11	镗刀	1 500	50		H11

程序如下。

```
O4013;
N010 M06 T01;                                            换1号刀，钻中心孔
N020 G54 G90 G00 X-37.0 Y-22.0 M03 S1000;
N030 G43 G00 Z50.0 H01 M08;
N040 G99 G81 X-37.0 Y-22.0 Z-10.0 R-5.0 F100;           1，如图4-49所示
N050 G98 X37.0;                                          2
N060 G99 Y22.0;                                          3
N070 G98 X-37.0;                                         4
N080 G99 X0 Y20.0 Z-5.0 R5.0;                            5
N090 X-17.32 Y10.0;                                      6
N100 Y-10.0;                                             7
N110 X0 Y-20.0;                                          8
N120 X17.32 Y-10.0;                                      9
N130 Y10.0;                                              10
N140 X10.0 Y17.32;                                       11
N150 G98 X0 Y0;                                          0
N160 G80 M09;                                            取消固定循环，切削液关闭
N165 G91G28 Z0 M05;                                      Z向自动回零
N170 M06 T02;                                            换2号刀钻孔至$\phi$7
N180 G54 G90 G00 X-37.0 Y-22.0 M03 S1200;
N190 G43 G00 Z50.0 H02 M08;
N200 G99 G81 X-37.0 Y-22.0 Z-25.0 R-5.0 F120;           1
N210 G98 X37.0;                                          2
N220 G99 Y22.0;                                          3
```

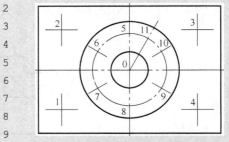

图4-49 孔加工点位图

```
N230G98 X-37.0;                                      4
N240 G80 M09;                                        取消固定循环, 切削液关闭
N245 G91G28 Z0 M05;                                  Z 向自动回零
N250 M06 T03;                                        换 3 号刀, 钻沉头孔φ12×6
N260 G90 G54 G00 X-37.0 Y-22.0 M03 S600;
N270 G43 G00 Z50.0 H03 M08;
N280 G99 G82 X-37.0 Y-22.0 Z-14.0 P100 R-5.0 F60;    1
N290 G98 X37.0;                                      2
N300 G99 Y22.0;                                      3
N310 G98 X-37.0;                                     4
N320 G80 M09;                                        取消固定循环, 切削液关闭
N325 G91G28 Z0 M05;                                  Z 向自动回零
N330 M06 T04;                                        换 4 号刀, 钻螺纹底孔至φ5
N340 G54 G90 G00 X0 Y20.0 M03 S1400;
N350 G43 G00 Z50.0 H04 M08;
N360 G99 G73 X0 Y20.0 Z-16.0 R5.0 Q3.0 F140;         5
N370 X-17.32 Y10;                                    6
N380 Y-10.0;                                         7
N390 X0 Y-20;                                        8
N400 X17.32 Y-10.0;                                  9
N410 G98 Y10.0;                                      10
N420 G80 M09;                                        取消固定循环, 切削液关闭
N425 G91G28 Z0 M05;                                  Z 向自动回零
N430 M06 T05;                                        换 5 号刀钻孔至φ18
N440 G54 G00 X0 Y0 M03 S400;
N450 G43 G00 Z50.0 H05 M08;
N460 G73 X0 Y0 Z-28.0 R5.0 Q3.0 F40;                 0
N470 G80 M09;                                        取消固定循环, 切削液关闭
N475 G91G28 Z0 M05;                                  Z 向自动回零
N480 M06 T06;                                        换 6 号刀扩φ19.4 孔
N490 G54 G00 X0 Y0 M03 S300;
N500 G43 G00 Z50.0 H06 M08;
N510 G81 X0 Y0 Z-28.0 R5.0 F30;
N520 G80 M09;                                        取消固定循环, 切削液关闭
N165 G91G28 Z0 M05;                                  Z 向自动回零
N530 M06 T07;                                        换 7 号刀钻孔至φ4.8
N540 G54 G00 X10.0 Y17.32 M03 S1500;
N550 G43 G00 Z50.0 H07 M08;
N560 G73 X10.0 Y17.32 Z-25.0 R5.0 Q3.0 F150;         11
N570 G80 M09;                                        取消固定循环, 切削液关闭
N165 G91G28 Z0 M05;                                  Z 向自动回零
N580 M06 T08;                                        换 8 号刀铰孔至φ5H7
N590 G54 G00 X10.0 Y17.32 M03 S100;
N600 G43 G00 Z50.0 H08 M08;
```

```
N610 G85 X10.0 Y17.32 Z-28.0 R5.0 F100;              11
N620 G80 M09;                                         取消固定循环，切削液关闭
N165 G91G28 Z0 M05;                                   Z向自动回零
N630 M06 T09;                                         换9号刀倒角
N640 G54 G00 X10.0 Y17.32 M03 S1000;
N650 G43 G00 Z50.0 H09 M08;
N660 G82 X10.0 Y17.32 Z-3.5 R5.0 P1000 F200;         11
N670 G80 M09;                                         取消固定循环，切削液关闭
N165 G91G28 Z0 M05;                                   Z向自动回零
N680 M06 T10;                                         换10号刀攻丝
N690 G90 G54 G00 X0 Y20.0 M03 S200;
N700 G43 G00 Z50.0 H10 M08;
N710 G99 G84 X0 Y20.0 Z-10.0 R5.0 F200 ;             5
N720 X-17.32 Y10.0;                                   6
N730 Y-10.0;                                          7
N740 X0 Y-20.0;                                       8
N750 X17.32 Y-10.0;                                   9
N760 G98 Y10.0;                                       10
N770 G80 M09;                                         取消固定循环，切削液关闭
N165 G91G28 Z0 M05;                                   Z向自动回零
N780 M06 T11;                                         换11号刀镗孔
N790 G54 G00 X0 Y0 M03 S1500;
N800 G43 G00 Z50.0 H11 M08;
N810 G76 X0 Y0 Z-21.0 R5.0 Q0.3 F50;                 0
N820 G80 M09;                                         取消固定循环，切削液关闭
N830 G00 Z100.0 M05;                                  提刀，主轴停转
N840 M30;                                             主程序结束
```

习题

一、填空题

1. 加工中心按机床主要结构可分为_____、_____、_____和_____。

2. 加工中心常用的刀库有_____和_____；其选刀方式有_____方式和_____方式两种。

3. 在固定循环中，当采用绝对方式时，Z 值表示为_____；当采用增量方式时，Z 值表示为_____。

4. _____指令用于深孔钻削，在钻孔时采取间断进给，有利于断屑和排屑，适合深孔加工。

5. 变量是由_____和后面的变量号组成。

二、判断题

（　　）1. 加工中心与数控铣床的最大区别是加工中心具有自动换刀功能。

（　　）2. 加工中心本身的加工精度比较高，所以在加工零件时不需要考虑加工工艺路线。

（　　）3. 在固定循环中 G99 是抬刀到起始平面，G98 是抬刀到参考平面。

（　　）4. 表达式"30+20=#100；"是一个正确的变量赋值表达式。

（　　）5. G83 指令中每次间隙进给后的退刀量 d 值，由固定循环指令编程确定。

（　　）6. 当机床出现超行程报警时，按下复位按钮"RESET"即可使超行程报警解除。

三、选择题

1. 在固定循环指令 G90 G98 G73 X__ Y__ Z__ R__ Q__ F__；中，Q 表示（　　）。

　　A. R 点平面 Z 坐标　　B. 每次进刀深度　　C. 孔深　　　　　　　　D. 让刀量

2. M10 的螺纹应选择螺距为（　　）的丝锥。

　　A. 1　　　　　　　　　B. 1.25　　　　　　　C. 1.5　　　　　　　　D. 1.75

3. 精镗固定循环指令为（　　）。

　　A. G85　　　　　　　　B. G86　　　　　　　　C. G75　　　　　　　　D. G76

4. FANUC 系统中 G80 是指（　　）。

　　A. 镗孔循环　　　　　　B. 反镗孔循环　　　　C. 攻丝循环　　　　　D. 取消固定循环

5. 深孔加工中，效率较高的为（　　）。

　　A. G73　　　　　　　　B. G83　　　　　　　　C. G81　　　　　　　　D. G82

6. 以下（　　）不属于 CRT/MDI 操作面板功能键。

　　A. 程序键　　　　　　　B. 插入键　　　　　　C. 删除键　　　　　　D. 循环启动键

7. 在 FANUC 系统 CRT/MDI 面板的功能键中，显示机床现在位置的键是（　　）。

　　A. POS　　　　　　　　B. PRGRM　　　　　　C. OFFSET SETTING　　D. SYSTEM

8. 按下"RESET"键，表示复位 CNC 系统，它包括（　　）。

　　A. 取消报警　　　　　　　　　　　　　　　　B. 主轴故障复位

　　C. 中途退出操作动作循环　　　　　　　　　　D. 恢复原来的操作循环状态

9. 在钻孔加工时，刀具自快进转为工进的高度平面称为（　　）。

　　A. 初始平面　　　　　　B. 抬刀平面　　　　　C. R 平面　　　　　　D. 孔底平面

10. 机床操作面板上用于程序字更改的键是（　　）。

　　　A. 自动加工方式　　　B. 手动输入方式　　　C. 空运行方式　　　　D. 单段运行方式

11. 手动对刀的基本方法中，最为简单、准确、可靠的对刀法是（　　）。

　　　A. ALTER　　　　　　B. INSERT　　　　　　C. DELETE　　　　　　D. EOB

12. 一般情况下，（　　）的螺纹孔可在加工中心完成攻螺纹。

　　　A. M55 以上　　　　　B. M2～M6　　　　　　C. M6～M20　　　　　D. M40 左

四、编程题

1. 试编写图 4-50 所示孔的加工程序。

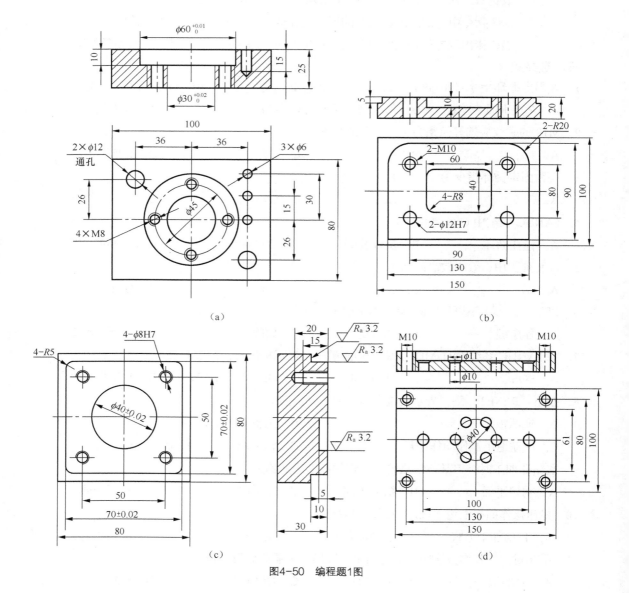

（a）

（b）

（c）

（d）

图4-50　编程题1图

2. 试编写图 4-51 中的程序。

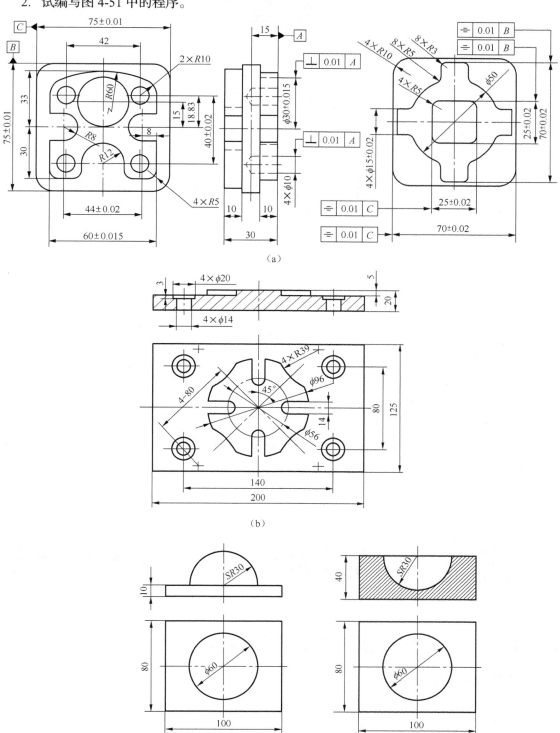

（a）

（b）

（c）

图4-51 编程题2图

Chapter

第5章

华中数控系统编程与操作

【教学目标】

1. 掌握华中系统不同于 FANUC 系统的数控车床编程指令。
2. 熟悉华中数控车床的操作。
3. 掌握华中系统不同于 FANUC 系统的数控铣床编程指令。
4. 熟悉华中数控铣床的操作。
5. 熟悉华中系统编程与 FANUC 系统的区别。

华中（HNC—210）数控系统的基本切削指令与前述 FANUC 0i 系统大同小异，指令可参考附录 A 或附录 B。

 华中数控车床典型编程指令

5.1.1　HNC-210A 数控车床典型编程指令

1. 直径/半径编程选择指令

（1）指令格式：

G36/G37

（2）作用：选择 X 轴为直径/半径。

G36——直径方式（开机默认方式）。

G37——半径方式。

（3）说明。

对于大多数数控车床，采用直径还是半径方式通常在机床参数中设置。同样，华中 HNC-210 系统数控车床也可在其参数中进行设置，而不使用该指令来选择。

2. 进给指令

（1）指令格式：G94/G95

（2）作用：指令切削的进给速度表示工件被加工时刀具相对工件的合成进给速度。

G94——每分钟进给（开机默认方式），单位为 mm/min。

G95——每转进给，单位为 mm/r。

（3）说明。

工作在 G01/G02 或 G03 方式下，程序中的 F 一直有效，直到被新的 F 值所取代；而工作在 G00 方式下，快速定位的速度是各轴的最高速度，与所编 F 无关。

3. 复合循环指令

工件的形状比较复杂时，如加工表面包括台阶、锥面、圆弧等时，若使用基本切削指令或单一循环切削指令，考虑到精车余量，粗车的坐标点计算可能会很复杂。而利用复合循环指令可将多次重复的动作用一个程序段来表示，只要编写出最终刀具运动轨迹，给出每次的背吃刀量、精车余量、进给量等加工参数，系统便会自动重复切削，直到加工完成，编程时可节省很多时间。

华中数控车床有 4 类复合循环指令，即内（外）径粗车复合循环指令（G71）、端面粗车复合循环指令（G72）、仿形粗车复合循环指令（G73）和螺纹切削复合循环指令（G76），其复合循环指令与 FANUC 0i 系统相同，但指令格式有不同之处。

（1）G71（内/外径粗车复合循环指令）。

① 无凹槽加工时。

指令格式：G00　$X\alpha Z\beta$；

G71 UΔd Rr Pns Qnf　XΔx　ZΔz Ff；

其中，指令中的各地址参数与 FANUC 0i 系统相同，不再赘述。不同之处在于，华中数控系统将所有地址写在一行，且 X 轴方向的精加工余量和 Z 轴方向的精加工余量分别用地址 X 和地址 Z 描述。

【例 5-1】　已知毛坯ϕ45mm × 100 mm 的棒料，加工成如图 5-1 所示的零件，材料：45 钢。要求循环起始点在（47，2），背吃刀量为 1.5 mm（半径值），退刀量为 1 mm，X 方向精加工余量为 0.4　mm，Z 方向精加工余量为 0.1 mm，工序表如表 5-1 所示。

表 5-1　　　　　　　　　　　　　　外圆加工工序步骤表

机床：数控车床			加工数据表			
工序	加工内容	刀具	刀具类型	主轴转速 /r·min⁻¹	进给量 /mm·min⁻¹	刀尖圆角半径补偿
1	粗/精车外圆	T1	90° 外圆车刀	400/1 000	100/60	有
2	切断	T2	刀宽 4 mm 切断刀	300	20	无

程序如下。

%5001	华中数控系统程序名格式为%××××
N010 T0101;	换1号刀，建立工件坐标系
N020 M03 S400;	主轴正转
N030 G00 X47 Z2;	快进至循环起点
N040 G71 U1.5 R1 P60 Q160 X0.4 Z0.1 F100;	粗加工
N050 S800 M03;	主轴提速正转
N060 G01 X10 Z2 F60;	精加工轮廓开始，至ϕ10轮廓处
N070 G42 Z0;	靠近工件端面，并建立刀尖圆角半径补偿
N080 X12 Z-1;	精加工C1倒角
N090 Z-15;	精加工ϕ12圆柱面
N100 X16;	精加工ϕ16台阶面
N110 X20 W-6;	精加工锥面
N120 W-9;	精加工ϕ20圆柱面
N130 G02 X30 Z-35 R5;	精加工R5圆角
N140 G01 X34;	精加工ϕ34台阶面
N150 X40 W-3;	精加工C3倒角
N160 Z-48;	精加工ϕ40圆柱面，精加工轮廓结束
N170 G00 X80 Z50;	退刀至换刀点
N180 T0202;	换2号刀
N190 S300 M03;	主轴正转
N200 G00 X47;	快速至ϕ47轮廓处
N210 Z-52;	快速定位于切断处
N220 G01 X-1 F20;	切断
N230 G00 X80 Z50;	退刀至换刀点
N240 M30;	主程序结束

【例5-2】 用G71编制图5-2所示零件的加工程序，要求循环起始点在（6，3），背吃刀量为1.5 mm（半径值），退刀量为1 mm，X方向精加工余量为0.4 mm，Z方向精加工余量为0.1 mm，其中双点画线部分为工件毛坯轮廓。工序表见表5-2。

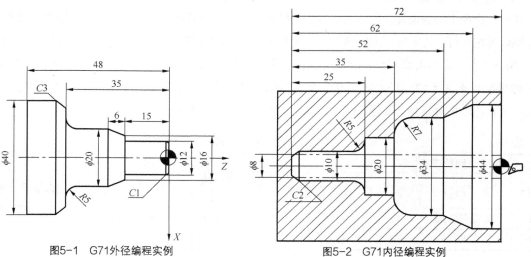

图5-1　G71外径编程实例　　　　　图5-2　G71内径编程实例

表 5-2　　　　　　　　　　　内孔加工工序步骤表

机床：数控车床				加工数据表		
工序	加工内容	刀具	刀具类型	主轴转速 /r·min⁻¹	进给速度 /mm·min⁻¹	刀尖圆角半径补偿
1	粗车内孔	T1	90°外圆车刀	600	100	有 R0.8
2	精车内孔	T2	90°外圆车刀	1000	60	有 R0.4

程序如下。

```
%5002;
N010 T0101;                                    换 1 号刀，建立工件坐标系
N020 G00 X80 Z80;                              至程序起点位置
N030 M03 S600;                                 主轴正转
N040 G00 X6 Z5;                                快进至循环起点
N050 G71 U1.5 R1 P90 Q170 X-0.4 Z0.1 F100;     粗加工循环
N060 G00 X80 Z80 M05;                          退刀至换刀点，且主轴停
N070 T0202 S1000 M03;                          换 2 号刀，主轴正转
N080 G00 G41 X6 Z5;                            快进至循环起点，并建立刀尖圆角半径补偿
N090 G00 X44;                                  精加工轮廓开始，至ϕ44 轮廓处
N100 G01 W-10 F60;                             精加工ϕ44 内孔
N110 U-10 W-10;                                精加工内圆锥
N120 W-10;                                     精加工ϕ34 内孔
N130 G03 U-14 W-7 R7;                          精加工 R7 圆弧
N140 G01 W-10;                                 精加工ϕ20 内孔
N150 G02 U-10 W-5 R5;                          精加工 R5 圆弧
N160 G01 Z-80;                                 精加工ϕ10 内孔
N170 U-4 W-2;                                  精加工 C2 倒角，精加工轮廓结束
N180 G40 X4;                                   刀尖圆角半径补偿退出已加工表面，取消刀尖圆角半径补偿
N190 G00 Z80;                                  退出工件内孔
N200 X80;                                      回程序起点
N210 M30;                                      主程序结束
```

② 有凹槽加工时

格式：G00　Xα Zβ;

G71　U$\underline{\Delta d}$ R$\underline{r}$ P$\underline{ns}$ Q$\underline{nf}$　E$\underline{e}$ F$\underline{f}$;

其中，e 为精加工余量，为 X 方向的等高距离，外径切削时为正，内径切削时为负。其余各项同前。

【例 5-3】　用有凹槽的外径粗加工复合循环编制图 5-3 所示零件的加工程序，毛坯为ϕ40 mm× 100 mm 的棒料。工序表如表 5-3 所示。

表 5-3　　　　　　　　　　　有凹槽加工工序步骤表

机床：数控车床				加工数据表		
工序	加工内容	刀具	刀具类型	主轴转速 /r·min⁻¹	进给速度 /mm·min⁻¹	刀尖圆角半径补偿
1	粗车凹槽	T1	90°外圆车刀	400	100	有 R0.8
2	精车内孔	T2	90°外圆车刀	800	60	有 R0.4

程序如下。

```
%5003;
N010 T0101;                          换1号刀，建立工件坐标系
N020 G00 X80 Z50;                    至程序起点位置
N030 S400 M03;                       主轴正转
N040 G00 X42 Z2;                     快进至循环起点，并建立刀尖圆角半径补偿
N050 G71 U1 R0.5 P80 Q200 E0.3 F100; 粗加工有凹槽零件
N060 G00 X80 Z50 M05;                退刀至换刀点，且主轴停转
N070 T0202 S800 M03;                 换1号刀，且主轴正转
N080 G00 G42 X42 Z2;                 快进至循环起点，并建立刀尖圆角半径补偿
N090 G00 X12;                        精加工轮廓开始，至倒角延长线处
N100 G01 X20 Z-2 F60;                精加工 C2 倒角
N110 Z-8;                            精加工 ϕ20 外圆
N120 G02 X28 Z-12 R4;                精加工 R4 圆弧
N130 G01 Z-17;                       精加工 ϕ28 外圆
N140 U-10 W-5;                       精加工下切锥
N150 W-8;                            精加工 ϕ18 外圆槽
N160 U8.66 W-2.5;                    精加工上切槽
N170 Z-37.5;                         精加工 ϕ26.66 外圆
N180 G02 X30.66 W-14 R10;            精加工 R10 圆弧
N190 G01 W-10;                       精加工 ϕ30.66 外圆
N200 X40;                            退刀，精加工轮廓结束
N210 G00 G40 X80 Z100;               取消半径补偿，返回换刀点
N220 M30;                            主程序结束
```

（2）G73（仿形粗车复合循环指令）

指令格式：

G00　　X$\underline{\alpha}$ Zβ；

G73 U$\underline{\Delta i}$ WΔk Rr Pns Qnf　XΔx　　ZΔz Ff ；

其中，Δi 为 X 轴方向的粗加工总余量，Δk 为 Z 轴方向的粗加工总余量，r 为粗切削次数。其余各项的含义同 G71 指令。

【例 5-4】　用 G73 循环指令编制图 5-4 所示零件的加工程序，设切削起始点在 A（60，5），X、Z 方向粗加工余量分别为 3 mm、0.9 mm，粗加工次数为 3，X、Z 方向精加工余量分别为 0.6 mm、0.1 mm.。工序表如表 5-4 所示。

表 5-4　　　　　　　　　　　　G73 加工工序步骤表

机床：数控车床				加工数据表		
工序	加工内容	刀具	刀具类型	主轴转速 /r·min⁻¹	进给量 /mm·min⁻¹	刀尖圆角半径补偿
1	粗车	T1	90°外圆车刀	400	100	无
2	精车			800	60	无

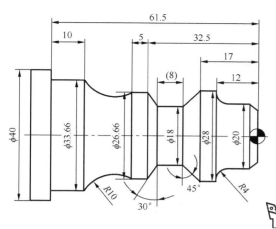

图5-3　有凹槽复合循环编程实例

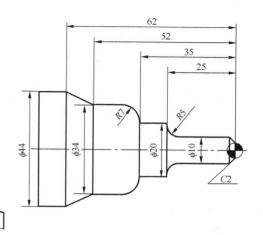

图5-4　G73编程实例

程序如下。

```
%5004
N010 T0101;                          换1号刀，建立工件坐标系
N020 G00 X80 Z50;                    至程序起点位置
N030 S400 M03;                       主轴正转
N040 G00 X60 Z5;                     快进至循环起点
N050 G73 U3 W0.9 R3 P60 Q140 X0.6 Z0.1 F120;   粗切循环加工
N060 G00 X0 Z3 M03 S800;             精加工轮廓开始，至倒角延长线处
N070 G01 U10 Z-2 F80;                精加工 C2 倒角
N080 Z-20;                           精加工φ10 外圆
N090 G02 X20 W-5 R5;                 精加工 R5 圆弧
N100 G01 Z-35;                       精加工φ20 外圆
N110 G03 X34 W-7 R7;                 精加工 R7 圆弧
N120 G01 Z-52;                       精加工φ34 外圆
N130 U10 W-10;                       精加工锥面
N140 U10;                            退刀，精加工轮廓结束
N150 G00 X80 Z50;                    返回换刀点
N160 M30;                            主程序结束
```

（3）G76（螺纹切削复合循环指令）

使用复合循环指令 G76，刀具会自动进行多次进给切削，只需一个指令即可加工出整个螺纹。

指令格式：

G00　X$\underline{\alpha}$Z$\underline{\beta}$;

G76　C$\underline{c}$ R $\underline{r}$ E$\underline{e}$ A$\underline{a}$ X$\underline{x}$ Z$\underline{z}$ I$\underline{i}$ K$\underline{k}$　U$\underline{d}$ V$\underline{\Delta d}_{\min}$ Q$\underline{\Delta d}$ P $\underline{p}$ F$\underline{L}$;

其中，

① c：精车次数（01～99），必须用两位数表示，为模态值；

② r：螺纹 Z 向退尾长度（00～99），为模态值；

③ e：螺纹 X 向退尾长度（00～99），为模态值；

④ a：刀尖的角度（两位数字），有 80°、60°、55°、30°、29° 和 0° 等 6 种，为模态值；

⑤ x、z：螺纹切削终点坐标（绝对坐标或相对坐标）；

⑥ i：螺纹锥度，即起点与终点的半径差，当为圆柱螺纹时，i=0 或缺省；

⑦ k：螺纹牙形的高度（用半径值指令 X 轴方向的距离）；

⑧ Δd_{min}：最小背吃刀量（半径值），若自动计算而得的背吃刀量小于 Δd_{min} 时，背吃刀量则设定为 Δd_{min}。

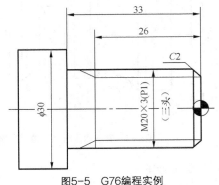

图5-5　G76编程实例

⑨ d：精加工余量（半径值）；

⑩ Δd：第一次背吃刀量（半径值，无符号）；

⑪ P：主轴基准脉冲处距离切削起始点的主轴转角。

⑫ L：螺纹的导程。

【例 5-5】　用螺纹切削复合循环指令 G76 编程加工螺纹 M20 × 3，工件尺寸如图 5-5 所示。

程序如下。

```
%5005;
T0404;                                      换 1 号刀，建立工件坐标系
M03 S400;                                   主轴正转
G00 X30 Z5;                                 快进至循环起点
G82 X19.3 Z-26 R-3 E1 C2 P120 F3;          加工两线螺纹，背吃刀量 0.7，z 向退尾量-3，X 向退尾量1，螺纹
                                            线数 2，相邻螺纹线的切削起始点之间对应转角 120，螺纹导程 3
G82 X18.9 Z-26 R-3 E1 C2 P120 F3;          加工两线螺纹，背吃刀量 0.4
G82 X18.76 Z-26 R-3 E1 C2 P120 F3;         加工两线螺纹，背吃刀量 0.14
G82 X18.76 Z-26 R-3 E1 C2 P120 F3;         光整加工螺纹
G76 C2 R-3 E1 A60 X18.76 Z-26 K0.62 U0.1 V0.1 Q0.7 P120 F3;
                                            用 G76 加工第三条螺纹
G00 X80 Z50;                                返回换刀点
M30;                                        主程序结束
```

5.1.2　HNC-210 数控宏程序

华中数控系统为用户配备了类似于高级语言的强有力的宏程序功能，用户可以使用变量进行算术运算、逻辑运算和函数的混合运算。此外，宏程序还提供了循环语句、分支语句和子程序调用语句，利用它们编制各种复杂形状（如椭圆、抛物线等）零件的加工程序，可减少甚至免除手工编程时繁琐的数值计算，精简程序。

1. 宏变量及常量

（1）宏变量　宏变量的范围为#0～#599，分层如下。

#0～#49：当前局部变量。

#50～#199：全局变量。

#200～#249：0 层局部变量。

#250～#299：1 层局部变量。

#300～#349：2 层局部变量。

#350～#399：3 层局部变量。

#400～#449：4 层局部变量。

#450～#599：5 层局部变量。

#500～#549：6 层局部变量。

#550～#599：7 层局部变量。

（2）常量。常量有 PI、TRUE、FALSE。

PI：圆周率 π。

TRUE：条件成立（真）。

FALSE：条件不成立（假）。

2. 运算符与表达式

① 算术运算符：+、-、×、/。

② 条件运算符：EQ（=）、NE（≠）、GT（>）、GE（≥）、LT（<）、LE（≤）。

③ 逻辑运算符：AND、OR、NOT。

④ 函数：SIN（正弦）、COS（余弦）、TAN（正切）、ATAN（反正切）、ABS（绝对值）、INT（取整）、SIGN（取符号）、SQRT（开方）、EXP（指数）。

⑤ 表达式：用运算符连接常数、宏变量，构成表达式，例如：[#1+#3]/2+2，SQRT[#1*#1-#18*#18]。

3. 赋值语句

把常数或表达式的值赋给一个宏变量的语句称为赋值语句。

格式：宏变量=常数或表达式。

例如：#1=10，#112=#6*COS[#100]。

4. 条件判断语句（IF, ELSE, ENDIF）

格式：

① IF 条件表达式

　　　……

　　　ELSE

　　　……

　　ENDIF

② IF 条件表达式

　　　……

　　ENDIF

5. 循环语句（WHILE，ENDW）

格式：

　　　WHILE 条件表达式

......

ENDW

【例5-6】 用宏程序编制如图 5-6 所示零件的加工程序。工序步骤表如表 5-5 所示。

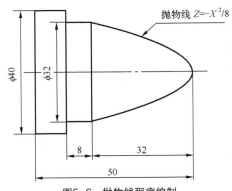

图5-6　抛物线程序编制

表 5-5　　　　　　　　　　　　抛物线程序加工工序步骤表

机床：数控车床			加工数据表			
工序	加工内容	刀具	刀具类型	主轴转速 /r·min⁻¹	进给速度 /mm·min⁻¹	刀尖圆角半径补偿
1	粗/精车轮廓	T1	90°外圆车刀	600	100/50	无
2	切断	T2	刀宽4 mm切断刀	300	30	无

程序如下。

```
%5006;
N010 T0101;                                  换1号刀，建立工件坐标系
N020 S600 M03;                               主轴正转
N030 G00 X42 Z2;                             快速至循环起点
N040 G71 U1.5 R1 P50 Q160 X0.4 Z0.1 F100;    外圆粗加工
N050 G01 X0 Z2 F50;                          精加工轮廓开始，至抛物线顶点附近
N060 #1=0;                                   X方向变量为#1，赋初值0
N070 #2=0;                                   Z方向变量为#2，赋初值0
N080 WHILE #1 LE 16;                         WHILE循环，条件为X≤16
N090 G01 X[2*#1] Z[-#2] F50;                 直线逼近抛物线轨迹
N100 #1=#1+0.08;                             X方向增加步长0.08 mm
N110 #2=#1*#1/8;                             对应的Z值
N120 ENDW;                                   循环结束
N130 G01 X32 Z-32;                           加工完成抛物线曲面
N140 X32 Z-40;                               精加工φ32外圆
N150 X40;                                    精加工φ40台阶面
N160 X40 Z-53;                               精加工φ40外圆，精加工轮廓结束
N170 G00 X50;                                快速退刀
N180 X80 Z50;                                至换刀点
```

```
N190 T0202;                        换 2 号刀，建立工件坐标系
N200 S300 M03;                     主轴正转
N210 G00 X42 Z2;                   趋近工件前端
N220 Z-54;                         快速定位于切断点
N230 G01 X0 F30;                   切断
N240 G00 X80 Z50;                  至换刀点
N250 M30;                          主程序结束
```

华中数控车床操作

5.2.1　HNC-210A 操作面板

HNC-210A 车床系统操作面板大致可分为机床操作按键、MDI 键盘按键、功能软键、显示屏，如图 5-7 所示。

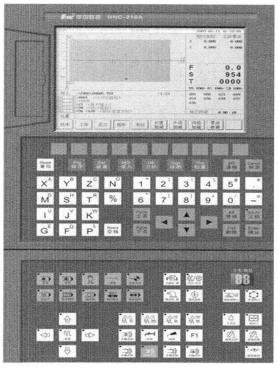

图5-7　HNC-210A操作面板

1. 机床操作按键

机床操作按键如图 5-8 所示。

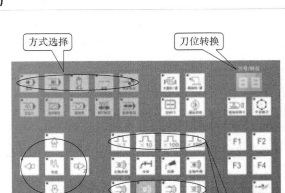

图5-8　机床操作按键

各操作按键的功能如表 5-6 所示。

表 5-6　　　　　　　　　　系统操作面板功能键的主要作用

名　称	按　　键	功 能 说 明
方式选择键		这些键用来选择系统的运行方式。 自动：按该键，进入自动运行方式； 单段：按该键，进入单段运行方式； 手动：按该键，进入手动连续进给运行方式； 增量：按该键，进入增量/手摇运行方式； 回参考点：按该键，进入返回机床参考点运行方式
进给轴和方向选择开关		在手动连续进给、增量进给和返回机床参考点运行方式下，用来选择机床欲移动的轴和方向。 其中的 快进 为快进开关。当按该键不放时，该键左上方的指示灯亮，表明快进功能开启
主轴修调		在自动方式或 MDI 运行方式下，当 S 代码编程的主轴速度偏高或偏低时，可旋转主轴修调波段开关，修调程序中编制的主轴速度。修调范围为 50%～120%； 在手动方式下，此波段开关可调节手动时的主轴速度
进给修调		在自动方式或 MDI 运行方式下，当 F 代码编程的进给速度偏高或偏低时，可旋转进给修调波段开关，修调程序中编制的进给速度。修调范围为 0%～120%； 在手动连续进给方式下，此波段开关可调节手动进给速率
增量值选择		在增量运行方式下，用来选择增量进给/手摇进给的增量值。 ×1 为 0.001 mm；×10 为 0.01 mm；

续表

名称	按键	功能说明
增量值选择		为 0.1 mm；为 1 mm。各键互锁，当按下其中一个键时（该键左上方的指示灯亮），其余各键失效（指示灯灭）
主轴旋转键		这些键用来开启和关闭主轴。：按该键，主轴正转；：按该键，主轴停转；：按该键，主轴反转
主轴点动		在手动/增量方式下，可用"主轴点动"按键，点动转动主轴：按压"主轴点动"按键（指示灯亮）。主轴将产生正向连续转动；松开"主轴点动"按键（指示灯灭），主轴即减速停止
主轴升档		若主轴有多个档位，在手动方式下，按一下"主轴升档"按键，主轴将由低向高变化一个档位
主轴降档		若主轴有多个档位，在手动方式下，按一下"主轴升档"按键，主轴将由高向低变化一个档位
手动换刀键		在手动或单断方式下，按一下该键，刀架转动一个刀位
冷却启动与停止键		在手动/增量方式下，按一下该键，冷却液开启（默认为冷却液关闭），再按一下该键又为冷却液关闭，如此循环
润滑启动与停止键		在手动/增量方式下，按一下该键，机床润滑开启（默认为润滑关闭），再按一下该键为润滑关闭，如此循环
进给保持		在程序自动运行的过程中，需要将各进给轴都停止运动，按下该键即可，要恢复运行，按下面板上的循环启动键即可
超程解除键		当机床运动到达行程极限时，会出现超程，系统将发出警报，同时紧急停止。要退出超程状态，可按键（指示灯亮），再按与刚才相反方向的坐标轴键
空运行		在自动方式下，按下该键（指示灯亮），程序中编制的进给速率被忽略，坐标轴以最大快移速度移动
程序跳段		自动加工时，系统可跳过某些指定的程序段。如在某程序段首加上"/"，且在面板上按下该开关，则在自动加工时，该程序段被跳过不执行；而当释放此开关时，"/"不起作用，该段程序被执行
选择停		如果程序中使用了 M01 辅助指令，按下该键后，程序运行到该指令就停止，再按键，继续运行；解除该键，M01 功能无效
机床锁住		该键用来禁止机床坐标轴移动。显示屏上的坐标轴仍会发生变化，但机床停止不动

续表

名称	按键	功能说明
MST 锁住		该键用于禁止 M、S、T 辅助功能，在只需要机床进给轴运行的情况下，可以使用"MST 锁住"功能：在手动方式下，按一下"MST 锁住"键（指示灯亮），机床辅助功能 M 指令、S 指令、T 指令均无效

2. MDI 键盘按键

MDI 键盘按键的功能与计算机键盘按键的功能一样，包括字母键、数字键、编辑键等，如图 5-9 所示。

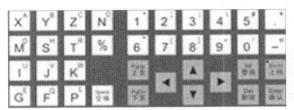

图5-9 MDI键盘按键

各操作按键的功能如表 5-7 所示。

表 5-7　　　　　　系统操作面板功能键的主要作用

名　称	按　键	功　能　说　明
地址和数字键	X 5	按下这些键可以输入字母、数字或其他字符
切换键	Shift 上档	上档有效
输入键	Enter	确认（回车）
替换键	Alt	替换当前字符
删除键	Del	删除当前字符
翻页键	PaUp PgDn	向上翻页或向下翻页
光标移动键	▲ ◀ ▼ ▶	4 个不同方向的光标移动键
空格键	SP	光标向后移并空一格
回退键	BS	光标向前移并删除前面的字符
取消键	Esc	退出当前窗口

5.2.2　HNC-210A 操作界面

1.　显示屏

HNC-210A 操作界面如图 5-10 所示，其界面的 8 个组成部分如下：

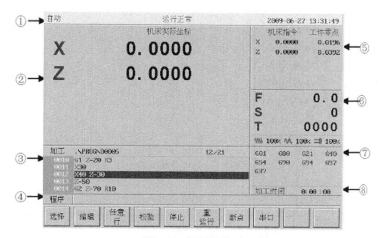

图5-10　显示屏简图

① 标题栏：显示加工方式、系统运行状态及当前时间。

● 加工方式：系统工作方式根据机床控制面板上相应按键的状态可在"自动（运行）""单段（运行）""手动（运行）""回零""急停"间切换。

● 运行状态：系统工作状态在"运行正常""进给暂停""出错"间切换。

● 系统时间：当前系统时间（机床参数里可选）

② 图形显示窗口：该区域显示的画面根据所选菜单键的不同而不同。

③ G 代码显示区：用来预览或显示加工程序的代码。

④ 菜单命令条：通过菜单命令条中对应的功能键可完成系统功能的操作。

⑤ 选定坐标系下的坐标值：在"设置—示值"菜单下的小字符选项中进行切换。

⑥ 辅助机能：自动加工中的 F、S、T 代码，以及修调信息。

⑦ 该区域显示加工过程中的 G 代码。

⑧ 加工时间：显示系统本次加工的时间。

2.　功能软键

系统界面中最重要的部分是菜单命令条，如图 5-11 所示。操作者可通过操作命令条 F1～F10 菜单所对应的 F1～F10 功能软键来完成系统的主要功能。由于菜单采用层次结构，即在主菜单下选

图5-11　功能软键

择一个子菜单选项后，数控装置会显示该功能下的子菜单，故按下同一个功能软键，在不同菜单层时，其功能不同。用户应根据操作需要及菜单显示功能，操作对应的功能软键。该系统部分基本功能菜单的结构如图 5-12 所示。

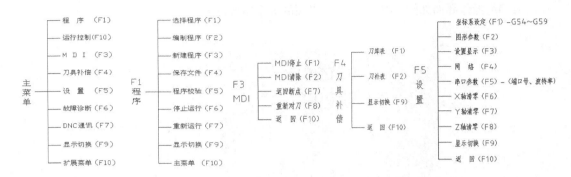

图5-12　基本功能菜单

5.3　基本操作

华中 HNC-210A 系统车床的开机、关机、回零、手动操作、增量进给操作与 FANUC 0i 系统车床的基本操作相同。

在此，仅介绍与 FANUC 0i 系统区别较大的车床基本操作。

5.3.1　手动数据输入（MDI）运行

按下面板上的"MDI 录入"键进入 MDI 运行方式。显示屏与菜单条的显示如图 5-13 所示。

这时，可以从 NC 键盘输入并执行一个代码指令段，即"MDI 运行"。

1. 输入 MDI 指令段

MDI 输入的最小单位是一个有效指令字。如要输入"G00 X100 Z100"，可以在输入行直接输入"G00 X100 Z100"并按 Enter 键，图 5-14 显示了窗口内关键字 G、X、Z 的值将分别变为 00、100、100。

在输入命令时，可以在命令行看见输入的内容，如 。在按 Enter 键之前，如果发现输入错误，可用 BS 、 ◄ 、 ► 键进行编辑；按 Enter 键后，如果系统发现输入错误，会提示相应的错误信息。

2. 运行 MDI 指令段

在输入完一个 MDI 指令段后，按面板上的"自动"或"单段"键，再按操作面板上的 循环启动 键，系统即开始运行所输入的 MDI 指令。

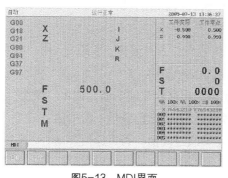

图5-13　MDI界面

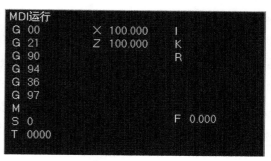

图5-14　MDI运行

如果输入的 MDI 指令信息不完整或存在语法错误，系统会提示相应的错误信息，此时不能运行 MDI 指令。

3. 修改某一字段的值

在运行 MDI 指令段之前，如果要修改输入的某一指令字，可直接在命令行上输入相应的指令字符及数值。

例如，在输入"X100"并按 Enter 键后，如果希望 X 值变为 60，可在命令行上输入"X60"并按 Enter 键。

4. 清除当前输入的所有尺寸字数据

在输入 MDI 数据后，按"F2"键可清除当前输入的所有尺寸字数据（其他指令字依然有效），显示窗口内 X、Z、I、K、R 等字符后面的数据全部消失。此时可重新输入数据。

5.3.2　数据的设置

机床的数据设置操作主要包括坐标系数据设置、刀具补偿参数的设置等。

1. 坐标系数据设置

（1）按"设置—坐标系"对应功能键，进入手动数据输入坐标系数据的方式，如图 5-15 所示。

（2）通过"PageUP""PageDown"键选择要输入的数据类型 G55、G56、G57、G58、G59 坐标系，当前工件坐标系的偏置值（坐标系零点相对于机床零点的值）或当前相对值零点。

（3）在编辑框中输入所需数据；或者按"当前位置""正向偏置""负向偏置""恢复"按钮。

① 当前位置：将坐标轴所在位置的机床坐标值作为工件零点位置，并自动输入到相应的坐标参数里。该菜单与当前光标配合使用，只对当前光标所选择的坐标轴进行操作。

② 正向偏置：将当前光标选择的坐标轴

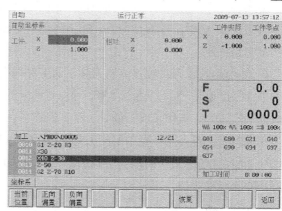

图5-15　坐标系设置

的工件零点位置向正方向偏移一段距离。用户输入偏移距离后，系统自动计算新的零点位置，并存入对应坐标轴零点参数中。

③ 负向偏置：将当前光标选择的坐标轴的工件零点位置向负方向偏移一段距离。用户输入偏移距离后，系统自动计算新的零点位置，并存入对应坐标轴零点参数中。

④ 恢复：每次对工件坐标系零点进行修改时，系统自动记忆修改前的值，使用"恢复"菜单，可以使修改后的坐标零点恢复为修改前的值。该功能只能恢复修改之前最后一次的值。

（4）若输入正确，图形显示窗口中的相应位置将显示修改过的值，否则原值不变。

2. 刀具补偿参数的设置

（1）刀偏表的设置。

① 使用需设置刀具偏置值的刀具试切工件外圆，然后沿着 Z 轴方向退刀。

② 按下面板上的"Off 刀补"键进行刀具偏置设置，如图 5-16 所示。

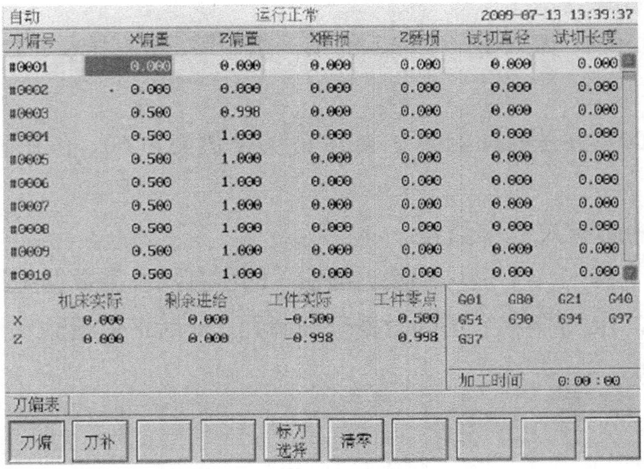

图5-16　刀具偏置设置界面

③ 通过 ◀、▶、▲、▼、PaUp、PgDn 键移动蓝色亮条选择要编辑的选项，如将蓝色亮条移动至 1 号刀的"试切直径"处。

④ 按 Enter 键，蓝色亮条所指刀具数据的颜色和背景发生变化，同时有一光标闪烁。

⑤ 输入试切后工件的直径值，如"34.211"，然后按 Enter 键确定，系统将自动计算并保存该刀具的 X 轴偏置值。

⑥ 使用需设置刀具偏置值的刀具试切工件端面，然后沿着 X 轴方向退刀。

⑦ 通过 ◀、▶、▲、▼、PaUp、PgDn 键移动蓝色亮条选择要编辑的选项，如将蓝色亮条移动至 1 号刀的"试切长度"处。

⑧ 按 Enter 键，蓝色亮条所指刀具数据的颜色和背景发生变化，同时有一光标闪烁。

⑨ 输入试切后工件的端面 Z 轴的距离，如"0"，然后按 Enter 键确定，系统将自动计算并保存该刀具的 Z 轴偏置值。

⑩ 通过 ◀、▶、BS、Del 键进行编辑修改。修改完毕后，按 Enter 键确定。

同理，其他的刀具可用上述步骤逐一设置。

（2）刀补表的设置。

① 按下面板上的"Off 刀补"键，再按下主功能菜单中的"刀补"键进行刀具圆角半径补偿设置，如图 5-17 所示。

② 通过 ◄、►、▲、▼、PaUp、PgDn 键移动蓝色亮条选择要编辑的选项。

③ 按 Enter 键，蓝色亮条所指刀具数据的颜色和背景发生变化，同时有一光标闪烁，如将光标定位于 2 号刀的 "半径"处，输入"0.2"。

④ 通过 ◄、►、BS、Del 键进行编辑修改。修改完毕后，按 Enter 键确定。

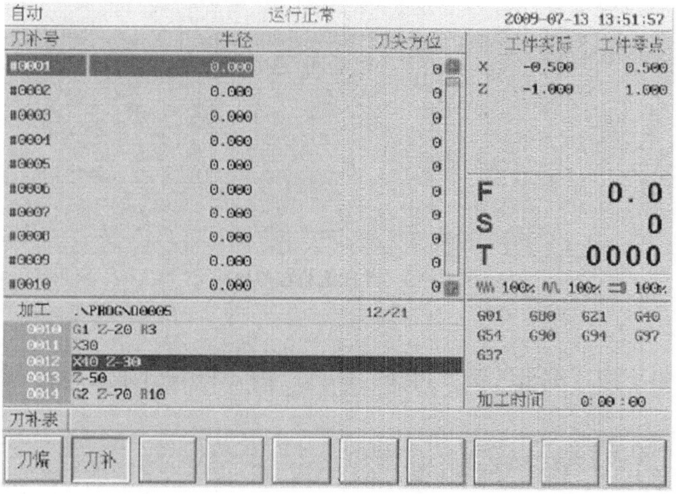

图5-17　刀具圆角半径补偿设置界面

5.3.3　程序输入与文件管理

在主菜单操作界面下，按"程序"键进入编辑功能子菜单。命令行与菜单条的显示如图 5-18 所示。

图5-18　编辑功能子菜单

在编辑功能子菜单下，可以对零件程序进行编辑、存储与传递以及对文件进行管理。

1. 选择编辑程序

华中数控系统文件名的命名有一定的格式要求，不能随便命名。程序文件名一般是由字母"O"开头，后跟 4 个（或多个）数字或字母，系统缺省认为程序文件名是由"O"开头，并且没有扩展名，如 O1234、OAB。

在编辑功能子菜单下按"选择"键，将弹出如图 5-19 所示的选择编辑程序界面。

（1）通过 ▲、▼ 键移动蓝色亮条选择要选择的程序名，按 Enter 键确定，这时窗口会显示该程序的内容。

（2）通过 ▲ 、 ▼ 键移动蓝色亮条选择要选择的程序名，按 Del 键，这时显示窗口会显示

程序： 您要删除当前文件吗Y/N?(Y) ，按 Enter 键确定将删除选择程序。

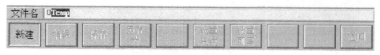

图5-19　选择编辑程序界面

2. 新建程序

在编辑功能子菜单下按"编辑"键，再按"新建"键，将弹出如图 5-20 所示的新建程序界面。

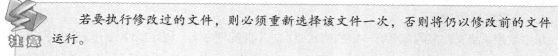

图5-20　新建程序界面

输入新建程序名"O××××"后，按 Enter 键，则可进行新程序的编辑工作。

3. 编辑程序

在编辑功能子菜单下按"编辑"键，将对正在运行的程序进行编辑。

（1）通过 ◀ 、 ▶ 、 ▲ 、 ▼ 、 PaUp 、 PgDn 键移动光标。

（2）通过 BS 键删除光标前的字符，重新输入准确字符即可。

（3）全部修改完成后，按"保存"键存盘，在弹出的对话框中输入新文件名并按 Enter 键确定。若以原文件名存盘，则直接按 Enter 键。

> 若要执行修改过的文件，则必须重新选择该文件一次，否则将仍以修改前的文件运行。

5.3.4　程序校验

程序校验用于对调入加工缓冲区的程序文件进行校验，并提示可能的错误。

建议：对于未在机床上运行的新程序，在调入后最好先进行校验运行，确保其正确无误后再启动自动运行。

程序校验运行的操作步骤如下。

（1）调入要校验的加工程序（程序—选择）。

（2）按机床控制面板上的"自动"或"单段"键进入程序运行方式。

（3）在程序菜单下，按"校验"对应的功能键，此时软件操作界面的工作方式显示改为"自动校验"，如图 5-21 所示。

（4）按机床控制面板上的"循环启动"键，程序校验开始。

（5）若程序正确，校验完后，光标将返回到程序头，且软件操作界面的工作方式显示改为"自动"或"单段"；若程序有错，命令行将提示程序的哪一行有错。

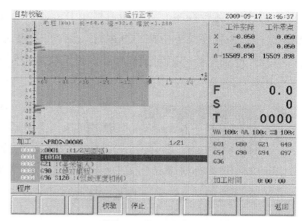

图5-21　校验运行界面

5.3.5　程序运行

在如图 5-10 所示的主菜单操作界面下，按"程序"键进入程序运行子菜单，然后按"选择"键后，选择加工程序后，可实现程序的启动、暂停、中止、再启动。

1. 首件试切

第 1 件加工，为了安全起见，采用 单段 方式。先按 单段 键（指示灯亮），这时将单段运行程序。按 循环启动 键，机床将执行当前显示的这一段程序，每按一次 循环启动 键，就执行一段程序，直至程序结束。在运行过程中，可从屏幕上显示的剩余坐标值判断工作台和主轴可能的移动量，及时发现编程错误，及时修改。当一个程序用单段方式连续运行两遍后没有问题时，再按一次 自动 键，程序将连续运行直至结束。如果是原来已经运行过、确保没有错误的程序，可以按 自动 键（指示灯亮），程序将自动完成整个程序的运行。

在试切一件后，测量零件，如果尺寸正确，可以用自动方式进行加工。

2. 程序中的中止和继续

（1）暂停。在程序运行过程中，如果需要暂停操作，可以按下红色 进给保持 键（指示灯亮），使程序在执行中停止（暂停），系统处于进给保持状态，再按 循环启动 （指示灯亮）键，程序由停止处继续向下执行。

（2）中止程序运行。在程序运行的任何位置，按一下机床控制面板上的 进给保持 键（指示灯亮），系统处于进给保持状态。接着，按机床控制面板上的 手动 键，将机床的 M、S 功能关掉。此时，如要退出系统，可按机床控制面板上的 ⬤（急停）键中止程序的运行。如果要中止当前程序的运行又不退出系统，可按下程序功能子菜单下的"停止"键，系统提示"已暂停加工，你是否要取消当前运行程序 Y/N？（Y），按键盘上的 Y 键或 Enter 键取消；如果按键盘上的 N 键，则不取消当前运行程序。

在运行状态下，还可以按菜单区功能键中的"停止"键，再按键盘上的 Y 键来中止程序的自动运行。

（3）重新运行程序。当前加工程序中止自动运行后，希望从程序头重新开始运行时，可按下述步骤操作：在程序菜单中按"重运行"键，系统提示"是否重新开始执行"，按 N 键则取消重新运行，按 Y 键则光标将返回到程序头。再按机床控制面板上的 循环启动 键，从程序首行开始重新运行当前加工程序。

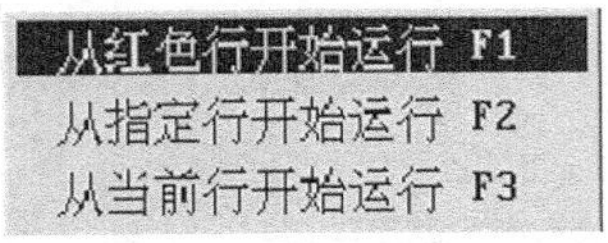

从红色行开始运行　F1
从指定行开始运行　F2
从当前行开始运行　F3

图5-22　3种程序执行情况

（4）从任意行执行。在加工中经常会出现加工一段时间后，发现了问题，中止运行，修改程序后想接着原来停顿的地方加工的情况。在自动运行暂停状态下，除了能从暂停处重新启动继续运行外，还可控制程序从任意行执行，如图 5-22 所示，分以下 3 种情况。

① 从红色行开始运行，操作步骤如下。

- 在运行控制子菜单下，按机床控制面板上的 进给保持 键（指示灯亮），系统处于进给保持状态。
- 通过 ▲、▼、PaUp、PgDn 键移动蓝色亮条到开始运行的程序段，此时蓝色亮条变色亮条。
- 按"F1"键（指定行运行），系统给出如图 5-21 所示的提示。
- 按 Enter 键选择"从红色行开始运行"选项，此时选中要开始运行的行（红色亮条变为蓝色亮条）。
- 按机床控制面板上的 循环启动 键，程序从蓝色亮条（即红色行）处开始运行。

② 从指定行开始运行，操作步骤如下。

- 按机床控制面板上的 进给保持 键（指示灯亮），系统处于进给保持状态。
- 在运行控制子菜单下按"F1"键（指定行运行），系统给出如图 5-21 所示的提示。
- 通过 ▲、▼ 键选择"从指定行开始运行"选项。
- 输入开始运行的行号，按 Enter 键。
- 按机床控制面板上的 循环启动 键，程序从指定行开始运行。

③ 从当前行开始运行，操作步骤如下。

- 按机床控制面板上的 进给保持 键（指示灯亮），系统处于进给保持状态。
- 在运行控制子菜单下按"指定运行"键，系统给出如图 5-21 所示的提示。
- 通过 ▲、▼ 键选择"从指定行开始运行"选项，然后按 Enter 键或"F3"键。
- 按机床控制面板上的 Enter 键，程序从蓝色亮条处开始运行。

注意：在这 3 种运行方式中，要特别注意，如果从任意行运行的程序当前行中没有机床主轴运转起来，则达到一定的转速后，才可以切换到自动方式，从任意行运行程序，否则可能会出现加工事故（因为主轴没有转动）。

3．加工断点的保存与恢复

一些大零件的加工时间一般都会超过一个工作日。如果能在零件加工一段时间后，保存断点（让系统记住此时的各种状态），切断电源，并在隔一段时间后再打开电源，启动机床，恢复断点（让系统恢复上次中断加工时的状态），从而继续加工，可为用户提供极大的方便。鉴于此，有必要设置断点和恢复断点。

（1）保存加工断点，操作步骤如下。

① 按机床控制面板上的 进给保持 键（指示灯亮），系统处于进给保持状态。

② 按"F5"键（保存断点），系统提示输入保存断点文件。

③ 按 Enter 键，系统将自动建立一个名为当前加工程序名（如 O1234）、后缀为 BP1 的断点文件。用户也可将该文件名改为其他名字，此时不用输入后缀。

（2）恢复加工断点，操作步骤如下。

① 如果在保存断点后切断了系统电源，则上电后首先应进行回参考点操作，否则将直接进入下一步。

② 按"恢复断点"键，系统给出所有的断点文件，供用户选择。

③ 通过 ▲、▼ 键移动蓝色亮条到要恢复的断点文件名上，如当前目录下的"O1234.BP1"。

④ 按 Enter 键，系统会根据断点文件中的信息，恢复中断程序运行时的状态。

（3）定位至加工断点。在保存断点后，如果对某些坐标轴还进行过移动操作，那么在从断点处继续加工之前必须先重新定位至加工断点。具体操作步骤如下。

① 手动移动坐标轴到断点位置附近，并确保在机床自动返回断点时不发生碰撞。

② 在 MDI 方式子菜单下，按"F7"键（返回断点），自动将断点数据输入 MDI 运行程序段。

③ 按 键启动 MDI 运行，系统将移动刀具到断点位置。

④ 定位至加工断点后，按机床控制面板上的 键即可继续从断点处加工。

> 在恢复断点之前，必须装入相应的零件程序，否则系统会提示不能成功恢复断点。

5.4　华中数控铣床典型编程指令

华中 HNC-210M 数控系统的绝大多数指令与 FANUC 0i 数控系统指令在用法和格式上相同，具体指令参见附表 B。在此重点介绍与 FANUC 0i 数控系统不同的指令。

1. 进给速度单位设定

指令格式：

G94 F_或 G95 F_

G94：每分钟进给。对于线性轴，进给速度的单位依 G20/G21/G22 的设定分别为 mm/min、in/min 或脉冲当量/min；对于旋转轴，进给速度的单位为度/min 或脉冲当量/min。

G95：每转进给。主轴转一周时，刀具的进给量依 G20/G21/G22 的设定分别为 mm/r、in/r 或脉冲当量/r，该功能只在主轴上装有编码器时才能使用。

G94、G95 为模态功能，可相互注销。G94 为数控系统设定的默认值。

2. 固定循环

固定循环包括 G73、G74、G76、G80～G89，功能与 FANUC 0i 系统相同。

指令格式：

G98/G99 G_ X_ Y_ Z_ R_ Q_ P_ I_ J_ K_ F_ L_ F_ ；

其中，孔位置数据和孔加工数据的基本含义如表 5-8 所示。

表 5-8　　　　　　　　　　　孔位置数据和孔加工数据的基本含义

指 定 内 容	参数字	说　　　　明
孔加工方式	G	参见表 4-1
孔位置数据	X、Y	指定孔中心位置
	Z	指定孔底坐标
孔加工数据	R	指定 R 点坐标
	Q	指定 G73、G83 中每次切入量或者指定 G76、G87 中横移量（增量值）
	P	为暂停时间（s）
	F	指定切削进给速度
	I、J	指定 G76、G87 中刀具在轴反向位移增量
	K	指定 G73、G83 中每次退刀距离
	L	循环次数

（1）G73 高速深孔加工循环。

指令格式：

G98/G99 G73 X_ Y_ Z_ R_ Q_ P_ K_ F_ L_；

G73 用于 Z 向的间歇进给，间歇进给使深孔加工时容易排屑，减少退刀量，可以进行高效率的加工。G73 指令动作循环如图 5-23 所示。

【例 5-7】　使用 G73 指令编制图 5-24 所示的深孔加工程序，设刀具起点距工件上表面 50 mm，距孔底 90 mm，在距工件上表面 8 mm 处（R 点）刀具由快进转换为工进，每次进给深度为 10 mm，每次退刀距离为 5 mm。

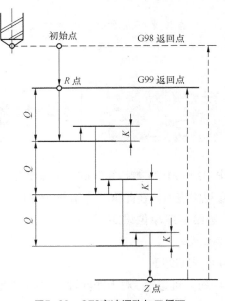

图 5-23　G73 高速深孔加工循环

程序如下。

```
%5007;
N010 G54 G90 G00 X0 Y0 Z50;
N020 S600 M03;
N030 G98 G73 X100 Y0 Z-40 R8 Q-10 K5 F60;
N040 G00 X0 Y0;
N050 M30;
```

（2）G83 高速深孔加工循环。

指令格式：

G98/G99 G83 X_ Y_ Z_ R_ Q_ P_ K_ F_ L_ ;

G83 用于 Z 向的间歇进给，每次退刀至 R 面，排屑更易，冷却更充分。G83 指令动作循环如图 5-25 所示。

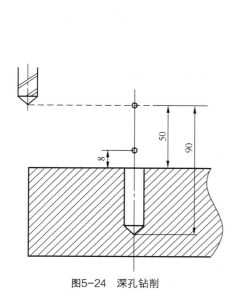

图5-24　深孔钻削

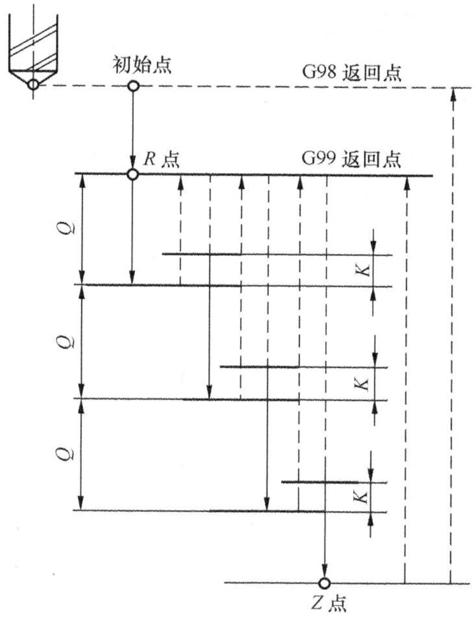

图5-25　G83高速深孔加工循环

若同样加工图 5-24 所示的零件，则%5007 程序可改为：

N030 G98 G83 X100 Y0 Z-40 R8 Q-10 K5 F60；

（3）G76 精镗循环。

指令格式：

G98/G99 G76 X_ Y_ Z_ R_ Q_ P_ I_ J_ F_ L_ ;

G76 精镗时，主轴在孔底定向停止后，向刀尖反方向移动（I 为 X 轴刀尖反向位移量；J 为 Y 轴刀尖反向位移量），然后快速退刀。这种带有让刀的退刀不会划伤已加工表面，保证了镗削精度。

【例 5-8】　使用 G76 指令编制图 5-26 所示孔的加工程序，设孔已加工至尺寸 ϕ39.8 mm，刀

具起点距工件上表面 50 mm，距孔底 90 mm，在距工件上表面 8 mm 处（R 点）刀具由快进转换为工进，每次进给深度为 10 mm，每次退刀距离为 5 mm。

程序如下。

```
%5008;
N010 G54 G90 G00 X0 Y0 Z50;                  程序开始，定位于 G54 原点上方的安全高度
N020 S800 M03;                               主轴正转
N030 G98 G76 X100 Y0 Z-65 R8 P2 I-1 F100;    精镗孔
N040 G90 G80 X0 Y0 M05;                      快速提刀至安全高度，并取消固定循环
N050 M30;                                    主程序结束
```

【例 5-9】　编制图 5-27 所示的螺纹加工程序，设刀具起点距工件上表面 100 mm，螺纹切深为 10 mm。螺纹加工工序步骤如表 5-9 所示。

表 5-9　　　　　　　　　　　　　　　螺纹加工工序步骤表

机床：数控铣床			加工数据表					
工序	加工内容	刀具	刀具类型	主轴转速 /r·min⁻¹	进给速度 /mm·min⁻¹	刀具半径补偿	刀具长度补偿
1	钻底孔	T1	ϕ8.6 钻头	600	100	无	无
2	攻丝	T2	M10	200	300	无	无

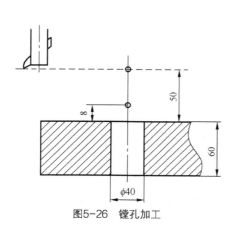

图5-26　镗孔加工

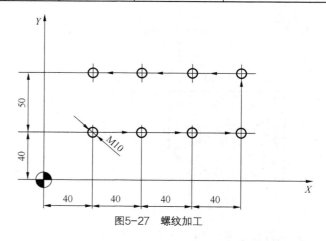

图5-27　螺纹加工

程序如下。

```
%5009;                                钻底孔主程序
N010 G54 G90 G00 X0 Y0 Z100;          程序开始，定位于 G54 原点上方的安全高度
N020 S600 M03;                        主轴正转
N030 G99 G81 X40 Y40 Z-14 R10 F100;   在（40，40）钻第 1 个孔
N040 G91 X40 L3;                      从左往右钻第 1 行的剩余 3 个孔
N050 Y50;                             钻第 2 行右边第 1 个孔
N060 X-40 L3;                         从右往左钻第 2 行的剩余 3 个孔
N070 G90 G80 X0 Y0 M05;               快速提刀至安全高度，并取消固定循环
```

```
N080 M30;                              主程序结束
%5019;                                 攻丝主程序
N010 G54 G90 G00 X0 Y0 Z100;           程序开始,定位于 G54 原点上方的安全高度
N020 S200 M03;                         主轴正转
N030 G99 G84 X40 Y40  Z-14 R10 F300;   在(40,40)攻第 1 个丝
N040 G91 X40 L3;                       从左往右攻第 1 行的剩余 3 个丝
N050 Y50;                              攻第 2 行右边第 1 个丝
N060 X-40 L3;                          从右往左攻第 2 行的剩余 3 个丝
N070 G90 G80 X0 Y0 M05;                快速提刀至安全高度,并取消固定循环
N080 M30;                              主程序结束
```

3. 子程序

指令格式:

M98 P XXXX　L□□□

其中,P XXXX 为要调用的子程序号,L□□□为重复调用次数(1~999 次),省略为一次。例如 M98 P2008 为调用子程序 2 008 一次,M98 P2008 L3 为调用子程序 2 008 三次。

【例 5-10】　如图 5-28 所示,Z 轴起始高度为 100 mm,切深 10 mm,重复调用子程序命令加工 6 个相同工件。

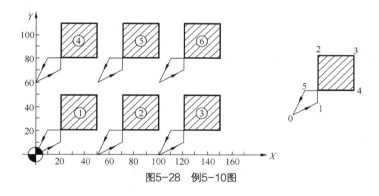

图5-28　例5-10图

程序如下。

```
%5010;                                 主程序名
N010 G90 G54 G00 X0 Y0;                刀具位于 G54 原点正上方
N020 S1000 M03;                        主轴正转
N030 G43 H1 Z100;                      刀具位于工件上表面 100 mm 处
N040 M98 P200 L3;                      加工工件①、工件②、工件③
N050 G90 G00 X0 Y60.0;                 刀具定位点(0,60),注意使用 G90 恢复绝对编程模式
N060 M98 P200 L3;                      加工工件④、工件⑤、工件⑥
N070 G90 G00 X0 Y0 M05;                恢复绝对编程模式,刀位于原点
N080 M30;                              主程序结束

%200;
```

```
N010  G91 Z-95.0;                        相对当前高度快速下刀 95 mm
N020  G41 X20.0 Y10.0 D01;               点 1
N030  G01 Z-15.0 F200;                   下刀至切深
N040  Y40.0 F100;                        点 2
N050  X30.0;                             点 3
N060  Y-30.0;                            点 4
N070  X-40.0;                            点 5
N080  G00 Z110.0;                        提刀至初始高度
N090  G40 X-10.0 Y-20.0;                 取消刀具半径补偿，返回点 0
N100  X50.0;                             移动到下一位置起点
N110  M99;                               子程序结束
```

4. 镜像功能 G24、G25

指令格式：

G24 X_Y_Z_;

M98 P_;

G25 X_Y_Z_;

其中：G24 用于建立镜像；G25 用于取消镜像，为默认值；X、Y、Z：镜像位置。

【例 5-11】 利用镜像命令加工如图 5-29 所示的零件，镜像加工工序步骤如表 5-10 所示。

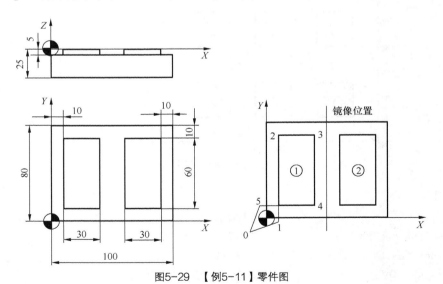

图5-29 【例5-11】零件图

表 5-10   镜像加工工序步骤表

机床：数控铣床				加工数据表			
工序	加工内容	刀具	刀具类型	主轴转速 /r·min⁻¹	进给速度 /mm·min⁻¹	刀具半径补偿	刀具长度补偿
1	铣外形轮廓	T1	ϕ16 立铣刀	600	100	D01	H01
2	镜像铣削	T1	ϕ16 立铣刀	600	100	D01	H01

程序如下。

```
%5011;                          主程序名
N010 G90 G54 G00 X0 Y0;         刀具位于 G54 原点正上方
N020 S600 M03;                  主轴正转
N030 G43 H1 Z100;               刀具位于工件上表面 100 mm 处
N040 M98 P300 ;                 加工工件①
N050 G24 X50;                   在直线 X50 处产生镜像
N060 M98 P300;                  加工工件②
N070 G25 X50;                   切削镜像
N080 G00 Z100;                  提刀至安全高度
N090 M30;                       主程序结束
%300;                           子程序
N010 G00 X-10 Y-10;             点 0
N020 G00 Z10;                   快速趋近工件表面
N030 G01 Z-5 F600;              下刀至切深 Z-5
N040 G41 G01 X10 Y-5 D01;       点 1
N050 Y70 F100;                  点 2
N060 X40;                       点 3
N070 Y10;                       点 4
N080 X-5;                       点 5
N090 G40 X-10 Y-10;             点 0
N100 G00 Z10;                   提刀至工件表面
N110 M99;                       子程序结束
```

 华中数控铣床操作

华中数控铣床在很多方面与华中数控车床相同或相似，这里不再详述，只对不同点进行描述。

5.5.1　HNC-210B MD 操作面板

HNC-210B MD 铣床系统操作面板如图 5-30 所示，包括机床控制面板、MDI 键盘、功能软键、显示屏等。

机床控制面板如图 5-31 所示，其各按键的功能详见 5.2.1，在此不再详述。

数控系统软件操作界面如图 5-32 所示，分为 8 个区，各区的功能与图 5-10 相对应。

系统界面中最重要的一块是菜单命令条，系统功能的操作主要通过菜单命令条的功能键来完成。软件的菜单由 6 个主菜单（程序、设置、MDI、刀补、诊断、位置）组成，其操作与功能键一一对应，下面对软件菜单的组织结构予以简单说明。

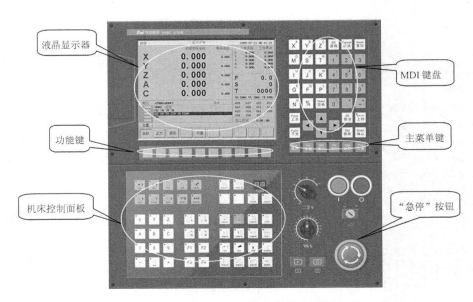

图5-30 华中HNC-210B MD铣床数控装置操作面板

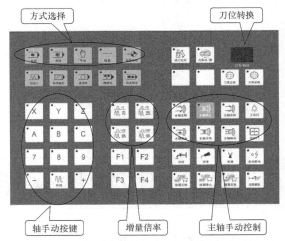

图5-31 数控机床控制面板

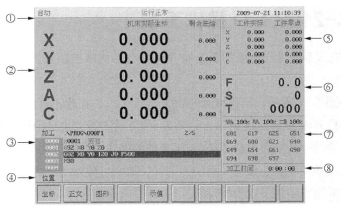

图5-32 数控系统软件操作界面

（1）程序主菜单，如图 5-33 所示。

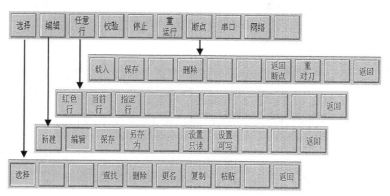

图5-33 程序主菜单结构

（2）设置主菜单，如图 5-34 所示。

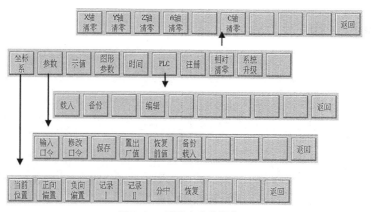

图5-34 设置主菜单结构

（3）MDI。此菜单在不同的操作下为不同的界面，如图 5-35 所示。

刚进入时：

在输入数据时：

在运行 MDI 时：

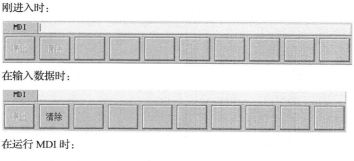

图5-35 MDI主菜单结构

（4）刀补主菜单，如图 5-36 所示。

图5-36　刀补主菜单结构

（5）诊断主菜单，如图5-37所示。

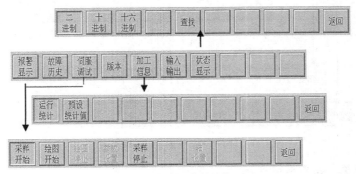

图5-37　诊断主菜单结构

（6）位置主菜单，如图5-38所示。

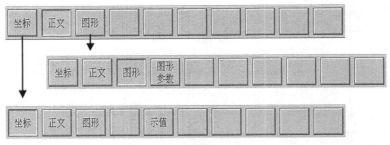

图5-38　位置主菜单结构

5.5.2　HNC-210B MD 数控铣床基本操作

1. 机床的上电、复位、急停、超程解除和关机

这些操作的方法与数控车床相同。

2. 返回参考点

与数控车床相比，数控铣床多了 Y 轴返回参考点。注意：为确保不发生碰撞，一般应选择 Z 轴先返回参考点，将刀具抬起，然后 X、Y 轴再返回参考点。

3. 手动操作

机床手动操作包括坐标轴移动、主轴控制、机床锁住、Z 轴锁住、手动数据输入（MDI）运行和其他手动操作（包括刀具松/紧、冷却开/停），这些操作与数据车床大同小异。

（1）主轴控制。

① 主轴制动：按"手动"键，选择手动方式，主轴处于停止状态时，按"主轴制动"键（指示灯亮），主轴电动机即被锁定在当前位置。

② 主轴冲动：按"手动"键，选择手动方式，当按键"主轴制动"无效时（指示灯灭），按"主

轴冲动"键（指示灯亮），主轴电动机以机床参数设定的转速和时间转动一定的角度。

③ 主轴定向：如果机床上有换刀机构，通常就需要利用主轴定向功能。因为换刀前，主轴上的刀具必须完成定位，否则会损坏刀具。

按"手动"键，选择手动方式，当"主轴制动"无效时（指示灯灭），按"主轴定向"按键，主轴立即执行主轴定向功能。定向完成后，按键内指示灯亮，表示主轴准确停止在某一固定位置。

（2）机床锁住。在手动方式下，按"机床锁住"按钮，指示灯亮，再按"自动"或"单段"键，然后按"循环启动"键，系统执行程序但禁止机床坐标轴动作，显示屏上的坐标轴位置信息变化但不输出伺服的移动指令，所以机床停止不动，这个功能可用于校验程序。

（3）Z 轴锁住。Z 轴锁住即禁止进刀。在手动方式下，按"Z 轴锁住"按钮，指示灯亮，再按"自动"或"单段"键，然后按"循环启动"键，系统执行程序但禁止机床 Z 轴动作，机床只在 X、Y 方向运动，这个功能用于校验程序 X、Y 值是否超程。

（4）刀具夹紧与松开。在手动方式下，按"换刀允许"键，使得刀具松/紧操作有效（指示灯亮）；按"换刀允许"键，松开刀具（默认值为夹紧），再按一下该键又为夹紧刀具，如此循环。

4. 数据设置

数控铣床的手动数据输入操作主要包括刀补表、刀库表（参考数控车床刀库参数设置）、坐标系数据设置、显示设置、图形设置、时间设置、相对清零、系统升级和注册。基本操作与数控车床类似。

下面介绍实际操作中刀具长度补偿和半径补偿的设置。

在主菜单中按"刀补"键，进入刀具补偿功能子菜单，在刀具补偿功能子菜单中按"刀补表"键，进入刀具表，可以进行刀具长度、半径、寿命和位置等的设置，如图 5-39 所示。

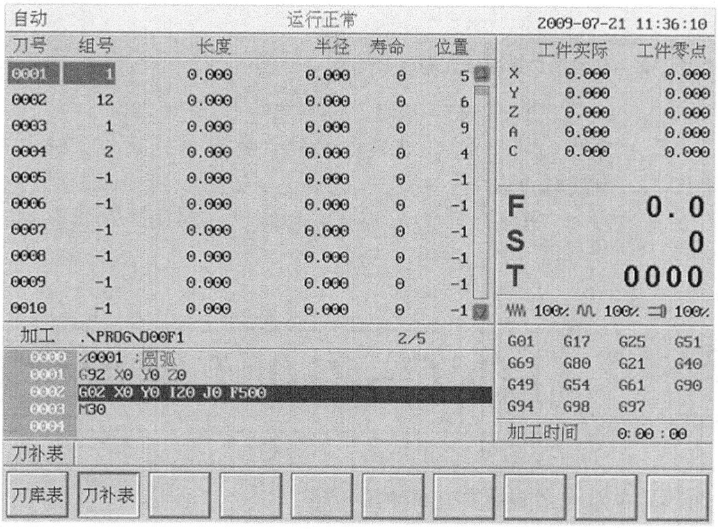

图5-39　刀具表

5. DNC 加工

一般情况下，可以将程序在计算机上用文本编辑器编辑完成，然后拷贝到磁盘上，通过"软驱"方法进入数控机床，这样可以提高程序的输入速度。对于大型程序，也可以通过"DNC"方式进行

传送。DNC 过程如下。

　　首先，要保证计算机已经通过串口线和数控系统连接，连接串口线要在断电的情况下进行。然后，启动计算机和数控机床，双击计算机上的 DNC.exe 文件（需要另外安装），运行 DNC 程序，出现如图 5-40 所示的界面。

　　单击"参数设置"按钮，设置串口参数，如图 5-41 所示。注意：这里串口参数的设置要与数控机床上数控系统的设置相同。

　　在图 5-40 中单击"打开串口"按钮。注意：此按钮打开后显示为"关闭串口"，如图 5-39 左上角所示。

　　单击图 5-40 中的"发送 G 代码"按钮，选择要发送的程序即可。

图5-40　华中数控串口通讯软件界面

图5-41　串口参数设置

　　通过 DNC 程序中的"下载 G 代码"功能，也可以将数控系统中存储的程序下载到计算机中保存。如果程序较大，一次传送不完，还可以使用本软件提供的"边传边加工"功能。单击图 5-39 中的"边传边加工"按钮，选择需要传送的程序即可。

 ## HNC-210M 编程实例

　　下面以两个典型的零件为例来阐述加工编程的方法。

　　【例 5-12】　按照技术要求，完成如图 5-42 所示的凸台零件的加工。

　　（1）零件图分析。图 5-42 所示的凸台零件，由 $\phi140 \times 5$ 的圆台、内接于圆台的正六方凸台、$\phi50 \times 9$ 的沉孔、30×30 的方槽以及 $4 \times M12$ 的螺孔组成，其中 $\phi50 \times 9$ 的沉孔、30×30 的方槽的尺寸精度和表面质量要求较高，工件上表面相对于底面有平行度要求。毛坯是经过预先铣削加工

过的铝合金块，尺寸为 180 mm × 180 mm × 35 mm。

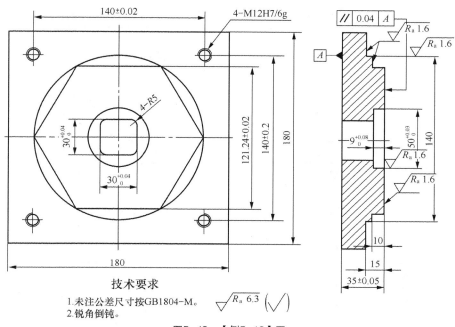

技术要求

1.未注公差尺寸按GB1804-M。

2.锐角倒钝。

图5-42　【例5-12】图

（2）工艺分析。

① 装夹方案的确定：本例中毛坯规则采用平口钳装夹即可。

② 刀具的选择：本例选择了 7 种刀具，具体型号及规格如表 5-11 所示。

表 5-11　　　　　　　　　　　　工序刀具的切削参数

机床型号 TH715				加 工 数 据				
序号	加 工 面	刀具号	刀具类型	刀具规格	主轴转速 /r·min⁻¹	进给速度 /mm·min⁻¹	刀具补偿号 HNC-21M	
							半径	长度
1	粗、精铣圆台阶	T1	立铣刀	φ6	600	100	D8 D1	H1
2	粗、精铣六方凸台	T2	立铣刀	φ10	800	100	D9 D2	H2
3	去方槽内材料及粗铣 φ50×9 沉孔	T3	键槽铣刀	φ10	600	100	D10	H3
4	粗、精铣方槽及精铣 φ50×9 沉孔	T4	立铣刀	φ6	1 000	100	D11 D4	H4
5	打中心孔	T5	中心钻	A3	1 200	50		H5
6	钻φ10.6孔	T6	钻头	φ10.6	400	50		H6
7	攻丝 M12	T7	丝锥	M12	200			H7
8	去毛刺及残料清角							

③ 加工路线的确定：如图 5-43 所示，其工序过程如表 5-12 所示。

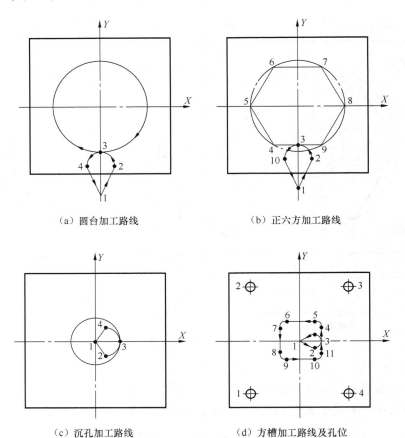

（a）圆台加工路线　　　　　　　　（b）正六方加工路线

（c）沉孔加工路线　　　　　　　　（d）方槽加工路线及孔位

图5-43 【例5-12】加工路线

（3）确定工件坐标系原点。由于零件是对称件，故将工件坐标系原点设于零件上表面中心。

（4）零件加工程序。

%5012;	主程序名
N010 T1 M06;	换1号φ16立铣刀
N020 G54 G90 G00 X0 Y0;	刀具位于G54原点正上方
N030 S600 M03;	主轴正转
N040 G43 H1 Z50.0 M08;	刀具位于工件上表面50.0 mm处，切削液开
N050 G00 X0 Y-118.0;	铣圆台，快速定位至起刀点1
N060 G01 Z-15.0 F500 D8;	下刀至切深z-15.0 mm，D8=15.0 mm
N070 M98 P7301;	调用子程序粗铣圆台阶
N080 D1;	D1=8.0 mm
N090 M98 P7301;	调用子程序精铣圆台阶
N100 G00 Z50.0 M05;	提刀至安全高度，主轴停转
N110 G91 G28 Z0 M09;	z轴回零，冷却液关闭
N120 T2 M06;	换2号φ10立铣刀
N130 G54 G90 G00 X0 Y0;	刀具位于G54原点正上方
N140 S800 M03;	主轴正转

N150 G43 H2 Z50.0 M08;	刀具位于工件上表面 50.0 mm 处，切削液开启
N160 G00 X0 Y-108.622;	铣六方台阶，快速定位至起刀点 1
N170 G01 Z-10.0 F400 F500;	下刀至切深 Z-10.0 mm
N180 D9;	D9=12.0 mm
N190 M98 P7302;	调用子程序粗铣六方台阶
N200 D2;	D2=5.0 mm
N210 M98 P7302;	调用子程序精铣六方台阶
N220 G00 Z50.0 M09;	提刀至安全高度，主轴停转
N230 G91 G28 Z0 M05;	Z 轴回零，冷却液关闭
N240 T3 M06;	换 3 号 φ10 键槽铣
N250 G54 G90 G00 X0 Y0;	刀具位于 G54 原点正上方
N260 S600 M03;	主轴正转
N270 G43 H3 Z50.0 M08;	刀具位于工件上表面 50.0 mm 处，切削液开启
N280 G00 X-6.0 Y-6.0;	
N290 G01 Z2.0 F500;	
N300 Z-36.0 F80;	
N310 Y6.0;	去方槽内材料
N320 X6.0;	
N330 Y-6.0;	
N340 X-6.0;	
N350 Y0;	
N360 G01 Z-9.0 F300;	提刀至切深 Z-9.0 mm
N370 D10;	D10=10.0 mm
N380 M98 P7303;	调用子程序粗铣 φ50 × 9 沉孔
N390 G00 Z50.0 M05;	提刀至安全高度，主轴停转
N400 G91 G28 Z0 M09;	Z 轴回零，冷却液关闭
N410 T4 M06;	换 4 号 φ6 立铣刀
N420 G54 G90 G00 X0 Y0;	刀具位于 G54 原点正上方
N430 S1000 M03;	主轴正转
N440 G43 H4 Z50.0 M08;	刀具位于工件上表面 50.0 mm 处，切削液开启
N450 G01 Z-36.0 F500;	下刀至切深 Z-36.0 mm
N460 D11;	D11=5.0 mm
N470 M98 P7304;	调用子程序粗铣 30 × 30 方孔
N480 D4;	D4=3.0 mm
N490 M98 P7304;	调用子程序精铣 30 × 30 方孔
N500 G01 Z-9.0;	提刀至切深 Z-9.0 mm
N510 D4;	D4=3.0 mm
N520 M98 P7303;	调用子程序精铣 φ50 × 9 沉孔
N530 G00 Z50.0 M05;	提刀至安全高度，主轴停转
N540 G91 G28 Z0 M09;	Z 轴回零，冷却液关
N550 T5 M06;	换 5 号 A3 中心钻
N560 G54 G90 G00 X0 Y0;	刀具位于 G54 原点正上方
N570 S600 M03;	主轴正转
N580 G43 H5 Z50.0 M08;	刀具位于工件上表面 50.0 mm 处，切削液开
N590 G99 G81 X-70.0 Y-70.0 Z-5.0 R10.0 F50.0;	打中心孔 1
N600 Y70.0;	打中心孔 2
N610 X70.0;	打中心孔 3
N620 G98 Y-70.0;	打中心孔 4

```
N630 G80 M05;                                   取消固定循环，主轴停转
N640 G91 G28 Z0 M09;                            Z 轴回零，冷却液关闭
N650 T6 M06;                                     换 6 号φ10.6 钻头
N660 G54 G90 G00 X0 Y0;                          刀具位于 G54 原点正上方
N670 S400 M03;                                   主轴正转
N680 G43 H6 Z50.0 M08;                           刀具位于工件上表面 50.0 mm 处，切削液开启
N690 G99 G81 X-70.0 Y-70.0 Z-40.0 R10.0 F50.0;  钻底孔 1
N700 Y70.0;                                      钻底孔 2
N710 X70.0;                                      钻底孔 3
N720 G98 Y-70.0;                                 钻底孔 4
N730 G80 M05;                                    取消固定循环，主轴停转
N740 G91 G28 Z0 M09;                             Z 轴回零，冷却液关闭
N750 T7 M06;                                     换 7 号 M12 丝锥
N760 G54 G90 G00 X0 Y0;                          刀具位于 G54 原点正上方
N770 S200 M03;                                   主轴正转
N780 G43 H7 Z50.0 M08;                           刀具位于工件上表面 50.0 mm 处，切削液开启
N790 G99 G84 X-70.0 Y-70.0 Z-40.0 R10.0 F1.75;  攻丝 1
N800 Y70.0;                                      攻丝 2
N810 X70.0;                                      攻丝 3
N820 G98 Y-70.0;                                 攻丝 4
N830 G80 M05;                                    取消固定循环，主轴停转
N840 M30;                                        主程序结束

%7301;                                           铣圆台阶子程序
N0010 G01 G41 X16.0 Y-86.0 F200;                 点 2
N0020 G03 X0 Y-70.0 R16.0 F100;                  点 3
N0030 G02 I0 J70.0;                              整圆加工的圆
N0040 G03 X-16.0 Y-86.0 R16.0;                   点 4
N0050 G01 G40 X0 Y-118.0 F200;                   点 1
N0060 M99;                                       子程序结束

%7302;                                           铣六方台阶子程序
N0010 G01 G41 X16.0 Y-76.622;                    点 2
N0020 G03 X0 Y-60.622 R16.0;                     点 3
N0030 G01 X-35.0 Y-60.622;                       点 4
N0040 X-70.0 Y0;                                 点 5
N0050 X-35.0 Y60.622;                            点 6
N0060 X35.0;                                     点 7
N0070 X70.0 Y0;                                  点 8
N0080 X35.0 Y-60.622;                            点 9
N0090 X0;                                        点 3
N0100 G03 X-16.0 Y-76.622 R16.0;                 点 10
N0110 G01 G40 X0 Y-108.622;                      点 1
N0120 M99;                                       子程序结束

%7303;                                           φ50 × 9 沉孔子程序
```

```
N0010 G41 G01 X13.0 Y-12.0 F100;          点2
N0020 G03 X25.0 Y0 R12.0;                 点3
N0030 G03 I-25.0 J0;                      整圆加工φ50的圆
N0040 G03 X13.0 Y12.0 R12.0;             点4
N0050 G01 G40 X0 Y0;                      点1
N0060 M99;                               子程序结束

%7304;                                   30 × 30方槽子程序
N0010 G41 G01 X9.0 Y-6.0 F100;           点2
N0020 G03 X15.0 Y0 R6.0;                 点3
N0030 G01 Y10.0;                         点4
N0040 G03 X10.0 Y15.0 R5.0;             点5
N0050 G01 X-10.0;                        点6
N0060 G03 X-15.0 Y10.0 R5.0;            点7
N0070 G01 Y-10.0;                        点8
N0080 G03 X-10.0 Y-15.0 R5.0;           点9
N0090 G01 X10.0;                         点10
N0100 G03 X15.0 Y-10.0 R5.0;            点11
N0110 G01 Y0;                            点3
N0120 G03 X9.0 Y6.0 R6.0;               点12
N0130 G01 G40 G01 X0 Y0;                点1
N0140 M99;                               子程序结束
```

【例 5-13】　用数控铣床完成如图 5-44 所示的底座的加工。零件材料为铝合金，毛坯为 82 mm × 82 mm × 15 mm。

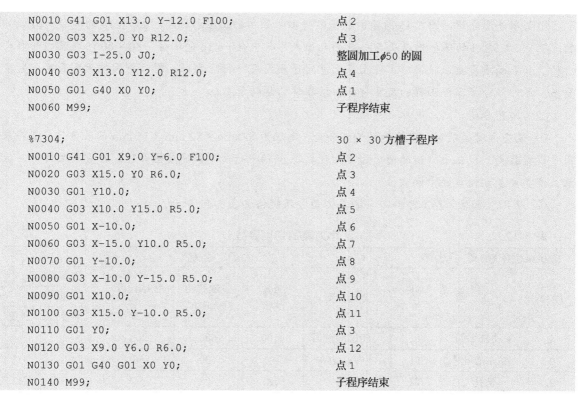

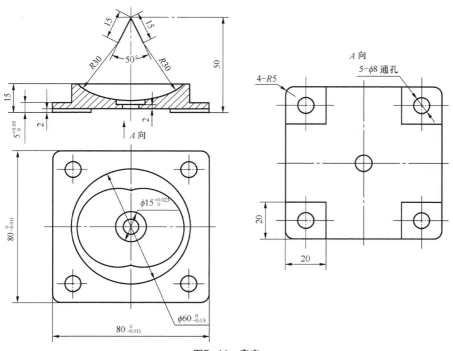

图5-44　底座

（1）零件图分析。图 5-43 所示的底座零件由带圆角的正方形底座、$\phi 60 \times 10$ 的圆台、$\phi 15 \times 9$ 的沉孔、$2 \times SR30$ 的球形槽以及 $5 \times \phi 8$ 的孔组成，其中 $\phi 60 \times 10$ 的圆台、80×80 的底座的外形尺寸精度和表面质量要求较高，工件上表面相对于底面有平行度要求，圆台侧面对于底面有垂直度要求。另外，分析零件图样的尺寸可知，该零件需翻转加工。

（2）工艺分析。

① 装夹方案的确定：零件材料为铝合金，毛坯为 82 mm × 82 mm × 15 mm 的长方体，零件采用平口钳装夹。找正平口钳的固定钳口，使之与 X 轴平行；垫铁高度应合理，在安装工件时，注意工件要安装在钳口的中间部位。

② 刀具的选择：各工序的刀具的具体型号及规格如表 5-12 所示。

表 5-12　　　　　　　　　　　　工序刀具的切削参数

机床型号 TH715					加 工 数 据			
序号	加 工 面	刀具号	刀具类型	刀具规格	主轴转速 /r·min^{-1}	进给速度 /mm·min^{-1}	刀具补偿号 HNC-21M	
							半径	长度
1	手动铣平面		可转位面铣刀	$\phi 100$	600	200		
2	钻中心孔	T1	中心钻	$\phi 3$	600	50		H1
3	钻孔	T2	钻头	$\phi 8$	600	50		H2
4	粗铣$\phi 60 \times 10$凸台	T3	立铣刀	$\phi 16$	600	100	D01=8.2	H3
5	精铣$\phi 60 \times 10$凸台	T3	立铣刀	$\phi 16$	1000	150	D01=修正值	H3
6	铣削凹球面	T4	球头刀	$\phi 10$	600	100		H4
7	粗铣$\phi 15$孔	T4	立铣刀	$\phi 10$	800	120	D02=5.2	H5
8	精铣$\phi 15$孔	T5	立铣刀	$\phi 10$	1200	150	D02=修正值	H5
9	翻转装夹，找正后铣平面，保证 15 mm 尺寸，且平行度为 0.02 mm							
10	粗铣 80 × 80 的四边形轮廓	T3	立铣刀	$\phi 16$	600	100	D03=8.2	H3
11	精铣 80 × 80 的四边形轮廓	T3	立铣刀	$\phi 16$	1000	120	D03=修正值	H3
12	粗铣 20 × 20 的 4 个四边形	T3	立铣刀	$\phi 16$	600	100	D03=8.2	H3
13	精铣 20 × 20 的 4 个四边形	T3	立铣刀	$\phi 16$	1000	120	D03=修正值	H3
14	去毛刺及残料清角							

③ 加工工序的安排：各工序的安排，具体如表 5-13 所示。

（3）确定工件坐标系原点。由于零件是对称件，故工件坐标系 G54 建立在工件上表面对称中心处。

（4）采用华中数控 HNC-210M 系统编程，各工序的程序如下。

```
%5131;                              钻中心孔
N010 G54 G90 G00 M03 S800;          建立工件坐标系，绝对编程，主轴正转
N020 X0 Y0 M08;                     运动到工件坐标系原点，冷却液开启
N030 G43 H1 Z100;                   设定初始高度并建立长度补偿
N040 G98 G81 x0 Y0 Z-5 R10 F100;    钻定位孔 1
N050 X30 Y30;                       钻定位孔 2
N060 X-30;                          钻定位孔 3
N070 Y-30;                          钻定位孔 4
N080 X30;                           钻定位孔 5
N090 G80 Z100 M09;                  抬刀，冷却液关闭
N100 M05;                           主轴停转
N110 M30;                           程序结束
%5132;                              钻ϕ8 的通孔
N010 G54 G90 G00 M03 S800;          建立工件坐标系，绝对编程，主轴正转
N020 X0 Y0 M08;                     运动到工件坐标系原点，冷却液开启
N030 G43 H2Z100;                    设定初始高度并建立长度补偿
N040 G98 G81 x0 Y0 Z-16 R10 F100;   钻定位孔 1
N050 X30 Y30;                       钻定位孔 2
N060 X-30;                          钻定位孔 3
N070 Y-30;                          钻定位孔 4
N080 X30;                           钻定位孔 5
N090 G80 Z100 M09;                  抬刀，冷却液关闭
N100 M05;                           主轴停转
N110 M30;                           程序结束

%5133;                              粗、精铣ϕ60 × 10 的圆台（精铣时改变切削参数及刀具半径补偿）
N010 G90 G54 G00 M03 S600;          建立工件坐标系，绝对编程，初始高度，主轴正转
N020 X50 Y0;                        快速到达下刀点
N030 G43 H3 Z100 M08;               设定初始高度并建立长度补偿，冷却液开启
N040 G01 Z10 F500;                  快速趋近工件表面
N050 G01 Z-5 F50;                   直线插补切入工件，分层加工，通过修改 z 值实现
N060 G41 G01 Y20 D01 F100;          建立刀具半径补偿
N070 G03 X30 Y0 R20;                刀具圆弧切入
N080 G02 I-30;                      轮廓加工
N090 G03 X50 Y-20 R20;              刀具圆弧切出
N100 G40 G01 Y0;                    取消刀具半径补偿
N110 G00 Z100 M09;                  刀具快速抬起，冷却液关闭
N120 M05;                           主轴停转
N130 M30;                           程序结束

%5134 ;                             铣削两个凹球面
N010 G54 G90 G00 M03 S2000;         建立工件坐标系、绝对编程、初始高度、主轴正转
```

```
N020 X0 Y0;                              快速到达工件坐标原点
N030 G43 H4 Z100 M08;                    设置初始高度并建立长度补偿，冷却液开启
N040 G01 Z10 F500;                       快速趋近工件表面
N050 M98 P5001;                          调用子程序加工一个凹球面
N060 G68 X0 Y0 P180;                     坐标系旋转180°
N070 M98 P5001;                          调用子程序加工另一个凹球面
N080 G69;                                取消坐标系旋转
N090 G00 Z100 M09;                       抬刀，冷却液关闭
N100 M05;                                主轴停转
N110 M30;                                程序结束

%5001;                                   子程序
N010 G00 X6.339 Y0;                      快速到达下刀点
N020 #101=45;                            初始角
N030 WHILE #101 LE 90;                   程序循环
N040 #102=6.339+ COS(#101* PI/180)*25;   变量运算
N050 #103= SIN(#101* PI/180)*25;         变量运算
N060 G01 X=[#102] F600;                  X向进给
N070 G01 Z[-#103];                       Z向进给
N080 G02 I[-#102];                       加工轮廓
N090 #101=#101+1;                        每次角度增加1
N100 ENDW;                               循环体结束
N110 G00 Z10;                            刀具抬到安全高度
N120 M99;                                返回主程序

%5135;                                   粗、精铣φ15孔（精铣时改变切削参数及刀具半径补偿）
N010 G54 G90 G00 M03 S800;               绝对编程，建立工件坐标系，初始高度，主轴正转
N020 X0 Y0 M08;                          快速到达工件坐标原点，且冷却液开启
N030 G43 H3 Z100;                        设定初始高度并建立长度补偿
N040 G01 Z10 F500;                       快速趋近工件表面
N050 G01 Z-10 F50;                       直线插补切入工件
N060 G41 G01 X1 Y-6 D02 F120;            建立刀具半径补偿
N070 G03 X7 Y0 R6;                       刀具圆弧切入
N080 G03 I-7;                            加工轮廓
N090 G03 X1 Y6 R6;                       刀具圆弧切出
N100 G40 G01 X0 Y0;                      取消刀具半径补偿
N110 G00 Z100 M09;                       刀具快速抬起，冷却液关闭
N120 M05;                                主轴停转
N130 M30;                                程序结束
%5136;                                   粗、精铣80×80的四边形轮廓（精铣时改变切削参数
                                         及刀具半径补偿）
N010 G54 G90 G00 M03 S800;
N020 X55 Y0 M08;
N030 G43 H3 Z100;
N040 G01 Z10 F500;
N050 G01 Z-7 F100;                       直线插补切入工件
```

```
N060 G41 G01 Y15 D03;                    建立刀具半径补偿
N070 G03 X40 Y0 R15;                     刀具圆弧切入
N080 G01 Y-35;                           加工轮廓
N090 G02 X35 Y-40 R5;
N100 G01 X-35;
N110 G02 X-40 Y-35 R5;
N120 G01 Y35;
N130 G02 X-35 Y40 R5;
N140 G01 X35;
N150 G02 X40 Y35 R5;
N160 G01 Y0;                             加工轮廓
N170 G03 X55 Y-15 R15;                   刀具圆弧切出
N180 G40 G01 Y0;                         取消刀具半径补偿
N190 G00 Z100 M09;                       刀具快速抬起，冷却液关闭
N200 M05;                                主轴停转
N210 M30;                                程序结束


%5137;                                   粗、精铣 20 × 20 的 4 个四边形轮廓（精铣时改变切削
                                         参数及刀具半径补偿）

N010 G54 G90 G00 M03 S800;
N020 X0 Y0 M08;
N030 G43 H3 Z100;
N040 G01 Z10 F500;
N050 M98 P5002;                          调用子程序加工第 1 个四边形轮廓
N060 G68 X0 Y0 P90;                      坐标系旋转 90°
N070 M98 P5002;                          调用子程序加工第 2 个四边形轮廓
N080 G68 X0 Y0 P180;                     坐标系旋转 180°
N090 M98 P5002;                          调用子程序加工第 3 个四边形轮廓
N100 G68 X0 Y0 P270;                     坐标系旋转 270°
N110 M98 P5002;                          调用子程序加工第 4 个四边形轮廓
N120 G69;                                取消坐标系旋转
N130 G01 Y-60;                           去余量
N140 G00 X60;
N150 Y0;
N160 G01 X-60 F100;                      去余量
N170 G00 Z100 M09;                       刀具快速抬起，冷却液关闭
N180 M05;                                主轴停转
N190 M30;                                程序结束


%5002;                                   子程序
N010 G00 X60 Y0;                         快速到达下刀点
N020 G01 Z-2 F100;                       直线插补切入工件
N030 G41 G01 Y20 D03;                    建立刀具半径补偿
N040 G01 X20;                            加工轮廓
N050 Y60;                                加工轮廓
N060 G40 G01 X0;                         取消刀具半径补偿
N070 G00 Z10;                            刀具快速到达安全高度
N080 M99;                                返回主程序
```

一、填空题

1. 华中数控系统 G71 指令是将所有地址写在一行，且 X 轴方向的精加工余量和 Z 轴方向的精加工余量分别用地址_____和地址_____描述。

2. 华中数控系统宏程序中，常量有_____、_____、_____。

3. 华中数控系统操作面板图大致分为_____、_____、_____、_____。

4. 华中数控铣床系统每分钟进给用_____指令；每转进给用_____指令。

5. 机床手动操作包括坐标轴移动、_____、机床锁住、_____、手动数据输入（MDI）运行和其他手动操作（包括_____）。

二、判断题

（　　）1. 华中数控系统中的数据一定要带小数点，否则为 um。

（　　）2. 华中数控系统中用"ENTER"回车键换行。

（　　）3. 华中数控系统中的所有指令与 FANUC 系统中的完全相同。

（　　）4. 华中数控系统文件名里的程序名为"%××××"。

（　　）5. 华中数控系统中新文件能和当前目录中已经存在的文件同名。

（　　）6. 华中数控系统校验运行时，机床不动作。

三、选择题

1. 在华中数控车床系统中用（　　）指令进行简单螺纹加工。

A. G80　　　　　　　B. G82　　　　　　　C. G90　　　　　　　D. G92

2. 在华中数控车床系统中用（　　）指令进行简单内外圆柱面加工。

A. G80　　　　　　　B. G81　　　　　　　C. G90　　　　　　　D. G91

3. 华中数控系统的绝对编程和相对编程可通过（　　）指令进行切换。

A. G80/G81　　　　　B. G20/G21　　　　　C. G90/G91　　　　　D. G36/G37

4. 华中数控系统子程序的循环次数可通过地址（　　）实现。

A. G　　　　　　　　B. M　　　　　　　　C. P　　　　　　　　D. L

5. 华中数控系统的孔加工固定循环指令 G90 G98 G73 X__Y__ Z__ R__ Q__ F__；中的 Q 值为（　　）。

A. 正数　　　　　　　B. 负数　　　　　　　C. 0　　　　　　　　D. 可省略

6. 华中数控系统中的镜像指令为（　　）。

A. G24　　　　　　　B. G25　　　　　　　C. G51　　　　　　　D. G50

7. 在操作华中数控系统时，可按（　　）键返回上级目录。

A. F1　　　　　　　　B. F4　　　　　　　　C. F8　　　　　　　　D. F10

8. 若想用手轮控制机床运动，按（ ）键后可实现操作。

   A. 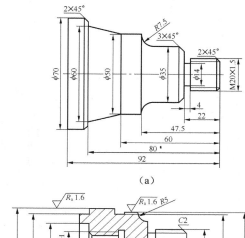 手动   B. 自动   C. 增量   D. 自动

9. 在操作华中数控系统编辑程序时，要使光标向后移并空一格可按（ ）键。

   A. BS   B. Esc   C. SP   D. PaUp

10. 华中数控系统是（ ）开发的具有自主知识产权、性价比较高的数控系统。

   A. 美国   B. 日本   C. 德国   D. 中国

四、编程题

1. 应用华中数控车床系统加工如图 5-45 所示的零件。

（a）

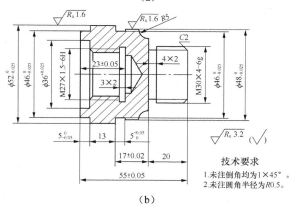

（b）

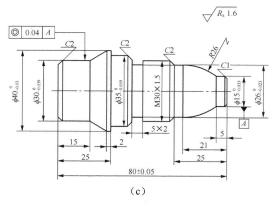

（c）

图5-45

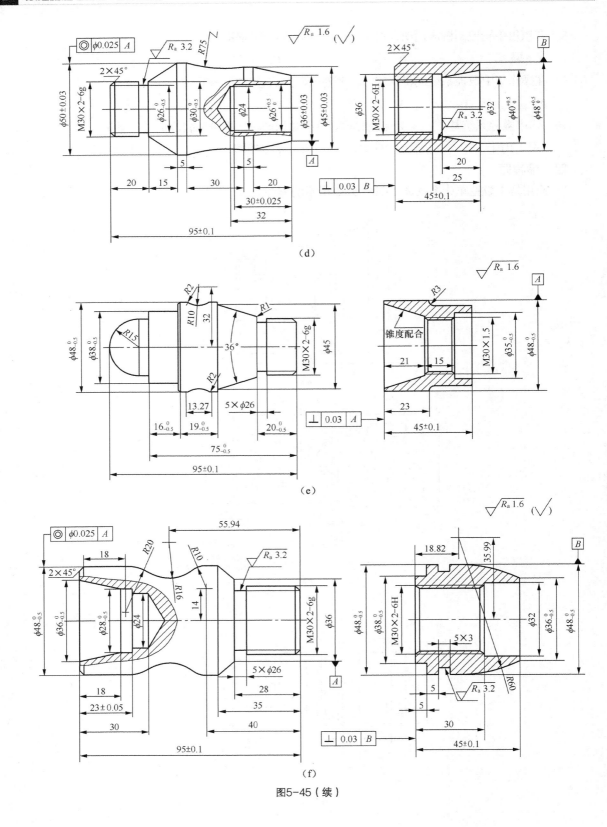

图5-45（续）

2. 应用华中数控铣床系统加工如图 5-46 所示的零件。

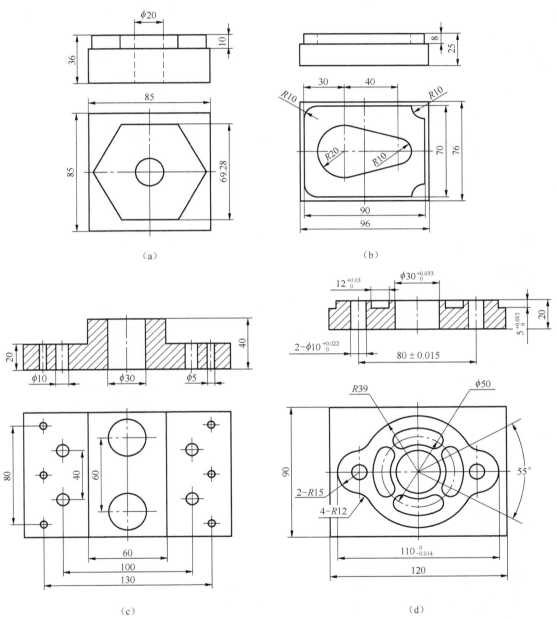

图5-46

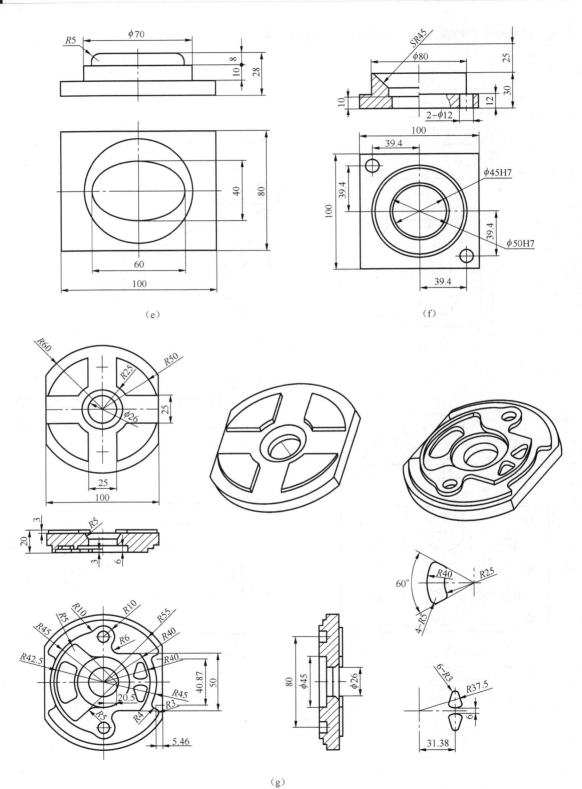

（e）

（f）

（g）

图5-46（续）

Chapter 6

第6章

| 数控电火花线切割加工 |

【教学目标】

1. 了解数控电火花线切割机床的概念，熟悉数控电火花线切割机床的加工特点及应用。
2. 掌握数控电火花线切割机床的组成及各部分的作用，了解数控电火花线切割机床的分类。
3. 掌握数控电火花线切割机床的基本操作。

随着工业生产的发展和科学技术的进步，具有高熔点、高硬度、高强度、高韧性的新型模具材料不断涌现，而且结构复杂和工艺要求特殊的模具也越来越多。这样，仅仅采用传统的机械加工方法来加工各种模具，就会感到十分困难，甚至无法加工。因此，人们除进一步完善和发展模具机械加工方法外，还借助于现代科学技术的发展，开发了一种有别于传统机械加工的新型加工方法——特种加工。

特种加工与机械加工有着本质的不同，它不要求工具材料比工件材料更硬，也不需要在加工过程中施加明显的机械力，而是直接利用电能、化学能、光能和声能对工件进行加工，以达到一定的形状尺寸和表面粗糙度要求。特种加工的内容很多，其中电火花成形加工、电火花线切割加工、电解加工、电铸成形、电化学抛光、化学加工、超声波加工等都得到了广泛应用。

目前，特种加工不仅有系列化的先进设备，而且广泛用于模具制造的各个部门，成为模具制造中一种必不可少的重要加工工艺手段。

电火花加工是在一定介质中，通过工具电极和工件电极之间脉冲放电时的高温、高压电腐蚀作用，对工件进行加工以达到一定形状、尺寸和表面粗糙度要求的一种工艺方法。

电火花加工可以加工各种高熔点、高硬度、高强度、高纯度、高韧性、高脆性的金属材料，广泛用于加工各类冲压模、热锻模、压铸模、挤压模、塑料模、胶木模等的型腔、型孔（圆孔、方孔、异形孔）、曲线孔（弯孔、螺纹孔）以及窄缝、小孔、微孔的加工。

　　电火花加工根据应用范围可分为电火花成形加工（习惯上称为电火花加工）和电火花线切割加工（习惯上称为线切割加工）。

电蚀原理

电火花加工原理

6.1　数控线切割加工

6.1.1　数控线切割机床及其组成

1. 电火花线切割机床

　　（1）电火花线切割机床的分类。电火花线切割机床一般按电极丝的运行速度进行分类。目前，通常将其分为两大类：一类是高速走丝线切割机床，俗称快走丝线切割机床，这类机床的电极丝做高速往复运动，加工工件时一般只做一次切割，切割工件的精度通常能保证 0.01～0.02 mm，加工表面粗糙度可保证 $R_a1.6～3.2\ \mu m$，电极丝材料为钼或钨钼合金，常用电极丝的直径有 0.13 mm 和 0.18 mm 两种；另一类是低速走丝线切割机床，俗称慢走丝线切割机床，这类机床的电极丝做低速单向运动，电极丝一次性使用，切割工件时，加工表面可进行多次修光切割，所以加工精度较高，具有较细的表面粗糙度，通常保证精度为 0.002～0.005 mm，表面粗糙度 $R_a0.04～0.8\ \mu m$，表面粗糙度最高可达到 $R_a0.005\ \mu m$ 的加工表面。电极丝的材料为黄铜、锌包铜、钨或钼。常用的电极丝直径，铜丝类有 0.1 mm、0.2 mm、0.25 mm、0.3 mm 和 0.35 mm 5种，钨钼丝类有 0.03 mm、0.05 mm 和 0.07 mm 3 种。

　　（2）电火花线切割机床的组成结构。电火花线切割机床主要由床身、坐标工作台、工作液循环系统、脉冲电源、控制、系统、走丝系统等部分组成，如图 6-1 所示。

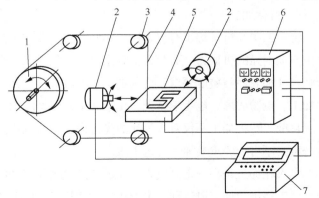

图6-1　电火花线切割结构示意图

1—储丝筒；2—工作台驱动电机；3—导轮；4—电极丝；
5—工件（含工作台）；6—脉冲电源；7—控制器

① 机床床身。机床床身通常采用箱式结构的铸铁件，它是坐标工作台、走丝系统、工件等的支撑和固定基础，应有足够的强度和刚度。

② 坐标工作台。电火花线切割机床的坐标工作台是指在水平面上沿着 X 轴和 Y 轴两个坐标方向移动，用于装夹摆放工件的"平台"。坐标工作台在 X 轴和 Y 轴两个方向的移动是由两个受控的步进电机或伺服电机（慢走丝线切割机多用）驱动的。控制系统每发出一个进给信号，步进电机或伺服电机就转动一定角位移，经过减速，带动丝杆旋转，使工作台前进或后退。为了保证工作台的定位精度和灵敏度，工作台的十字拖板导轨采用滚动导轨，传动丝杆采用滚珠丝杆传动副，滚珠丝杆和螺母之间要消除间隙。滚珠丝杆的传动副将电机的旋转运动变为工作台的直线运动，从而获得各种平面图形曲线轨迹。

③ 电火花线切割机的走丝系统。电火花线切割走丝系统是能使电极丝具有一定的张力和直线度，以给定的速度稳定运动，并可以传递给定的电能的机构。

线切割机床的走丝系统主要由电极丝、储丝筒（或收、放丝卷筒）、导轮部件、张力装置、导电块、电机等构成。

● 电极丝。电极丝是电火花线切割时，用来导电放电的金属丝，在快走丝线切割中泛指"钼丝"。电极丝的质量直接影响到切割工件的质量，如在放电条件一定的情况下，电极丝的直径尺寸精度直接影响切割工件的尺寸精度。

● 导轮部件。导轮部件是确定电极丝直线位置的部件，主要由导轮、轴承和调整座组成。导轨和轴承由于长期高速运转很容易因磨损而松动，造成电极丝直线位置的不确定，无法保证线切割精度，所以需要经常调整导轮松紧或更换导轮和轴承。

● 储丝筒。储丝筒在快走丝线切割机中，兼有收、放丝卷筒的功能。储丝筒一般用轻金属材料制成，工作时，将电极丝的一端头固定在储丝筒的一端柱面上，然后按一个方向有序地、密排地在储丝筒上缠绕一层，将电极丝的另一端头穿过整个走丝系统，回到储丝筒，按缠绕方向将电极丝头固定在储丝筒的另一端柱面上。这样缠绕的电极丝，不论储丝筒向哪个方向旋转，电极丝都会有序地一边做一边收。储丝筒通过联轴器与驱动电机连接，电机由专门的换向装置控制其正反交替运转，从而使电极丝往复运动，反复使用该段电极丝。

为了减少电极丝在高速运动过程中的振动，提高加工精度，现在有些线切割机配有恒张力装置，给了电极丝一个恒定的张力。

④ 脉冲电源。顾名思义，脉冲电源是产生高频脉冲电压，给线切割机电极丝与工件之间提供火花放电脉冲电能的装置。快走丝线切割机的脉冲电源提供的脉冲电压多为矩形脉冲波，矩形脉冲的宽窄反映了单个脉冲能量的大小。在线切割加工过程中，根据加工条件和加工工件的要求，可以调整脉冲宽度（简称"脉宽"）和脉冲间歇（简称"脉歇"），以适应不同条件和要求。

⑤ 工作液循环系统。工作液的主要作用是线切割加工过程中在脉冲间歇时间内，及时将已蚀除下来的电蚀产物从加工区域中排除，使电极丝与工件间的介质在下一个脉冲之前迅速恢复绝缘状态，有助于压缩放电通道，使能量集中，提高电蚀能力；另一方面可以冷却受热的电极丝和工件，避免电极丝过热烧断，防止放电产生的热量扩散到不必要的地方，有助于保证切割工件表面

和尺寸精度。

为了保证线切割加工过程中脉冲放电过程能稳定而顺利地进行，加工区域必须充分、连续地提供清洁的工作液，所以需要设置工作液循环系统。工作液循环系统一般由液箱、工作液泵、过滤器、管道、流量控制阀等组成。快走丝线切割供液方式即由工作液泵和管道将工作液从箱中传输到加工区域，而后经工作台上的液槽、导流孔、管道通过过滤器返回液箱。

⑥ 电火花线切割控制系统。控制系统是电火花线切割机床的中枢，它由输入/输出连接线路、控制器、运算器和存储器 4 大部分组成。

2. 电火花线切割加工原理

线切割加工的基本原理是：利用一根运动着的金属线作为工具电极，在金属丝与工件间施加脉冲电流，产生放电腐蚀，对工件进行切割加工。线切割加工在工作时，工件接高频脉冲电源的正极，电极丝接负极，即采用正极性加工，电极丝缠绕在储丝筒上，电机带动储丝筒运动，致使电极丝不断地进入和离开放电区域，电极丝与工件之间浇注绝缘工作液介质。当高频脉冲电源通电后，随着工作液的电离、击穿，形成放电通道，电子高速奔向正极，正离子奔向负极，于是电能转变为动能，粒子间的相互碰撞以及粒子与电极材料的碰撞，又将动能转变为热能。

在放电通道内，正极和负极表面分别产生瞬时热流，达到很高的温度，使工作液介质汽化、剧烈分解，金属材料熔化、沸腾、汽化。在热膨胀、局部微爆炸、电动力、流体动力等结合作用下，蚀除下来的金属微粒随着电极丝的移动和工作液的冲洗而被抛出放电区，于是在金属表面形成凹坑，在脉冲间隔时间内工作液介质消除电离，放电通道中的带电粒子复合为中性粒子，恢复了工作液的绝缘性。由于加工过程是连续的，步进电机（伺服电机）受控制系统的控制，使工作台在水平面沿两个坐标方向伺服进给运动，于是工件就逐步被切割成各种给定的形状。

3. 电火花线切割加工的特点和应用

（1）电火花线切割加工的特点。电火花线切割加工与电火花成形加工相比，有如下特点。

① 不需要制作电极，可节约电极的设计和制造费用，缩短了生产周期。

② 能加工形状复杂、细小的通孔和外形表面。

③ 加工中的电蚀产物由循环流动的工作液带走；电极丝以一定的速度运动（称为走丝运动）可减小电极损耗，不易被火花放电烧断，也有利于电蚀产物的排除。

④ 在加工过程中，快速走丝线切割采用低损耗电源且电极丝高速移动；慢速走丝线切割单向走丝，在加工区域总是保持新电极加工，因而电极损耗极小（一般可忽略不计），有利于加工精度的提高。

⑤ 采用四轴联动，可加工锥度及上、下面异形体等零件。

（2）电火花线切割加工的应用。线切割广泛用于加工硬质合金、淬火钢模具零件、样板、各种形状复杂的细小零件、窄缝等，如形状复杂、带有尖角窄缝的小型凹模的型孔可采用整体结构经淬火后再加工，既能保证模具精度，又可简化模具的设计和制造。此外，电火花线切割加工还可用于加工除不通孔以外的其他难加工的金属零件。

6.1.2 数控线切割机床的编程

为了使机器接受指令，并按照预定的要求自动完成切割加工，首先要把被加工零件的切割顺序、切割方向及有关尺寸等信息，按一定格式输入给机床的数控装置，经数控装置运算变换以后，控制机床的运动。从被加工的零件图到获得机床所需控制介质的全过程，称为程序编制。

目前生产的线切割加工机床都有计算机自动编程功能，即可以将线切割加工的轨迹图形自动生成机床能够识别的程序。

线切割程序与其他数控机床的程序相比，有如下特点。

线切割程序普遍较短，很容易读懂。国内线切割程序常用格式有 3B（个别扩充为 4B 或 5B）格式和 ISO 格式。其中，慢走丝机床普遍采用 ISO 格式，快走丝机床大部分采用 3B 格式，其发展趋势是采用 ISO 格式。下面介绍用 3B 格式和 ISO 格式编制程序。

1. 3B 格式程序编制

（1）3B 指令格式及定义 3B 指令格式。

BX　　BY　　BJ　　G　　Z

① B 为分隔符。

② X、Y 为坐标值（直线为终点坐标，圆弧为起点坐标）。

③ J 为计数长度。

④ G 为计数方向（GX 为 X 方向计数，GY 为 Y 方向计数）。

⑤ Z 为加工指令（直线为 L1、L2、L3、L4，圆弧为 SR1、SR2、SR3、SR4、NR1、NR2、NR3、NR4）。

（2）符号定义。

① 分隔符。因为 X、Y 均为数据组，需用 B 将它们分开。

② 坐标值（X、Y）。X、Y 均为坐标点相对值，取值范围为 $0 \sim 999\,999 \mu m$。对于直线加工指令，X、Y 表示线段终点相对起点坐标值，也可以表示直线段 X、Y 的比值。当 X 或 Y 为零时，B 分隔符后可以为空。当终点落在 XY 轴上时，B 分隔符后可以为空。对于圆弧加工指令，X、Y 表示圆弧的起点相对圆心的坐标值。

③ 计数方向 G。计数方向的选取是否正确，决定本条指令加工是否正确。计数方向选取准则如下。

● 以 X 轴 ±45° 线为分界线，如图 6-2 所示。

● 对于直线加工指令来说，以钼丝开始所在的位置为起点，钼丝所要达到的直线的终点决定计数方向。

图6-2 分界线

当终点的坐标值：

$|X| > |Y|$ 时，则取 X 方向计数。

$|X| < |Y|$ 时，则取 Y 方向计数。

$|X| = |Y|$ 时，则有两种情况：

当终点位于第 I 、 III 象限时，应取 Y 方向计数；

当终点位于第 II 、 IV 象限时，应取 X 方向计数，如图 6-3（a）所示。

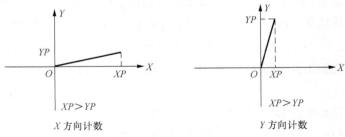

（a）直线计数方向

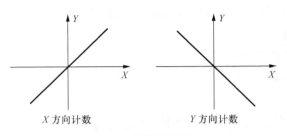

（b）圆弧计数方向

图6-3　计数方向的选取

● 对圆弧加工指令，以钼丝开始所在的位置为起点，由钼丝所要到达的圆弧终点决定计数方向。

当钼丝达到终点坐标值：

$|X| > |Y|$ 时，则取 Y 方向计数。

$|X| < |Y|$ 时，则取 X 方向计数。

$|X| = |Y|$ 时，则有如下两种情况：

当终点位于第 I 、 III 象限时，应取 X 方向计数；

当终点位于第 II 、 IV 象限时，应取 Y 方向计数，如图 6-3（b）所示。

（3）计数长度J的计算。

① 直线加工指令计数长度的计算。当计数方向确定之后，计数长度等于该线段向取计数方向所在坐标轴的投影，如图 6-4 所示。

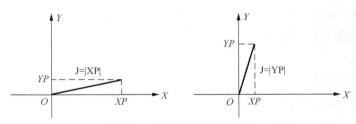

图6-4　直线段计数长度的计算

② 圆弧加工指令计数长度的计算。当计数方向确定之后，计数长度等于圆弧段向取计数方向所在坐标轴的投影之和，如图 6-5 所示。

当圆弧段跨几个象限时，将各象限内的圆弧段在取计数方向所在坐标轴的投影之和作为总的计数长度；当圆弧不跨过象限时，计数长度等于圆弧在取计数方向所在坐标轴的投影。

（4）加工指令 Z 的选取。

① 对于直线加工指令来说，如果直线段位于第Ⅰ、Ⅱ、Ⅲ、Ⅳ象限，则加工指令分别选取 L1、L2、L3、L4。当直线位于 X 轴时，正向选取 L1，反向选取 L3。当直线位于 Y 轴时，正向选取 L2，反向选取 L4，如图 6-6 所示。

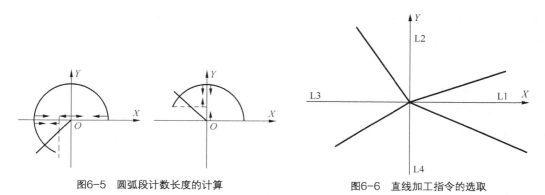

图6-5　圆弧段计数长度的计算　　　　图6-6　直线加工指令的选取

② 对于圆弧加工指令来说，圆弧起点确定加工指令。

顺圆时，起点位于第Ⅰ、Ⅱ、Ⅲ、Ⅳ象限时，应选取为 SR1、SR2、SR3、SR4。当起点位于 X 轴时，正向选取 SR4，反向选取 SR2；起点位于 Y 轴时，正向选取 SR1，反向选取 SR3，如图 6-7 所示。

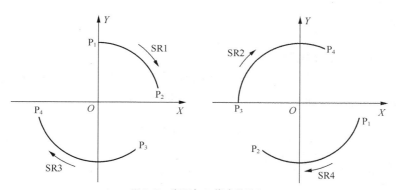

图6-7　顺圆加工指令的选取

逆圆时，起点位于第Ⅰ、Ⅱ、Ⅲ、Ⅳ象限时，应选取为 NR1、NR2、NR3、NR4。当起点位于 X 轴时，反向选取 NR3；当起点位于 Y 轴时，正向选取 NR2，反向选取 NR4，如图 6-8 所示。

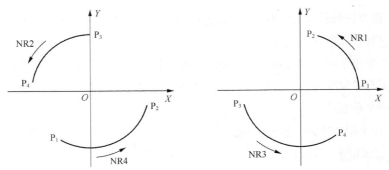

图6-8 逆圆加工指令的选取

【例 6-1】 用 3B 代码编制如图 6-9 所示的凸模线切割加工程序，已知电极丝直径为 0.18 mm，单边放电间隙为 0.01 mm，图 6-9 中 O 为穿丝孔拟采用的加工路线 $O \rightarrow E \rightarrow D \rightarrow C \rightarrow B \rightarrow A \rightarrow E \rightarrow O$。

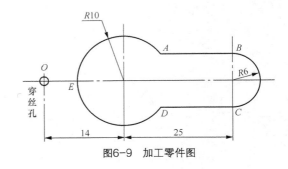

图6-9 加工零件图

程序如下。

```
//穿丝孔坐标 X=-14.0000  Y=0.0000    补偿 f=0.1000
BBB003900GXL1
B10100BB014100GYNR3
BBB016950GXL1
BB6100B012200GXNR3
BBB016950GXL3
B8050B6100B014100GYNR1
BBB003900GXL3
DD
```

2. 线切割 ISO 代码程序编制

同前面介绍过的数控加工中心加工用的 ISO 代码一样，线切割代码主要有 G 指令（即准备功能指令）、M 指令和 T 指令（即辅助功能指令），具体如表 6-1 所示。

表 6-1　　　　　　　　　　　常用的线切割加工指令

代码	功　　能	代码	功　　能
G00	快速移动，定位指令	G19	YOZ 平面选择
G01	直线插补	G20	英制
G02	顺时针圆弧插补指令	G21	公制
G03	逆时针圆弧插补指令	G40	取消电极丝补偿
G04	暂停指令	G41	电极丝半径左补
G17	XOY 平面选择	G42	电极丝半径右补
G18	XOZ 平面选择	G50	取消锥度补偿

续表

代 码	功 能	代 码	功 能
G51	锥度左倾斜（沿电极丝行进方向，向左倾斜）	M05	忽略接触感知
		M98	子程序调用
G52	锥度右倾斜（沿电极丝行进方向，向右倾斜）	M99	子程序结束
		T82	加工液保持 OFF
G54	选择工作坐标系 1	T83	加工液保持 ON
G55	选择工作坐标系 2	T84	打开喷液指令
G56	选择工作坐标系 3	T85	关闭喷液指令
G80	移动轴直到接触感知	T86	送电极丝（阿奇公司）
G81	移动到机庆的极限	T87	停止送丝（阿奇公司）
G82	回到当前位置与零点的一半处	T80	送电极丝（沙迪克公司）
		T81	停止送丝（沙迪克公司）
G84	自动取电极垂直	T90	AWⅡ，剪断电极丝
G90	绝对坐标指令	T91	AWⅢ，使剪断后的电极丝用管子通过下部的导轮送到接线处
G91	增量坐标指令		
G92	制定坐标原点	T96	送液 ON，向加工槽中加液体
M00	暂停指令	T97	送液 OFF，停止向加工槽中加液体
M02	程序结束指令		

不同公司的 ISO 程序大致相同，但具体格式会有所区别，下面以北京迪蒙卡特 CTW 系列快走丝机床的程序为例，说明 ISO 代码编程。

【例6-2】 采用 ISO 代码编制如图 6-10 所示加工轨迹的加工程序。已知线切割加工用的电极丝直径为 0.18 mm，单边放电间隙为 0.01 mm。

程序如下。

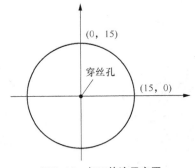

图6-10 加工轨迹示意图

```
%
(1234,2008.12.17,8:37:28.593)
N2 T84 T86 G90 G92X0.000Y0.0001A;
N4 G01 X0.000 Y14.900 ;
N6 G03 X0.000 Y14.900 I0.000 J14.900 ;
N8 G01 X0.000 Y0.000 ;
N10 T85 T87 M02;
%
```

【例6-3】 采用 ISO 代码编制如图 6-11 所示零件的加工程序，已知线切割加工用的电极丝直径为 0.18 mm，单边放电间隙为 0.01 mm，图中 A 点为穿丝孔，加工方向沿 $A→B→C→D→E→F$ $→G→H→A$ 进行。

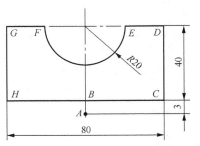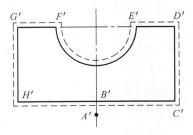

图6-11　例6-3图

程序如下。

```
%
(1234,2008.12.17,8:57:25.546)
N2 T84 T86 G90 G92X40.000Y-3.0001A;
N4 G01 X40.000 Y-0.100 ;
N6 G01 X80.100 Y-0.100 ;
N8 G01 X80.100 Y30.100 ;
N10 G01 X59.900 Y30.100 ;
N12 G02 X20.100 Y30.100 I19.900 J0.100 ;
N14 G01 X-0.100 Y30.100 ;
N16 G01 X-0.100 Y-0.100 ;
N18 G01 X40.000 Y-0.100 ;
N20 G01 X40.000 Y-3.000 ;
N22 T85 T87 M02;
%
```

线切割3B直线加工指令　　　　线切割3B顺时针圆弧加工指令　　　　线切割3B逆时针圆弧加工指令

6.1.3　数控线切割机床的操作

数控电火花线切割加工，一般是作为工件加工中的精加工工序，即按照图样的要求，最后使工件达到图形形状尺寸、精度、表面粗糙度等各项工艺指标。因此，做好加工前的准备、安排加工工艺路线、合理选择设定参数，是完成工件加工的重要环节。

1. 电火花线切割加工操作流程

电火花线切割加工操作流程如图 6-12 所示。

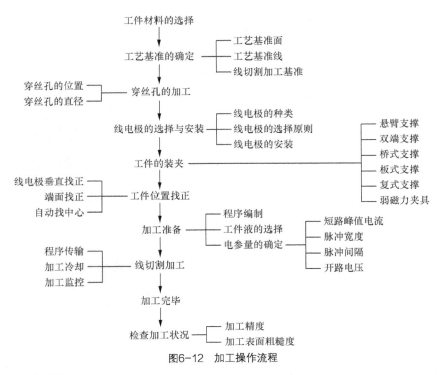

图6-12 加工操作流程

2. 加工前的准备

（1）工件材料的选定和处理。工件材料选型是由图样设计时确定的，如模具加工，在加工前需要锻打和热处理。锻打后的材料在锻打方向与其垂直方向会有不同的残余应力；淬火后也同样会出现残余应力。对于这种加工，在加工中残余应力的释放，会使工件变形，而达不到加工尺寸精度、淬火不当的材料还会在加工中出现裂纹，因此，工件应在回火后才能使用，而且回火要两次以上或者采用高温回火。另外，加工前要进行消磁处理及去除表面氧化皮和锈斑等。

（2）工件的工艺基准。电火花线切割时，除要求工件具有工艺基准面或工艺基准线外，同时还必须具有线切割加工基准。

由于电火花线切割加工多为模具或零件加工的最后一道工序，因此，工件大多具有规则、精确的外形。若外形具有与工作台 X、Y 平行并垂直于工作台水平面的两个面并符合 6 点定位原则，则可以选取一个面作为加工基准面。

若工件侧面的外形不是平面，在对工件技术要求允许的条件下可以加工出的工艺平面为基准。工件上不允许加工工艺平面时，可以采用划线法在工件上划出基准线，但划线仅适用于加工精度不高的零件。若工件一侧面只有一个基准平面或只能加工出一个基准面，则可用预先已加工的工件内孔作为加工基准。这时不论工件上的内孔原设计要求如何，必须在机械加工时使其位置和尺寸精确适应其作为加工基准的要求。若工件以划线为基准，则要求工件必须具有可作为加工基准的内孔。工件本身无内孔时，可用位置和尺寸都准确的穿丝孔作为加工基准。

3. 穿丝孔的加工

（1）加工穿丝孔的必要性。凹形类封闭形工件在切割前必须具有穿丝孔，以保证工件的完整性，这是显而易见的。凸形类工件的切割也有必要加工穿丝孔。由于坯件材料在切断时，会破坏材料内部应力的平衡状态而造成材料的变形，影响加工精度，严重时甚至会造成夹丝、断丝。采用穿丝孔可以使工件坯料保持完整，从而减少变形所造成的误差，如图 6-13 所示。

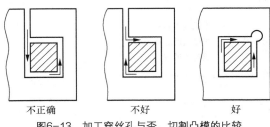

图6-13   加工穿丝孔与否、切割凸模的比较

不正确   不好   好

认识加工穿丝孔的必要性

（2）穿丝孔的位置和直径。在切割中、小孔形凹形类工件时，穿丝孔位于凹形的中心位置操作最为方便。因为这既便于穿丝孔加工位置准确，又便于控制坐标轨迹的计算。

在切割凸形工件或大孔形凹形类工件时，穿丝孔应设置在加工起始点附近，这样可以大大缩短无用切割行程。穿丝孔的位置，最好选在已知坐标点或便于计算的坐标点上，以简化有关轨迹控制的运算。

穿丝孔的直径不宜太小或太大，以钻或镗孔工艺简便为宜，一般选在 3～10 mm 范围内。孔径最好选取整数值或较完整值，以简化用其作为加工基准的运算。

（3）穿丝孔的加工。由于多个穿丝孔都要作为加工基准，因此，在加工时必须确保其位置精度和尺寸精度。这就要求穿丝孔应在具有较精密坐标工作台的机床上进行加工。

为了保证孔径尺寸精度，穿丝孔可采用钻铰、钻镗或钻车等较精密的机械加工方法。穿丝孔的位置精度和尺寸精度一般要等于或高于工件要求的精度。

4．加工路线的选择

在加工中，工件内部应力的释放要引起工件的变形，所以在选择加工路线时，必须注意以下几点。

① 避免从工件端面开始加工，应从穿丝孔开始加工，如图 6-14 所示。

② 加工的路线距离端面（侧面）应大于 5 mm。

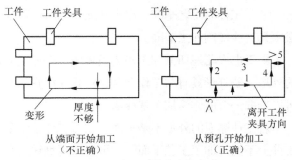

图6-14   加工路线的决定方法

③ 加工路线开始应从离开工件夹具的方向进行加工（即不要一开始加工就趋近夹具），最后再转向工件夹具的方向。如图 6-14 所示由 1 段至 2 段、3 段、4 段。

④ 在一块毛坯上要切出两个以上零件时，不应连续一次切割出来，而应从不同预孔开始加工，如图 6-15 所示。

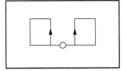

从一个预孔开始加工
（不正确）

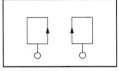
从不同预孔开始加工
（正确）

图6-15　在一块工件上加工两个以上零件的加工路线

线切割加工路线的选择原则

5. 工件的装夹

线切割加工机床的工作台比较简单，一般在通用夹具上采用压板固定工件。为了适应各种形状的工件加工，机床还可以使用旋转夹具和专用夹具。工件装夹的形式与精度对机床的加工质量及加工范围有着明显的影响。

（1）工件装夹的一般要求。

① 待装夹的工件其基准部位应清洁、无毛刺、符合图样要求。对经淬火的模件在穿丝孔或凹模类工件扩孔的台阶处，要清除淬火时的渣物及工件淬火时产生的氧化膜表面，否则会影响其与电极丝间的正常放电，甚至卡断电极丝。

② 所有夹具精度要高，装夹前先将夹具与工作台面固定好。

③ 保证装夹位置在加工中能满足加工行程需要，工作台移动时不得和丝架臂相碰，否则无法进行加工。

④ 装夹位置应有利于工件的找正。

⑤ 夹具对固定工件的作用力应均力，不得使工件变形或翘起，以免影响加工精度。

⑥ 成批零件加工时，最好采用专用夹具，以提高工作效率。

⑦ 细小、精密、壁薄的工件应先固定在不易变形的辅助小夹具上才能进行装夹，否则无法加工。

（2）装夹的几种方式。

① 悬臂支撑方式：悬臂支撑通用性强、装夹方便，如图 6-16（a）所示。但由于工件单端固定，另一端呈悬梁状，因而工件平面不易平行于工作台面，易出现上仰或下斜，致使切割表面与其上下平面不垂直或不能达到预定的精度。另外，加工中工件受力时，位置容易变化，因此，只有在工件的技术要求不高或悬臂部分较少的情况下才能使用这种方式。

② 双端支撑方式：工件两端固定在夹具上，其装夹方便、支撑稳定、平面定位精度高，如图 6-16（b）所示，但不利于小零件的装夹。

③ 桥式支撑方式：采用两支撑垫铁架在双端支撑夹具上，如图 6-16（c）所示。其特点是通用性强，装夹方便，对大、中、小工件都可方便地装夹，特别是带有相互垂直的定位基准面的夹具，使侧面具有平面基准的工件可省去找正工序。如果找正基准也是加工基准，则可以间接地推算和确定电极丝中心与加工基准的坐标位置。这种支撑装夹方式有利于外形和加工基准相同的工件实现成批加工。

④ 板式支撑方式：板式支撑夹具可以根据工件的常规加工尺寸而制造，呈矩形或圆形孔，并增加 X、Y 方向的定位基准。装夹精度易于保证，适宜常规生产中使用，如 6-16（d）所示。

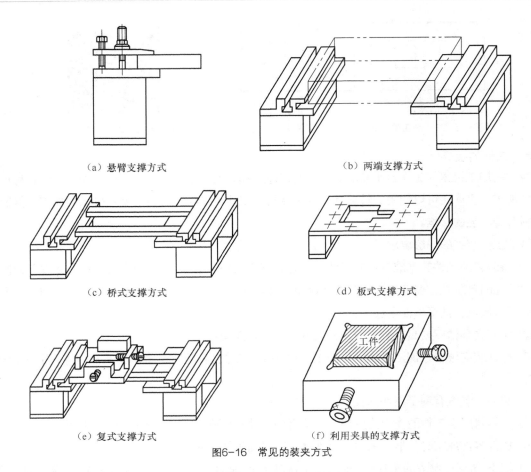

（a）悬臂支撑方式　　　　　　　　　　　（b）两端支撑方式

（c）桥式支撑方式　　　　　　　　　　　（d）板式支撑方式

（e）复式支撑方式　　　　　　　　　（f）利用夹具的支撑方式

图6-16　常见的装夹方式

⑤ 复式支撑方式：复式支撑夹具是在桥式夹具上再固定专用夹具而成。这种夹具可以很方便地实现工件的成批加工。它能快速地装夹工件，因而可以节省装夹工件过程中的辅助时间，特别是节省工件找正及确定电极丝相对工件加工基准的坐标位置所花费的时间。这样，既提高了效率，又保证了工件加工的一致性，其结构如图 6-16（e）所示。

⑥ 弱磁力夹具：弱磁力夹具装夹工件迅速简便、通用性强、应用范围广，对于加工成批的工件尤其有效。

认识线切割的装夹方式一

认识线切割的装夹方式二

认识线切割的装夹方式三

6.　工件位置的找正

（1）工件位置的校正。在工件安装到机床工作台上后，在进行夹紧前，应先进行工件的平行度校正，即将工件的水平方向调整到指定角度，一般为工件的侧面与机床运动的坐标轴平行。工件位置校正的方法有以下几种。

① 拉表法：拉表法是利用磁力表座，将百分表固定在丝架或者其他固定位置上，百分表头与工件基面进行接触，往复移动 X、Y 坐标工作台，按百分表指示的数值调整工件。必要时校正可在 3 个方向进行。

② 划线法：工件等切割图形与定位的相互位置要求不高时，可采用划线法。固定在丝架上的一个带有顶丝的零件将划针固定，划针尖指向工件图形的基准线或基准面，往复移动 X、Y 坐标工作台，根据目测调整工件进行找正。

③ 固定基面靠定法：利用通用或专用夹具纵横方向的基准面，经过一次校正后，保证基准面与相应坐标方向一致。于是，具有相同加工基准面的工件可以直接靠定，尤其适用于多件加工。

（2）电极丝与工件的相对位置。电极丝与工件的相对位置可用电极丝与工件接触短路的检测功能进行测定。这时应给电极丝加上比实际加工时大 30%～50%的张力，并让电极丝在匀速条件下运行（启动走丝）。通常有以下几种找正方式。

① 电极丝垂直校正：让电极丝与安装在工作台上的垂直校正器的上、下测量刃口接触，不断地调节电极丝的位置，当电极丝接近垂直校正器的测量刃口，上、下指示灯同时亮时，即可认为电极丝已在垂直位置。具体操作可参照《机床操作说明书》进行。校正应在 X、Y 两个方向进行，而且一般重复 2～3 次，以减少垂直误差。

② 端面校正：其方法是让电极丝自动地向工件端面接近，一般第 1 次接近是快速，然后退回一个距离，减速之后第 2 次再向工件接近，根据事先设定的次数，反复进行，最后一次完成之后定位灯亮，定位结束。从该位置开始，再考虑电极丝的丝径值进行补偿，就是工件端面的位置。这种校正方法总会有一定的误差，因此要重复几次取平均值。校正时要减速几次是为了减少工作台进给时的惯性，防止压弯电极丝带来误差。端面校正也要在 X、Y 两个方向进行。

③ 自动找中心：自动找中心是让电极丝在工件孔的中心定位。与找正端面的方法一样，根据电极丝与工件的短路信号来确定孔的中心位置。首先让电极丝与在 X 或 Y 轴方向的孔壁接触，然后返回，向相反的对面壁部靠近，再返回到两壁距离 1/2 处的位置，接着在另一轴的方向进行上述过程。这样经过几次重复，就可以找到孔的中心位置，如图 6-17 所示。当误差达到所要求的设定值之后，找中心结束。

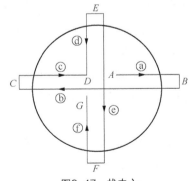

图6-17　找中心

在找端面、找中心和电极丝找垂直时，都应注意关掉电源，否则会损伤工件表面的测量刃口。另外，在找正前要擦掉工件端面、孔壁和测量刃口上的油、水、锈、灰尘和毛刺，以免产生误差，如图 6-18 所示。

7. 线切割加工基本操作

线切割加工的操作和控制大多是在电源控制柜上进行的，下面以北京迪蒙卡特 CTW 系列快走丝线切割机床为例进行基本操作的说明，如图 6-19 所示。

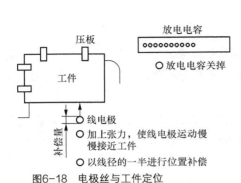

图6-18 电极丝与工件定位

图6-19 迪蒙卡特CTW400TA快走丝线切割机床

（1）电源的接通与关闭。打开电源柜上的电气控制开关，接通总电源；拨出红色急停按钮；按下绿色启动按钮，进入控制系统。

（2）上丝操作。按下储丝停止按钮，断开断丝检测开关；将丝盘套在上丝电动机轴上，并用螺母锁紧；用摇把将储丝筒摇至极限位置或与极限位置保留一段距离；将丝盘上电极丝一端拉出绕过上丝介轮、导轮，并将丝头固定的储丝筒端部紧固螺钉上；剪掉多余丝头，顺时针转动储丝筒几圈后打开上丝电动机开关，拉紧电极丝；转动储丝筒，将丝缠绕至10～15 mm 宽，取下摇把，松开储丝筒停止按钮，将调整旋钮调至"1"挡；调整储丝筒左右行程挡块，按下储丝筒开启按钮开始绕丝；接近极限位置时，按下储丝筒停止按钮；拉紧电极丝，关掉上丝电动机，剪掉多余电极丝并固定好丝头，上丝完成。

（3）穿丝操作。按下储丝筒停止按钮；将张丝支架拉至最右端并用插销定位；取下储丝筒一端丝头并拉紧，按穿丝路径依次绕过各导轮，最后固定在丝筒紧固螺钉处；剪掉多余丝头，用摇把转动储丝筒反绕几圈；拔下张丝滑块上的插销，手扶张丝滑块缓慢放松到滑块停止移动，穿丝结束。在上丝和穿丝操作中要注意储丝筒上、下边丝不能交叉；上丝结束时，一定要沿绕丝方向拉紧电极丝再关断上丝电动机，避免电极丝松脱造成乱丝。

（4）储丝筒行程调整。穿丝完毕后，根据储丝筒上电极丝的多少和位置来确定储丝筒的行程。为防止机械性断丝，在选中挡块确定的长度之外，储丝筒两端还应有一定的储丝量。具体调整方法是：将储丝筒转至在轴向剩下 8 mm 左右的位置停止；松开相应的限位块上的紧固螺钉，移动限位块至接近感应开关的中心位置后固定；用同样的方法调整另一端，两行程挡块之间的距离即储丝筒的行程。

（5）工作台的移动。在主菜单下移动光标选择"F1 XY 移动"功能；在手动盒按下要移动的轴所对应的键就可以实现工作台的移动。

（6）程序的编制与检验。在主菜单下移动光标选择"F4 编辑"功能；输入文件名；用键盘输入源程序，选择"保存"功能将程序保存；或者在主菜单下移动光标选择"F3 加工文件"：输入加工文件的路径及文件名；选择"F5 图形显示"和"F7 加工预演"系统显示出图形并自动进行校验。

（7）电极丝找正。在切割加工之前必须对电极丝进行找正操作，具体操作步骤如下。

① 保证工作台面和找正垂直块各面干净无损坏。

② 移动 Z 轴至适当位置后锁紧，将找正垂直块底面靠实工作台面，长向平行于 X 轴或 Y 轴。

③ 选择 "F1 XY 移动" 功能，用手控盒移动 X 轴或 Y 轴坐标至电极丝贴近找正垂直块垂直面。

④ 进入控制电源微弱放电，丝筒启动，高频打开。

⑤ 在手动方式下，移动电极丝接近垂直块，当它们之间的间隙足够小时，会产生放电火花。

⑥ 通过手控盒点动 U 轴或 V 轴坐标，直到放电火花上下均匀一致，电极丝即找正。

（8）加工脉冲参数的选择。系统在放电切割加工状态下，可按对应键来调整加工脉冲宽度、脉冲停歇与高频功率管数，如图6-20所示。具体参数的选择要根据具体加工情况而定，读者应在实际加工中多积累经验以达到比较满意的效果，以下是其基本的选择方法。

① 脉冲宽度与放电量成正比，脉冲宽度越宽，每一周期放电时间所占的比例就越大，切割效率就越高。此时加工较稳定，但放电间隙大；相反脉冲宽度越小，工件切割表面质量就越高，但切割效率也较低。

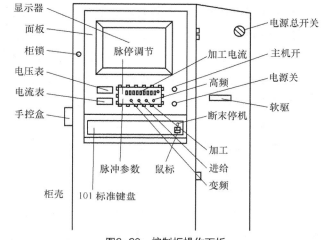

图6-20 控制柜操作面板

② 脉冲停歇与放电量成反比，停歇越大，单脉冲放电时间减少，加工稳定，切割效率降低，但有利于排屑；高频功率管数越多，加工电流越大，切割效率越高，但工件的表面粗糙度变差。

（9）开始加工。根据加工工件的材质和高度，选择高频电源规准，即利用控制柜操作面板选择脉冲宽度和脉停宽度。

按下控制柜操作面板 "进给" 键、"加工" 键，选择 "加工电流" 大小，按 "高频" 键，按 "F8" 键，将进给旋钮调到进给速度比较慢的位置（进给旋钮逆时针旋转），按下控制操作面板上的 "变频" 键，机床步进机开始动作，至此开始切割工件。注意观察加工放电状态，逐步调大进给速度，直到控制柜操作面板上的电压表及电流指示比较稳定为止。

8. 线切割加工步骤

加工前先准备好工件毛坯、压板、夹具等装夹工具。若需切割内腔形状工件，毛坯应预先打好穿丝孔，然后按以下步骤操作。

① 启动机床电源进入系统，编制加工程序。

② 检查系统各部分是否正常，包括高频、水泵、丝筒等的运行情况。

③ 进行储丝筒上丝、穿丝和电极丝找正操作。

④ 装夹工件，根据工件厚度调整 Z 轴至适当位置并锁紧。

⑤ 移动 X、Y 轴坐标确立切割起始位置。

⑥ 开启工作液泵，调节泵嘴流量。

⑦ 运行加工程序开始加工，调整加工参数。

⑧ 监控运行状态，如发现堵塞工作液循环系统应及时疏通，及时清理电蚀产物，但在整个切割

过程中，均不宜变动进给控制按钮。

6.1.4　数控线切割加工实例

在对零件进行线切割加工时，必须正确地确定工艺路线和切割程序，包括对图纸的审核及分析、加工前的工艺准备和工件的装夹，程序的编制、加工参数的设定和调整以及检验等步骤。

【例6-4】　按照技术要求，完成如图6-21所示平面样板的加工。

（1）零件图工艺分析。经过分析图纸，该零件尺寸要求比较严格，但是由于原材料是2 mm厚的不锈钢板，因此装夹比较方便。编程时要注意偏移补偿的给定，并留够装夹位置。

（2）确定装夹位置及走刀路线。为了减小材料内部组织及内应力对加工精度的影响，要选择合适的走刀路线。

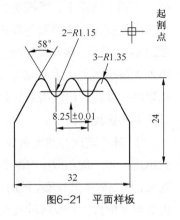

图6-21　平面样板

程序步骤如下。

① 利用CAM绘图软件绘制零件图。

② 生成加工轨迹并进行轨迹仿真。生成加工轨迹时，注意穿丝点的位置应选在图形的角处，减小累积误差对工件的影响。

③ 生成ISO代码程序。

ISO代码程序如下。

```
    %
    G92 X16000   Y-18000
    G01 X16100   Y-12100
    G01 X-16100  Y-12100
    G01 X-16100  Y-521
    G01X-9518    Y11353
    G02 X-6982   Y11353  I1268  J-703
    G01 X-5043   Y7856
    G03 X-3207   Y7856   I918   J509
    G01X-1268    Y11353
    G02 X1268    Y11353  I1268  J-703
    G01 X3207    Y7856
    G03 X5043    Y7856   I918   J509
    G01 X6982    Y11353
    G02X9518     Y11353  I1268  J-703
    G01X16100    Y-521
    G01X16000    Y-12100
    G01X16000    Y-18000
    M02
```

（3）调试机床。调试机床应校正钼丝的垂直度（用垂直校正仪或校正垂直块），检查工作液循环系统及运丝机构是否正常。

（4）装夹及加工。将坯料放在工作台上，保证有足够的装夹余量，然后固定夹紧，工件左侧悬置；将电极丝移至穿丝点位置，注意别碰断电极丝，准备切割；选择合适的电参数，进行切割。

此零件为样板要求切割表面质量，而且板比较薄，属于粗糙度型加工，故选择切割参数为：最大电流3，脉宽3，间隔比4，进给速度6。

加工时注意电流表、电压表数值应稳定，进给速度应均匀。

电火花成形加工机床

6.2.1 电火花成形机床的结构组成和功能

1. 电火花成形机床的结构组成

如图 6-22 所示为电火花成形机床结构组成示意图。一台完整的电火花成形机床一般至少由下面 4 大部分组成。

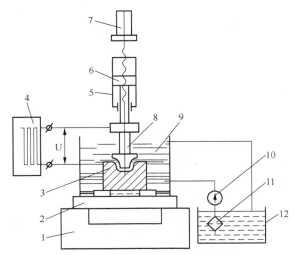

图6-22 电火花成形机床结构示意图

1—机床基座；2—工作台；3—工件；4—脉冲电源；5—机床拉柱；6—主轴；7—伺服系统；
8—工具电极；9—工作液；10—泵；11—过滤器；12—工作液箱

① 脉冲电源：产生所需要的重复脉冲而加在工件与工具电极上，产生脉冲放电，是放电蚀除的供能装置。

② 伺服系统：自动调节极间距离和工具电极的进给速度，维持一定的放电间隙，使脉冲放电能够正常进行。

③ 机床本体：由机床基座 1、机床立柱 5、工作台 2、主轴 6 等组成的机械系统，用来实现工件和工具电极的装夹固定以及调整其相对位置精度等。

④ 工作液及其循环过滤系统：由工作液 9、泵 10、过滤器 11 和工作液箱 12 组成，提供放电加

工过程中所需的合格的电介质。

2. 电火花成形加工原理

如图 6-23 所示，工件与工具电极分别接脉冲电源的两个输出端。伺服系统使工具电极和工件间经常保持一个很小的放电间隙，电极的表面（微观）是凹凸不平的，当脉冲电压加到两极（工具和工件）上时，当时条件下某一相对间隙最小处或绝缘强度最低处的工作液（绝缘介质）将最先被电离为负电子和正离子而被击穿，形成放电通道，电流随即剧增，在该局部产生火花放电，瞬时高温使工件和工具表面都蚀除掉一小部分金属。单个脉冲经过上述过程，完成了一次脉冲放电，而在工件表面留下一个带有凸边的小凹穴，这样以很高频率连续不断地重复放电，工具电极不断地向工件进给，就可将工具的形状复制在工件上，加工出所需要的零件。

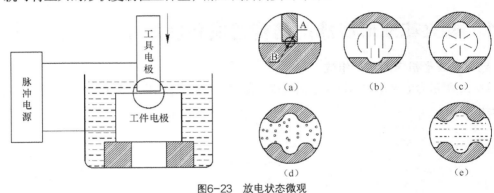

图6-23 放电状态微观

3. 电火花成形加工的特点

（1）电火花成形是基于脉冲放电时的蚀除原理，其脉冲放电的能量密度很高，因而可以加工任何硬、脆、韧、软、高熔点的导电材料。此外，在一定的条件下还可以加工半导体材料和非导电材料。

（2）电极和工件在加工过程中不接触，加工时无明显的机械力和加工应力，从而不受电极和工件刚度的限制，便于小孔、深孔、窄缝、薄壁以及各种复杂截面的型孔、曲线孔、型腔等的加工，也适合于精密微细加工和低刚度零件的加工，如图 6-24 所示。

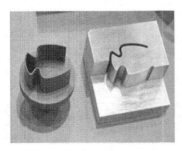

（a）窄缝深槽加工

（b）花纹、文字加工

（c）型腔加工

（d）冷冲模穿孔加工

图6-24 电火花成形加工

（3）由于加工是利用电蚀去除金属，因此电极材料无须比工件材料硬。

（4）当脉冲放电的持续时间很短时，放电时所产生的热量来不及传散，可以减小材料被加工表面的热影响层，提高材料加工后的表面质量，同时，还适合于加工热敏感性较强的材料。

（5）脉冲参数可以在一个较大的范围内调节，可以在同一台机床上连续进行粗、半精及精加工。精加工时精度一般为 0.01 mm，表面粗糙度 R_a 为 0.63～1.25 μm；微精加工时精度可达 0.002～0.004 mm，表面粗糙度 R_a 为 0.04～0.16 μm。

（6）直接利用电能进行加工，便于实现自动化。

（7）电加工表面由于受瞬时高温和骤冷的影响，容易产生显微裂纹，脉冲能量越大，裂纹越深。因此，在精密零件加工时，应尽量避免大电流加工。

（8）由于电火花加工有其独特的优点，加上电火花加工工艺技术水平的不断提高，数控电火花机床的普及，其应用领域日益扩大。

4. 电火花成形加工的条件

（1）必须使接在不同极性上的工具和工件之间保持一定的距离以形成放电间隙。

（2）脉冲波形是单向的。

（3）放电必须在具在有一定绝缘性能的液体介质中进行。

（4）有足够的脉冲放电能量，以保证放电部位的金属被熔化或汽化。

5. 电火花成形加工的特点和应用

（1）适合于用机械加工方法难于加工的材料的加工，如淬火钢、硬质合金、耐热合金等。

（2）可加工特小孔、深孔、窄缝及复杂形状的零件，如各种型孔、立体曲面、复杂形状的工件，小孔、深孔、窄缝等。

（3）电火花成形加工大多用于模具不穿透的、复杂形状的型腔和型芯沟槽加工，以及切削加工无法完成的尖角、窄槽加工（也有用于尺寸精度要求不高的穿孔加工）。

| 6.2.2　电火花成形加工机床的编程指令 |

数控电火花机床能实现工具电极和工件之间的多种相对运动，可以用来加工多种较复杂的型腔。目前，绝大部分电火花数控机床采用国际上通用的 ISO 代码进行编程、程序控制、数控摇动加工等，但是具体编程方式有所不同。下面以北京迪蒙卡特 CTS 系列数控电火花成型机床的程序为例说明 ISO 代码编程，如图 6-25 所示。

1. 编程概述

在编程之前，应了解 CNC 系列数控电源柜的规格、性能、系统所具备的功能及编程指令格式等。

图6-25　迪蒙卡特CTS400数控电火花成型机床

在编程时，先对图样规定的技术特性，及零件的几何形状、尺寸和工艺要求进行分析，确定加工方法和加工路径，然后再进行数值计算，获得加工数据。最后，按本机床规定采用的代码和程序格式，将工件的加工尺寸、加工参数等编制成加工程序。本系统提供的编程方法为全屏幕编辑。

编程的具体步骤与要求如图6-26所示。

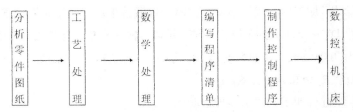

图6-26　编程的具体步骤与要求

2. 编程过程

（1）分析零件图纸，编排加工工艺。对零件型纸进行分析以明确加工的要求，选择合适的加工步骤和加工路径，选择合适的夹具、电极等。

（2）数学处理。在完成了工艺处理的工作后，需要根据零件的几何尺寸计算出加工尺寸。

（3）编写加工程序清单，制作控制程序。

3. 编程的基本概念

（1）指令。指令即能够单独完成某种固定操作并且有一定格式的语句或词组。

例如：G00　　X1 000

或　　　G00　　Y2 000

（2）程序段。程序段是由一些指令组成的能够完成一定功能的语句段构成的。

（3）程序。每个加工程序都必须有文件名，文件名组成最多可以为8个字符，字符必须为字母和数字，扩展名省略，默认为ISO。文件名不能重复，否则文件将会被覆盖掉而丢失。

（4）子程序。程序分为主程序和子程序。在一个程序中同样的程序会反复出现，如果这些相同的程序编成一个固定的程序，那么程序就简单了，这种固定的程序称为子程序，而能够调用子程序的程序称为主程序。举例如下。

M98：调用子程序

M99：子程序返回主程序

子程序嵌套层数最多不能超过7层。

（5）语句格式。

G代码：G指令+符号+绝对值或增量值

C代码：C指令+条件号

4. 代码说明

本系统所用有关G指令、M指令与国际上使用的标准基本一致，如表6-2所示。

表6-2　　　　　　　　　　　　G、M代码指令一览表

代　　码	功　　能	代　　码	功　　能
G00	快速定位	G04	延时
G01	直线插补	G11	跳读 ON

代　码	功　能	代　码	功　能
G12	跳读 OFF	G81	回机床"零"
G20	英制	G82	半程移动
G21	公制	G90	绝对坐标系
G54	工作坐标系 0	G91	增量坐标系
G55	工作坐标系 1	G92	赋坐标值
G56	工作坐标系 2	M00	程序暂停
G57	工作坐标系 3	M02	程序结束
G58	工作坐标系 4	M05	忽略接触感知
G59	工作坐标系 5	M98	子程序调用
G80	接触感知	M99	子程序调用结束

（1）G00（快速定位指令）。在不加工放电的情况下使用该指令。将 X、Y 坐标轴由当前位置（0，0）移动至（1 000，2 000）处，可执行以下指令。

G00　X1.

　　　Y2.

（2）G01（直线插补指令）。该指令使 X、Y 或 Z 3 轴中任意一轴放电加工至指定位置。

指令格式：

G01 X_

或 Y_

或 Z_

例如：

G01　Z-1.0

（3）G04（延时指令）。

指令格式：

G04　X***　　　　单位：毫秒

G04　X***.　　　　单位：秒

（4）G11（跳读开关 ON 指令）。忽略程序段前标示有"/"指令的语句。

（5）G12（跳读开关 OFF 指令）。带有"/"指令的语句正常执行。

（6）G20。英制方式。

（7）G21。公制（米制）方式。

（8）G54、G55、G56、G57、G58、G59（工作坐标系 0～5）。供选择的工作坐标系统共有 6 个，在定起点坐标之前可以用 G54～G59 选择坐标。

例如：

G54

```
G92 X0 Y0
G00 X1000 Y2000
G55
G92 X0 Y0
```

程序运行后将 G54 的（100，200）定为 G55 的（0，0），如果不选择工作坐标系，则当前坐标系被自动设定为本程序的工作坐标系。

（9）G80（接触感知指令）。利用 G80 代码可以使电极按指定方向从现行位置接触到工件 4 次，然后停止。

例如：

G80 Y

（10）G81（回机床"零"）。按指定的轴和方向回到机床零点。

（11）G82（半程移动指令）。G82 使机床沿指定坐标轴移动至当前坐标值的一半位置。

例如：

G82　X

（12）G92（赋坐标值）。

例如：

G92 X100.Y200.

即将当前坐标系的坐标值赋为（100，200）。

（13）M 代码指令（辅助功能指令）。

（14）M00。程序暂停，按"Enter"键解除暂停。

（15）M02。程序结束。

（16）M05。忽略接触感知。

（17）M98。子程系调用。

指令格式：

M98P*** L***

其中，P 后面的数字为所要调用的子程序号，L 后面的数字为循环调用的次数，范围是 000～999。L 指令为可选项，无 L 时循环调用的次数为 1 次。

（18）M99。子程序调用结束。

例如：

```
G90
G54 G92 X0 Y0 Z0
M98 P001 L008
M02
N001 X10
Y10
Z10
X0
Y0
Z0
```

M99

5. 编程

在实际编程中，常常是 G 代码与 M 代码混合使用。为了编程简单，程序通用引入宏代换指令 H 代码。

（1）编程的格式。从前面我们已经知道，G 代码指令大多数都有参数值，其一般格式如下。

G 代码 ※参数 1 ※参数 2 ※参数 3

其中，"※"为空格。

例如：

G01　　Xl 00

或 G01　　Yl 00

或 G01　　Zl 00

（2）要求与规定。

在一个语句中如果既有 C 条件，又有 M 代码和 G 代码，我们规定 C 条件在前，M 代码在中，G 代码在后，即 C 条件※M 代码※G 代码。

在一个语句中，如果既有平动方式，又有 C 条件和 G 代码，我们规定 C 条件在前，平动方式在中，G 代码在后，即 C 条件※LN※STEP※G 代码，其中 LN 后面指明是哪种平动方式及平面选择，STEP 后面指明平动半径。

在 H 代码中，等号前后都要留有一个空格，即 H000※ = ※****。

例如：

H001※=※500

此语句的意思是可以用 H001 代替 500，用宏代换可以提高编程或者修改的效率。用户应事先在编辑 H 码屏幕中进行编辑，以便程序直接调用。有一种工件除加工深度小以外，其他要求完全相同，这时，只需将深度定义为宏代码。

如果经常加工某几种工件，它们的技术要求一样，只是各种工件的加工深度不一样，每一种电极的缩小量不一样，那么就可以利用宏代码来编程。以后遇见这样的工件就不用编程了，只需将程序装入内存，在编辑器中修改宏代码的值即可。

【例 6-5】　最终加工深度为 H001，$R_a<1.25$，电极缩小量的差值为 H002，电极形状 60%近似为圆。加工程序如下。

```
H001 = ***
H002 = ***
G90  G80  Z-
G54  G92  X0  Y0  Z0
G00  M05  Z10.
C11  G01  LN001    STEP6+H007   Z260 -H006
G00  M05  Z10.
C12  G01  LN001    STEP100+H007  Z180-H006
G00  M05  Z10.
C13  G01  LN001    STEP140+H007  Z140-H006
G00  M05  Z10.
```

```
C14  G01  LN001  STEP160+H007  Z100-H006
G00  M05  Z10.
C15  G01  LN001  STEP1 80+H007  Z60-H006
G00  M05  Z10.
C16  G01  LN001     STEP200+H007  Z30-H006
G00  M05  Z10.
C90  G01  LN001     STEP220+H007  Z0-H006
G00  M05  Z10.
M02
```

以上程序反映了电加工的加工工艺，对于不同的工件其加工深度不一样，但其规律是一样的，要加工到某一深度必须经过粗、中、精的转换，然而粗、中、精的转换点的确定关系到工件最终质量的好坏，主要是中、精电极损耗造成的，转换过早，剩余量多，电极损耗大，加工时间长；转换晚了，粗加工造成的过切量，中、精加工无法修光，会出现尺寸加工到了，粗糙度还不够的情况。例如，上例程序的转换差值就适用于放电面积在 100～400 mm² 的。上例程序中的 H002 反映的是加工同一工件或不同工件，由于每次做电极不可能做到百分之百一样，因此，需要修改 H002。H002 = 模具名义尺寸 − 电极尺寸 − 2（STEP***+ r）。

其中，STEP*** = 最后一个加工条件的 STEP 值，r = 最后一个加工条件的单边间隙值。

6.2.3　电火花成形加工机床的操作

1. 电火花成形加工操作流程

电火花成形加工操作流程如图 6-27 所示。

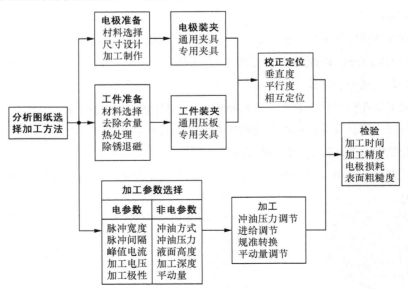

图6-27　电火花成形加工操作流程

2. 电极装夹与校正

电极装夹的目的是将电极安装在机床的主轴头上，电极校正的目的是使电极的轴线平行于主轴头的轴线，既应保证电极与工作台台面垂直，必要时还应保证电极的横截面基准与机床的 X、Y 轴平行。

（1）电极的装夹。电极在安装时，一般使用通用夹具或专用夹具直接将电极装夹在机床主轴的下端。小型的整体式电极多数采用通用夹具直接装夹在机床主轴下端，采用标准套筒、钻夹头装夹，如图 6-28 和图 6-29 所示；对于尺寸较大的电极，常将电极通过螺纹连接直接装夹在夹具上，如图 6-30 所示。

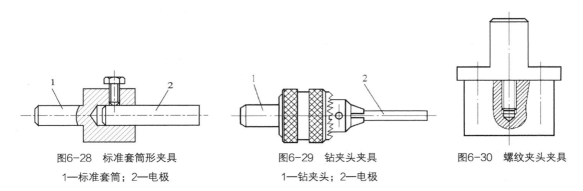

图6-28 标准套筒形夹具　　　　　　图6-29 钻夹头夹具　　　　　图6-30 螺纹夹头夹具

1—标准套筒；2—电极　　　　　　　1—钻夹头；2—电极

（2）电极的校正。电极装夹好后，必须进行校正才能加工，不仅要调节电极与工件基准面垂直，而且需在水平面内调节、转动一个角度，使工具电极的截面形状与将要加工的工件型孔或型腔定位的位置一致。电极与工件基准面垂直常用球面铰链来实现，工具电极的截面形状与型孔或型腔的定位靠主轴与工具电极安装面相对转动机构来调节，垂直度与水平转角调节正确后，都应用螺钉夹紧，如图 6-31 所示。

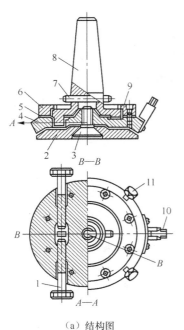

（a）结构图　　　　　　　　　　　　（b）实物

图6-31 垂直和水平转角调节装置的夹头

1—调节螺钉；2—摆动法兰盘；3—球面螺钉；4—调角校正架；5—调整垫；6—上压板；
7—销钉；8—锥柄座；9—滚珠；10—电源线；11—垂直度调节螺钉

电极装夹到主轴上后，必须进行校正，一般的校正方法如下。

① 根据电极的侧基准面，采用千分表找正电极的垂直度，如图6-32所示。

② 电极上无侧面基准时，将电极上端面作为辅助基准找正电极的垂直度，如图6-33所示。

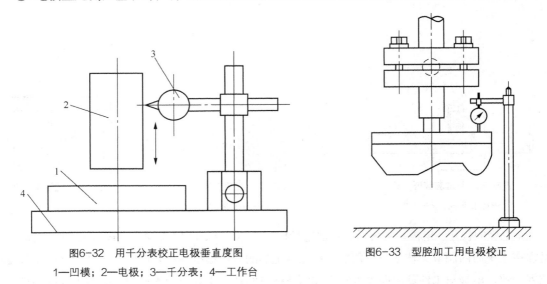

图6-32　用千分表校正电极垂直度图

1—凹模；2—电极；3—千分表；4—工作台

图6-33　型腔加工用电极校正

（3）工件的定位。在电火花加工中，电极与加工工件之间相对定位的准确程度直接决定加工的精度。做好电极的精确定位主要有3方面内容：电极的装夹与校正、工件的装夹与校正、电极相对于工件定位。

电极的装夹与校正前面已详细讨论过，这里不再叙述。

电火花加工工件的装夹与机械切削机床相似，但由于电火花加工中的作用力很小，因此工件更容易装夹。在实际生产中，工件常用压板、磁性吸盘（吸盘中的内六角孔中插入扳手可以调节磁力的有无，如图6-34所示）、虎钳等来固定在机床工作台上，多数用百分表来校正，如图6-35所示，使工件的基准面分别与机床的X、Y轴平行。

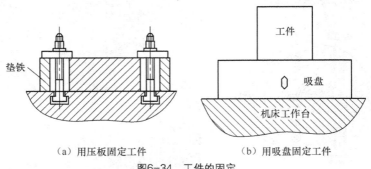

（a）用压板固定工件　　　　（b）用吸盘固定工件

图6-34　工件的固定

3. 电火花成形加工基本操作

（1）开机。数控电火花成型加工机床的开机很简单，一般只需要按"ON"键就可以开机，开机后进入主菜单。

（2）工件安装。

（3）工具电极安装。根据工件的尺寸和外形选择定位基准；准备电极装夹夹具；装夹和校正电极；调整电极的角度和轴心线。

（4）加工原点设定。

（5）程序输入。

（6）程序运行。启动程序前，应仔细检查当前即将执行的程序是否为加工程序；程序运行时，应注意放电是否正常、工作液面是否合理、火花是否合理、产生的烟雾是否过大。如果发现问题，应立即停止加工，检查程序并修改参数。

（7）零件检测。

（8）关机。

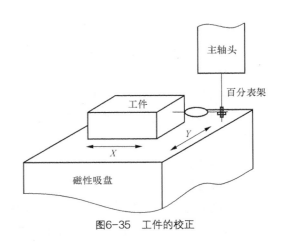

图6-35 工件的校正

6.2.4 电火花成形加工实例

注塑模排气镶块加工实例如下。

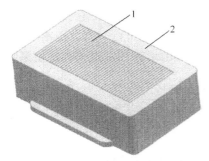

图6-36 排气镶块装配图
1—排气镶块；2—安装框

（1）工件名称。工作名称为电池盖模具动模成型镶件排气镶块。

（2）工件技术要求。电池盖塑件的壁厚很薄，其值为0.25 mm，且表面积较大，故要求模具有良好的排气特性。设计模具时将动模成型镶件用多件排气镶块镶拼而成，它们的组合结构如图6-36所示。单件排气镶块的零件图如图6-37所示。

① 工件材料：进口钢材8407。

② 工件技术要求：保证排气镶块与安装框的装配要严格合缝，使产品不产生飞边。排气镶块中间的"T"形部位用电火花来加工，其深度为0.2 mm，此加工部位的尺寸、形状、位置均无严格要求，只要能满足排气条件即可。

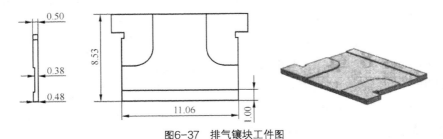

图6-37 排气镶块工件图

（3）工件在电火花加工前的工艺路线。

① 备料：铣床粗铣外形，单面留余量 0.2 mm。

② 热处理：热处理至 52HRC。

③ 磨加工：精加工外形尺寸至装配要求。

④ 线切割加工：快走丝线切割将外形体分割成多片子镶块。

⑤ 电火花加工：加工镶块的排气槽部分。

（4）工具电极的技术要求。

① 电极材料：纯铜。

② 电极制造要求：电极的结构设计如图 6-38 所示。电极用来加工排气镶块通槽的部位应适当延长。要设计用于装夹、校正的基准台。电极单面缩放量取 0.07 mm 做一个电极，用加工中心来制造完成。

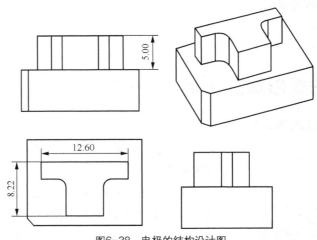

图6-38　电极的结构设计图

（5）装夹与校正、定位。

① 工具电极的装夹与校正：用通用的夹具来装夹电极，用千分表对其基准台进行校正，使基准台底面 X、Y 轴方向水平，再校正基准台横截面的平行度（使用快速装夹定位系统夹具，直接换装，不需要进行电极校正）。

② 工件的装夹与校正：先将一长钢条放置于永磁吸盘台面，如图 6-39 所示。校正其与机床轴移动的平行度，然后将排气镶块放置于永磁吸盘台面上，使一个面贴平长钢条，连续紧靠排成一行。装夹中要注意排气镶块的放置方向，不要将电极有延长的面贴向长钢条，否则长钢条与电极会发生加工干涉。另外，在装夹排气镶块时，用力要轻、要均匀，不要碰动已经校正好的长钢条，这样才能保证排气镶块大致的校正精度。

③ 定位：定位主要是保证电极在 Y 轴方向的加工位置，使排气镶块的排气入口端等于 1 mm 的尺寸符合要求，如图 6-39 所示。可以

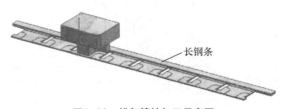

长钢条

图6-39　排气镶块加工示意图

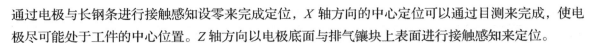

通过电极与长钢条进行接触感知设零来完成定位，X 轴方向的中心定位可以通过目测来完成，使电极尽可能处于工件的中心位置。Z 轴方向以电极底面与排气镶块上表面进行接触感知来定位。

（6）加工要点。

① 排气镶块的电火花加工属于简单的加工实例。因为排气镶块加工精度要求不高，包括无严格的尺寸、形状、表面粗糙度等要求，所以工件的校正可以使用简便的方法，定位可以通过目测，可以不考虑电极的损耗情况。

② 用电火花来加工排气镶块是因为工件很薄，如果进行机械切削加工，较大的切削力会使镶块发生变形，另外装夹操作也不方便，而电火花加工无宏观作用力，非常适合薄小零件的加工。

③ 选择电火花加工规准时，虽然排气镶块的加工面积较大，但考虑到它的厚度薄，故不能使用大电流进行加工，否则会使排气镶块发生热变形，表面变质层过厚，影响其工作性能。

④ 排气镶块的数量较多，加工中使用长钢条来辅助装夹可以提高校正工件、定位操作的效率。另外，数控电火花加工编程可以使用增量编程的方法，使加工变得非常方便。但需要注意，这种方法只适用于一般性及要求不高的加工场合。

⑤ 采用浸油与冲油结合的液处理方式，并通过适当的抬刀动作来排屑。

（7）使用设备。本实例使用北京迪蒙卡特公司生产的迪蒙卡特 CTS400 数控电火花成型机床。

（8）加工规准。因采用单电极加工工艺，同时工件数量多，所以应选用低损耗加工条件，加工规准如表 6-3 所示。

（9）加工程序。

```
H000 = 120
H001 = 60
H002 = 2000
G90  G80  Z-
G54  G92  X0  Y0  Z0
G00  M05  Z2000
C106
G01  Z70-H000
M05  G00  Z+H002
M02
```

（10）加工效果。

① 每块排气镶块的加工时间约为 8 min。

② 电极损耗小于 0.3%。

③ 加工表面粗糙度 R_a 在 3 μm 左右。

④ 检查工件完全满足加工要求。

注：因本实例对加工表面粗糙度无严格要求，为了提高加工效率，根据加工经验减少了条件号转换的加工余量。表 6-3 中"加工深度"的设定根据标准留取原则应为：C107 段加工深度值应为 $-0.2 + 0.19/2 = -0.105$；C106 段加工深度值应为 $-0.2 + 0.07/2 = -0.165$。

表 6-3   排气镶块加工规准

条件号	加工深度/mm	脉冲宽度	脉冲间隙	管数	高压管	电容	伺服基准	伺服速度	极性	抬刀速度	放电时间	抬刀高度	模式	损耗类型	放电间隙/mm	安全间隙/mm
107	−0.14	16	12	7	0	0	75	12	+	2	25	2	8	0	0.15	0.19
106	−0.17	14	10	6	0	0	75	10	+	2	18	3	8	0	0.07	0.12

注：未注明单位的参数值为一个参数档。

一、选择题

1. 若线切割机床的单边放电间隙为 0.02 mm，钼丝直径为 0.18 mm，则加工圆孔时的补偿量为（   ）。

    A. 0.10 mm　　　　B. 0.11 mm　　　　C. 0.20 mm　　　　D. 0.21 mm

2. 用线切割机床加工直径为 10 mm 的圆孔，当采用的补偿量为 0.12 mm 时，实际测量孔的直径为 10.02 mm。若要孔的尺寸达到 10 mm，则采用的补偿量为（   ）。

    A. 0.10 mm　　　　B. 0.11 mm　　　　C. 0.12 mm　　　　D. 0.13 mm

3. 用线切割机床不能加工的形状或材料为（   ）。

    A. 盲孔　　　　　　B. 圆孔　　　　　　C. 上下异性件　　　D. 淬火钢

4. 下列关于单工具电极直接成型法的叙述中，不正确的是（   ）。

    A. 需要重复装夹　　B. 不需要平动头　　C. 加工精度不高　　D. 表面质量很好

5. 下列各项中对电火花加工精度影响最小的是（   ）。

    A. 放电间隙　　　　B. 加工斜度　　　　C. 工具电极损耗　　D. 工具电极直径

二、问答题

1. 电火花成形加工的加工原理是什么？

2. 电火花成形加工与电火花线切割加工的异同点是什么？

3. 电火花成形机床有哪些常用的功能？

4. 线切割机床有哪些常用的功能？

5. 图 6-40 所示为某零件图（单位为 mm），AB、AD 为设计基准，圆孔 E 已经加工好，现用线切割加工圆孔 F。假设穿丝孔已经钻好，请说明将电极丝定位于欲加工圆孔中心 F 的方法。

三、操作加工题

1. 分别编制加工图 6-41 所示的线切割加工 3B 代码和 ISO 代码，已知线切割加工用的电极丝直径为 0.18 mm，单边放电间隙为 0.01 mm，O 点为穿丝孔，加工方向为 O→A→B→…

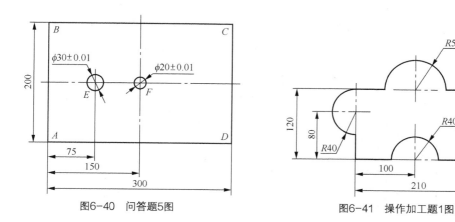

图6-40 问答题5图

图6-41 操作加工题1图

2. 分别编制加工图 6-42 所示的线切割加工 3B 代码和 ISO 代码，已知线切割加工用的电极丝直径为 0.18 mm，单边放电间隙为 0.01 mm。

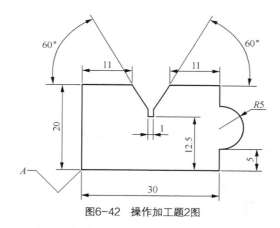

图6-42 操作加工题2图

3. 分别编制加工图 6-43 所示的线切割加工 3B 代码和 ISO 代码，已知线切割加工用的电极丝直径为 0.18 mm，单边放电间隙为 0.01 mm。

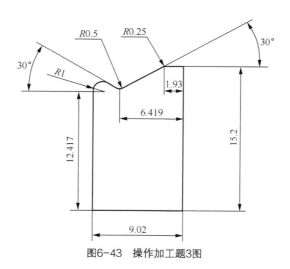

图6-43 操作加工题3图

4. 应用 CAM 软件分别编制加工图 6-44 所示的线切割加工 3B 代码和 ISO 代码，已知线切割加工用的电极丝直径为 0.18 mm，单边放电间隙为 0.01 mm（自定义起割点）。

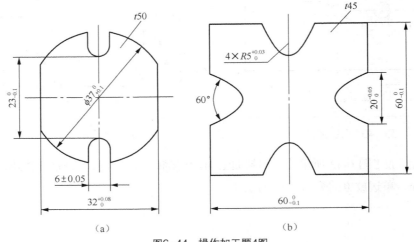

图6-44　操作加工题4图

5. 用电火花成型加工机床加工图 6-45 所示的工件，试述加工工艺步骤及编制加工 ISO 代码。

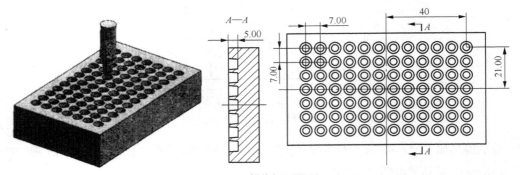

图6-45　操作加工题5图

附　录

附录 A　FANUC 和华中数控车削指令对照表

系统代码	组　别	FANUC 0i-TB	华中数控 HNC-210T
G00	01	意义：快速进给、定位 格式：G00 X__ Z__； X__ Z__：绝对值指令时，是终点坐标；增量值指令时，为刀具移动的距离	
G01	01	意义：直接插补 格式：G01　X__ Z__ F__ F_：刀具的进给速度（进给量）	
G02/ G03	01	意义：圆弧插补 G02（顺时针）；G03（逆时针） 格式：在 ZX 平面上的圆弧 $$\begin{Bmatrix} G02 \\ G03 \end{Bmatrix} X\_Z\_ \begin{Bmatrix} R\_ \\ I\_K\_ \end{Bmatrix} F\_$$	
G04	00	意义：暂停 格式：G04 X_；或 G04 P_ X_：指定时间(可用十进制小数点) P_：指定时间(不可用十进制小数点)	意义：暂停 格式：G04 P_ P_：指定时间，单位为 s
G20	06	意义：英制输入	
G21	06	意义：米制输入	
G28	00	意义：回归参考点 格式：G28 X__ Z__；	
G29	00	意义：由参考点回归 格式：G29 X__ Z__；	

续表

系统代码	组 别	FANUC 0i-TB	华中数控 HNC-210T
G32	01	意义：螺纹切削 格式：G32 X__Z__F__；	意义：螺纹切削 格式：G32 X__Z__F__R__E__P__
G33			
G36	16		直径编程
G37			半径编程
G40	07	意义：刀具补偿取消 格式：G40	
G41		意义：左刀补 格式：G41	
G42		意义：右刀补 格式：G42	
G50	00	意义：设定工件坐标系 格式：G50 X__Z__	
G53	12	意义：机械坐标系选择 格式：G53 X__Z__	
G54		意义：选择工件坐标系 1 格式：G54	
G55		意义：选择工作坐标系 2 格式：G55	
G56		意义：选择工作坐标系 3 格式：G56	
G57		意义：选择工作坐标系 4 格式：G57	
G58		意义：选择工作坐标系 5 格式：G58	
G59		意义：选择工作坐标系 6 格式：G59	
G70	00	意义：精加工循环 格式：G70 P ns Q nf	
G71	00	意义：外圆粗车循环 格式：G71 UΔd Re ； G71Pns Qnf UΔu WΔw Ff ；	意义：内（外）径粗车复合循环（无凹槽加工时） 格式：G71 UΔd Rr Pns Qnf XΔx ZΔz Ff ； 意义：内（外）径粗车复合循环（有凹槽加工时） 格式：G71 UΔd Rr Pns Qnf Ee Ff ；

续表

系 统 代 码	组 别	FANUC 0i-TB	华中数控 HNC-210T
G72	00	意义：端面粗切削循环 格式：G72 WΔd Re ； G72 Pns Qnf UΔu WΔw Ff ；	意义：端面粗车复合循环 格式：G72　WΔd Rr Pns Qnf X Δx Z Δz Ff ；
G73	00	意义：封闭切削循环 格式：G73 UΔi WΔk Rd； G73 Pns Qnf UΔu WΔw Ff ；	意义：闭环车削复合循环 格式：G73 UΔi W Δk Rr Pns Qnf X Δx Z Δz Ff ；
G74	00	意义：端面切断循环 格式：G74 Re G74 X(U)__Z(W)__ P Δi Q Δk R Δd Ff ；	
G75	00	意义：内径/外径切断循环 格式：G75 RΔe ； G75 X__ Z__ PΔi QΔk RΔw Ff	
G76	00	意义：复合形螺纹切削循环 格式：G76 P m r a Q Δd_{min} R d 　　　G76 X (U)__Z (W) R i P k Q Δd Ff	意义：复合形螺纹切削循环 格式：G76 Cc R r Ee Aa Xx Zz Ii Kk Ud V Δd_{min} Q Δd Pp FL；
G80	01		意义：圆柱面内（外）径切削循环 格式：G80 X__Z__F__ 意义：圆锥面内（外）径切削循环 格式：G80 X__Z__I__F__
G81	01		意义：端面车削固定循环 格式：G81 X__Z__F__
G82	01		意义：直螺纹切削循环 格式：G82 X__Z__R__E__C__P__F__； 意义：锥螺纹切削环循 格式：G82 X__Z__I__R__E__C__P__F__
G90	01	意义：直线车削循环加工 格式：G90 X（U）_Z（W）__F_ G90 X（U）_Z（W）_R__F_	绝对尺寸
G91	01		相对尺寸
G92	01	意义：螺纹车削循环 格式：G92 X（U）_Z（W）_F_ G92 X（U）__Z（W）__R_F__	意义：工件坐标系设定 格式：G92 X__Z__

续表

系 统 代 码	组 别	FANUC 0i-TB	华中数控 HNC-210T
G94	01	意义：端面车削循环 格式：G94X（U）__Z（W）__F_ G94X（U）__Z（W）__R__F_	意义：每分钟进给速度 格式：G94 [F__]
G95			意义：每转进给速度 格式：G95 [F__]
G96		意义：恒线速度切削 格式： G96 S__	
G97		意义：恒转速度切削 格式： G97 S__	
G98	05	意义：每分钟进给速度 格式：G98	
G99		意义：每转进给速度 格式：G99	
M00		停止程序运行	
M01		选择性停止	
M02		结束程序运行	
M03		主轴正向转动开始	
M04		主轴反向转动开始	
M05		主轴停止转动	
M06		换刀指令 格式：M06 T_	
M08		冷却液开启	
M09		冷却液关闭	
M30		结束程序运行且返回程序开头	
M98		子程序调用 格式：M98 P□□×××× 调用程序号 O××××的程序□□次	子程序调用 格式：M98 P×××× L□□ 调用程序号为 O××××的程序□□次
M99		子程序结束 子程序格式： Onnnn … … M99	子程序结束 子程序格式： Onnnn … … M99

附录 B　FANUC 和华中数控铣削指令对照表

系 统 代 码	组　别	FANUC 0i-MC	华中数控 HNC-210M
G00	01	意义：快速进给、定位 格式：G00 X__ Y__ Z__ ； X__Y__Z__ ：绝对值指令时，为终点坐标；增量值指令时，为刀具移动的距离	
G01		意义：直接插补 格式：G01 X__　Y__　Z__ F F_：刀具的进给速度（进给量）	
G02/ G03		意义：圆弧插补 G02（顺时针）；G03（逆时针） 格式：在 XY 平面上的圆弧 $$G17\begin{Bmatrix}G02\\G03\end{Bmatrix}X\_Y\_\begin{Bmatrix}R\_\\I\_J\_\end{Bmatrix}F\_$$ 在 ZX 平面上的圆弧 $$G18\begin{Bmatrix}G02\\G03\end{Bmatrix}X\_Z\_\begin{Bmatrix}R\_\\I\_K\_\end{Bmatrix}F\_$$ 在 YZ 平面上的圆弧 $$G19\begin{Bmatrix}G02\\G03\end{Bmatrix}Y\_Z\_\begin{Bmatrix}R\_\\J\_K\_\end{Bmatrix}F\_$$	
G04	00	意义：暂停 格式：G04 X_；或 G04 P_； X_：指定时间（可用十进制小数点） P_：指定时间（不可用十进制小数点）	意义：暂停 格式：G04 P_或 X_ X_：指定时间，单位为 s P_：指定时间，单位为 ms
G20	06	意义：英制输入	
G21		意义：米制输入	
G24		镜像使用 G51.1	意义：镜像 格式：G24　X__　Y__　Z__ X__　Y__　Z__ ：镜像位置
G25		取消镜像使用 G50.1	意义：取消镜像 格式：G25　X__　Y__　Z__
G28	00	意义：返回参考点 格式：G28 X__ Y__ Z__	
G29		意义：由参考点回归 格式：G29 X__ Y__ Z__	
G33	00	意义：恒螺距的螺纹切削 格式：G33 X__　Y__　Z__　F__	
G40	07	意义：刀具补偿取消 格式：G40	
G41		意义：左刀补 格式：G41	

续表

系 统 代 码	组　　别	FANUC 0i-MC	华中数控 HNC-210M
G42	07	意义：右刀补 格式：G42	
G51/ G50	00	意义：比例缩放/取消 格式：G51 X＿ Y＿ Z＿ P＿ 或 G51 X＿ Y＿ Z＿ I＿J＿K＿ 说明：P＿等比缩放倍数或者 I＿J＿K＿各轴缩放倍数 说明：X＿ Y＿ Z＿ 指定缩放中心坐标	
G53		意义：机械坐标系选择 格式：G53 X＿ Z＿	
G54		意义：调用 G54 工件坐标系 格式：G54	
G55		意义：调用 G55 工作坐标系 格式：G55	
G56	12	意义：调用 G56 工作坐标系 格式：G56	
G57		意义：调用 G57 工作坐标系 格式：G57	
G58		意义：调用 G58 工作坐标系 格式：G58	
G59		意义：调用 G59 工作坐标系 格式：G59	
G68		意义：坐标系旋转 格式：G68 X＿ Y＿ Z＿ R＿ X＿ Y＿ Z＿ ：旋转中心；R＿：旋转角度	
G69		意义：取消坐标系旋转 格式：G69	
G70	00		
G71			
G73、 G74、 G75、 G76、 G81— G89	01	意义：固定循环 格式：$\begin{bmatrix} G73 \\ G74 \\ G76 \\ G81 \\ \cdots \\ G89 \end{bmatrix}$X_Y_Z_P_Q_R_F_K_；	
G80	01	意义：取消固定循环 格式：G80	
G90		绝对尺寸	

续表

系 统 代 码	组 别	FANUC 0i-MC	华中数控 HNC-210M
G91	01	相对尺寸	
G92		意义：工件坐标系设定 格式：G92 X__ Y__ Z__	
G94		意义：每分钟进给速度 格式：G94 [F_]	
G95		意义：每转进给速度 格式：G95 [F_]	
G98	05	意义：返回初始平面 格式：G98_	
G99		意义：返回 R 平面 格式：G99_	
M00		停止程序运行	
M01		选择性停止	
M02		结束程序运行	
M03		主轴正向转动	
M04		主轴反向转动	
M05		主轴停止转动	
M06		换刀指令 格式：M06 T_	
M08		冷却液开启	
M09		冷却液关闭	
M30		结束程序运行且返回程序开头	
M98		子程序调用 格式：M98 P□□××× 调用程序号为 O××××的程序□□次	子程序调用 格式：M98 P×××× L□□ 调用程序号为 O××××的程序□□次
M99		子程序结束 子程序格式： O×××× … … M99；	子程序结束 子程序格式： %×××× … … M99；

附录 C　数控车床安全操作规程

序号	操作步骤与内容	注意事项
1	开机前	对数控车床进行全面细致的检查，包括操作面板、导轨面、卡爪、尾座、刀架、刀具、润滑油、空气压力等，确定无误后方可操作
2	启动机床、回零操作	各坐标轴回机械原点，低速运转 5 min，确认机械、刀具、夹具、工件、数控参数等正确无误后，方能开始正常工作
3	程序输入	仔细核对代码、地址、数值、正负号、小数点及语法，装工件前，空运行一次程序，看程序能否顺利运行、刀具和夹具安装是否合理、有无超程现象
4	试切对刀	严格按操作流程进行，正确测量和计算工件坐标系
5	自动循环加工	关好防护拉门，在主轴旋转或进行手动操作时，一定要使自己的身体和衣物远离旋转及运动部件，以免将衣物卷入造成事故
6	手动换刀	注意刀塔转动及刀具的安装位置，身体和头部要远离刀具回转部位，以免碰伤
7	工件装夹	夹紧可靠，以免工件飞出造成事故。完成装夹后，要注意将卡盘扳手及其他调整工具取出拿开，以免主轴旋转后甩出造成事故
8	停车处理	操作中出现工件跳动、打抖、松动等异常情况，应立即停车进行处理
9	急停后重启	紧急停车后，应重新进行机床"回零"操作，才能再次运行程序
10	工作完毕	将机床导轨、工作台擦干净，并认真填写工作日志

附录 D　加工中心安全操作规程

序号	操作步骤与内容	注意事项
1	机床通电	检查各开关、按键是否正常、灵活，机床有无异常现象；检查电压、气压、油压是否正常，有手动润滑的部位要先进行手动润滑
2	手动回零	各坐标轴回机械原点，机床空运转 15 min 以上，使机床达到热平衡状态
3	工作台回转	台面上、护罩上、导轨上不得有异物
4	程序输入	认真核对，保证无误
5	夹具安装	按工艺规程安装、找正夹具
6	工件坐标系设定	正确测量和计算工件坐标系，将工件坐标系输入到机床，认真核对
7	空运行	未装工件前进行空运行，看程序能否顺利执行、刀具长度选取和夹具安装是否合理、有无超程现象
8	刀具补偿值输入	要对刀补号、补偿值、正负号、小数点进行认真核对

续表

序号	操作步骤与内容	注 意 事 项
9	检查工装	注意螺钉压板、工件是否妨碍刀具运动
10	检查刀具	检查各刀头的安装方向及各刀具旋转方向是否符合程序要求；检查各刀具形状和尺寸是否符合加工工艺要求、是否碰撞工件和夹具；检查每把刀柄在主轴孔中是否都能拉紧
11	试切	加工第一件工件时，必须对照图纸、工艺规程和刀具调整卡，进行逐把刀具、逐段程序的试切。试切时，快速进给和切削进给的速度倍率开始必须打到低挡。试切进刀时，在刀具运行至工件表面 30～50 mm 处，必须在进给保持下，验证 Z 轴剩余坐标值和 X、Z 轴坐标值与程序数据是否一致
12	观察显示屏	在程序运行中，要重点观察显示屏上的坐标显示、工作寄存器和缓冲寄存器显示、主程序和子程序显示
13	刀具补偿值修改	对一些有试切要求的刀具，采用"渐进"的方法，如镗孔时可先试镗一小段，检查合格后，再继续加工。使用刀具半径补偿功能时，可边试切边修改补偿值。刃磨刀具和更换刀具后，要重新测量刀长并修改刀补值和刀补号
14	程序检索	注意光标位置是否正确，并观察刀具与机床的运动方向坐标是否正确
15	程序修改	对修改部分一定要仔细核对
16	手动连续进给	必须先检查各种开关所选择的位置是否正确，弄清正负方向，认准按键，然后再进行操作
17	加工完毕	核对刀具号、刀补值，加工程序、刀具补偿应与调整卡及工艺规程中的内容完全一致
18	卸刀	从刀库中卸下刀具，按调整卡或加工程序清理和编号入库
19	资料入库	加工程序、工艺规程、刀具调整卡整理入库
20	清理	卸下夹具，清理机床

附录 E　数控机床的维护与保养

1. 数控车床的维护与保养

序号	检查周期	检查部位	检 查 要 求
1	每天	导轨润滑油箱	检查油标、油量，及时添加润滑油，润滑泵能定时启动、打油和停止
2	每天	X、Z 轴向导轨面	清除切屑和赃物，润滑油充分，导轨面无划伤和损坏
3	每天	机床液压系统	油箱、液压泵无异常噪声，压力表指示正常，管路及接头无泄漏，工作油面高度正常
4	每天	电气柜散热通风装置	电气柜冷却风扇工作正常，过滤网无堵塞
5	每天	CNC 输入/输出单元	连接可靠，清除灰尘

续表

序号	检查周期	检查部位	检 查 要 求
6	每天	机床防护装置	防护罩、导轨等无松动
7	每月	检测装置	检查编码器、光栅尺等，应连接可靠，无油液或灰尘污染
8	每月	机床电气元件	继电器、接触器、变压器等应工作正常，触点完好
9	每半年	滚珠丝杠	清洗丝杠，涂上新油脂，并调整轴向间隙
10	每半年	机床液压系统	清洗各液压阀、滤油器、油箱，更换以上部件或过滤液压油
11	每半年	X, Z 轴进给轴的轴承	清洗轴承，更换润滑脂
12	每年	润滑液压泵及滤油器	清洗润滑油箱及滤油器
13	不定期	检查各轴导轨上镶条、压滚轮松紧状态。	按机床说明书调整
14	不定期	排屑器	经常清理切屑，保证无切屑堆积、卡住等
15	不定期	调整主轴驱动带松紧	按机床说明书调整

2. 加工中心的维护与保养

序号	项　　目		正 常 情 况	非正常情况下的解决方法
（日检）				
1	液压系统	油标	在两根红线之间	加满油
		压力	40kgf/cm²	调节压力螺钉
		油温	>15℃	在控制面板，打开加热开关
		过滤器	绿色显示	清洗
2	主轴润滑系统	过程检测	电源灯亮，油压泵正常运转	保持主轴停止状态，和机械工程师联系
		油标	油面位于油标的 1/2 以上	加满油
3	导轨润滑系统	油标	在两根红线之间	加满油
4	冷却系统	油标	油垢面位于油标的 2/3 以上	加满油
5	气压系统	压力	5 kgf/cm²	调节减少阀
		润滑油油标	大约中间	注满油
（周检）				
1	机床零件	移动零件		清除铁屑及清扫外部杂物
		其他细节		
2	主轴润滑系统	散热片		
		空气过滤器		

续表

序号	项 目		正 常 情 况	非正常情况下的解决方法
			（月检）	
1	电源	电源电压	50Hz 180~200V	测量、调整
2	空气干燥器	过滤器		拆开、清洗、装配
			（季检）	
1	机床床身	机床精度	符合手册中的图表	和机械工程师联系
2		机床水平		
3	液压系统	液压油	仅仅在交货后	更换新油（60 L）
4		油箱		清洗
5	主轴润滑系统	润滑油	仅仅在交货后	更换新油（20 L）
			（半年检）	
1	液压系统	液压油		更换新油（60 L）
		油箱		清洗
2	主轴润滑系统	润滑油		更换新油（20 L）
3	X 轴	滚珠丝杠		注满润滑脂

附录 F　数控机床的常用对刀仪（器）

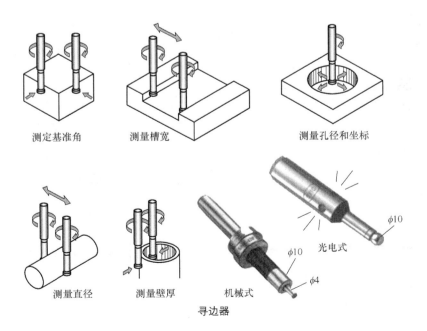

测定基准角　　测量槽宽　　测量孔径和坐标

测量直径　　测量壁厚　　机械式

$\phi 10$　光电式

$\phi 10$　$\phi 4$

寻边器

机械式Z向对刀仪

光电式Z向对刀仪

机外对刀仪

三坐标测量仪

附录 G　数控机床的常用量具

名　称	测量范围（mm）	读数值（mm）	应　用
 游标卡尺	0～125 0～300	0.05，0.02 0.05，0.02	测量工件的内外径尺寸，还可用来测量深度尺寸。0～300 mm 的卡尺可带有划线量爪
 深度游标卡尺	0～125 0～200 0～300 0～500	0.02	测量工件的孔、槽
 高度游标卡尺划线尺	0～200 ≥30～300 ≥40～500 ≥60～800 ≥60～1 000	0.02 0.05	测量工件相对高度和用于精密划线
 带百分表的游标卡尺	0～150 0～200 0～300	0.01 0.02 0.05	测量工件内外径、宽度、厚度、深度和孔距
 电子数显卡尺	0～150 （长度） 0～115 （深度）	0.01	测量工件内外径、宽度、厚度、深度和孔距

续表

名　　称	测量范围（mm）	读数值（mm）	应　　用
外径百分尺	0～25 25～50 50～75 75～100 100～125	0.01	测量精密工件的外径尺寸
内径千分尺	75～175 75～575 150～1 200 180～4 000	0.01	测量内径、槽宽和两面相对位置
深度千分尺	0～25 25～50 0～100 0～150	0.01	测工件孔和槽的深度、轴肩长度
内测百分尺	5～30 25～5	0.01 0.01	测量工件的内侧面
百分表	0～3 0～5 0～10	0.01	测量工件的几何形状和相互位置的正确性以及位移量，也可用比较法测量工件长度
千分表	1	0.001	用比较测量法和绝对测量法来测量工件尺寸和几何形状

续表

名　称	测量范围（mm）	读数值（mm）	应　用
内径百分表	6～18 10～18 18～35 35～50 50～100 50～160 100～160	0.01	用比较法测量内孔尺寸及其工件几何形状
杠杆百分表	±0.4	0.01	测量工件几何形状的误差和相互位置的正确性，可用比较法测量长度
杠杆千分表	±0.2	0.002	测量工件几何形状和相互位置

角度规	测量范围	示值总误差	分度值	以接触法按游标读数测量工件角度和进行角度划线
	0～320° 0～360°	2′；5′ 5′；10′	2′；5′ 5′；10′	

续表

名　　称	套别	总块数	公称尺寸系列	间隔	块数	精度等级	应　　用
 块规	1	83	0.5 1 1.005 1.01，1.02 …,1.49 1.5，1.6， …,1.9 2，2.5， …,9.5 10，20 …,100	0.01 0.1 0.5 10	1 1 1 49 5 16 10	0 1 2 3	长度计量的基准，用于对工件进行精密测量和调整，校对仪器、量具及精密机床

参考文献

［1］顾晔. 数控加工编程与操作［M］. 北京：人民邮电出版社，2009.

［2］徐凯. 盛艳军. 数控车床加工工艺与编程［M］. 北京：中国劳动社会保障出版社，2013.

［3］陈子银. 数控车工(高级)资格鉴定理论试题库［M］. 北京：机械工业出版社，2014.

［4］沈建峰. 数控铣工/加工中心操作工（高级）操作技能鉴定试题集锦与考点详解（国家职业资格培训教材）［M］. 北京：机械工业出版社，2014.

［5］张棉好，徐绍娟. 数控铣削项目实训教程［M］. 北京：中国铁道出版社，2012.

［6］杜军. 数控宏程序编程手册［M］. 北京：化学工业出版社，2014.

［7］李进生，韩春鸣. 数控编程与加工项目化教程［M］. 西安：西北工业大学出版社，2013.

［8］徐福林. 周立波. 数控加工工艺与编程［M］. 上海：复旦大学出版社，2015.

［9］袁锋. 数控车床培训教程［M］. 北京：机械工业出版社，2012.

［10］孙继山. 数控铣床编程与操作［M］. 北京：机械工业出版社，2014.

［11］FANUC 0i Mate-TB 操作编程说明书.

［12］FANUC 0i Mate-MB 操作编程说明书.

［13］FANUC 0i MB 操作编程说明书.

［14］FANUC 0i MC 操作编程说明书.

［15］HNC-HNC-210 编程说明书.

［16］HNC-210 车床操作说明书.

［17］HNC-210 铣床操作说明书.